Ant
Architecture

개미 건축

개미 건축

경이롭고 아름다운 지하 건축 탐험

초판 1쇄 인쇄일 2024년 5월 27일　**초판 1쇄 발행일** 2024년 5월 31일

지은이 월터 R. 칭클 | **옮긴이** 강현주 | **감수** 최재천
펴낸이 박재환 | **편집** 유은재 신기원 | **마케팅** 박용민 | **관리** 조영란
펴낸곳 에코리브르 | **주소** 서울시 마포구 동교로15길 34 3층(04003) | **전화** 702-2530 | **팩스** 702-2532
이메일 ecolivres@hanmail.net | **블로그** http://blog.naver.com/ecolivres
출판등록 2001년 5월 7일 제201-10-2147호
종이 세종페이퍼 | **인쇄 · 제본** 상지사 P&B

ISBN 978-89-6263-276-7 03490

책값은 뒤표지에 있습니다.　잘못된 책은 구입한 곳에서 바꿔드립니다.

경이롭고 아름다운 지하 건축 탐험
개미 건축
월터 R. 칭클 지음 | 강현주 옮김 | 최재천 감수
에코리브르

내 평생의 반려자 빅토리아에게 바칩니다.

차례

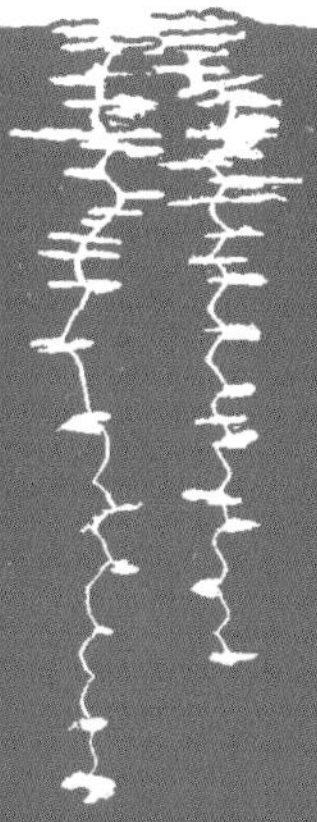

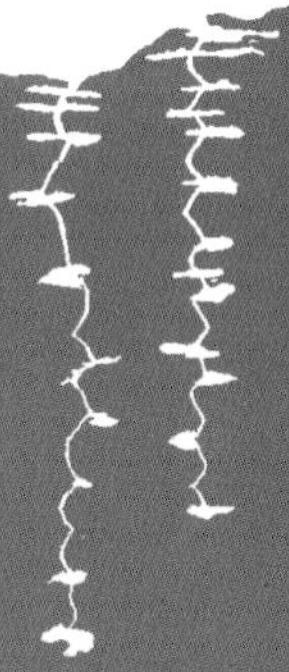

서문 009

감사의 글 015

01 토양, 개미 그리고 땅속 생활 017

02 빈 공간의 형태 파악하기 031

03 건축가 만나기 053

04 개미 둥지 목록 081

05 이사 107

06 건축 계획의 다양성 143

07 개미와 토양 169

08 노동 분업과 초유기체 195

09 개미 둥지 건설의 진화 249

10 후기: 미래 285

참고문헌 297

찾아보기 309

서문

만약 당신이 아직 발견되지 않은 북아메리카의 신비를 찾아다니는 탐험가가 되고 싶다면, 너무 늦었을 수 있다. 물론 일부 지역이 아직 발견되지 않은 채로 남아 있을 수 있지만, 이러한 지역도 구글 어스(Google Earth)에서 누구나 찾아볼 수 있도록 표시되어 있으며, 정확한 위도와 경도로 식별할 수 있어서 GPS를 통해 바로 찾아갈 수 있다. 하지만 오늘날에도 탐험가가 될 수 있는 방법은 있다. 그것은 지리적 탐험이 아니라, 자연 세계에 대한 지적이고 아날로그적인 과학 탐험이며, 이 책에서 들려주고자 하는 이야기가 바로 이러한 탐험이다. 마치 운명처럼 과학 탐험가의 길을 걸어온 것은 나에게 행운이었다. 자연 세계와 음식에 대한 이끌림은 내가 두 살이었을 때 이미 분명해졌다. 한 손에는 꽃다발을 들고 다른 한 손에는 케이크 한 조각을 들고 있는 사진을 보면 알 수 있다. 여섯 살 무렵에는 사람들이 물어보면 나는 생물학자가 될 거라고 대답하곤 했다(사실 그땐 생물학자가 무엇인지도 몰랐다). 하지만 나의 최종 경력으로 가는 길은 완전히 평탄하지도 양탄자가 깔린 길도 아니었다. 고등학생 시절에 나는 끔찍한 생물학 수업을 견뎌야 했다. 수업은 교과서에

* 번호는 원주이고, ●는 옮긴이 주이다.

서 정의를 베끼거나 선생님이 진화론을 성경과 모순되는 악마의 이야기라고 비난하는 것을 듣는 것이 전부였다. 화학 수업은 더 심했는데, 부업으로 목화 농사도 짓고 설교도 하는 전도사 선생님이 가르쳤다. 그는 화학에 대해 아는 것이 거의 없었다. 아무튼 친구 BB와 나는 설교가 진행되는 동안 창고에서 일할 수 있도록 허락을 구했다. 우리는 주로 위험하고 폭발성 있는 물건을 만드는 데 관심이 많았고, 한번은 창고를 폭파하는 데 거의 성공하기도 했다. 또 다른 재미있는 기억은 테르밋(thermite)●에 불을 붙여서 하얗게 달군 쇳물이 폭포처럼 흘러내리는 바람에 마룻바닥에 별 모양 자국을 영원히 남겼던 일이다.

고등학교 졸업 후 나는 작은 남자 대학("작은 남자들을 위한 대학"이라고 농담을 하곤 했다)에 다녔는데, 그곳에서 마침내 다양한 생물학 분야를 자유롭게 탐구하고 나와 관심사가 같은 학생들을 만날 수 있었다. 당시 생물학은 세포생리학과 생화학 분야에서 놀랍고 흥미로운 진전이 이루어지고 있었다. 그래서 나는 캘리포니아 대학교 버클리 캠퍼스 생화학과 대학원 과정에 지원했는데 떨어졌다. 그로부터 일주일 후 학비 전액을 지원해주는 미국 국립과학재단 대학원 장학금〔National Science Foundation(NSF) Graduate Fellowship〕●●을 받게 되었을 때, 나는 생화학과에 전화하여 이제 돈이 있으니 입학시켜줄 수 있는지 물었다. 물론 그러겠다고 했다. 하지만 나는 정중히 사양하고, 세균학과에 지원해 바로 입학 허가를 받았다.

생화학과 세균학은 꽤 비슷한데, 실제 실험실에서 실습을 하다 보니, 무언가 점점 허전함을 느끼게 되었다. 처음에 나를 생물학으로 유혹한 동물들은 어디로 갔을까? 날개, 다리, 잎, 색깔, 형태를

● 화학 반응을 통해 매우 높은 열을 발생시키는 물질. 테르밋 반응은 열이 매우 많이 발생하여 높은 온도로 인해 금속을 용융하거나 녹일 수 있다. 이러한 특성 때문에 절단, 용접 또는 파괴적인 용도로 사용된다.

●● 미국 국립과학재단(NSF)에서 제공하는 장학금 프로그램으로, 과학·공학·기술·수학 분야에서 미래의 연구 리더를 지원하기 위해 만들어졌다.

가진 아름다운 생명체들은 어디로 갔을까? 정말 평생을 시험관 속 하얀 침전물을 바라보며 살아야 할까? 이 분야에 계속 종사한다면, 내 인생에서 커다란 조각 하나를 놓칠 것 같았다. 나는 직접 보고 만지고 느끼고 다룰 수 있고, 그 구조와 기능이 아름다운 창조물의 세계, 자연계의 매력으로 돌아갈 방법을 찾아야 했다.

돌이켜보면 어느 정도 규모의 생물학이 나에게 가장 매력적인지 결정하려고 했던 것 같다. 당시에 나는 어떤 종류의 대상을 다루고 어디에서 연구하고 싶은지만 생각했다. 응집성 침전물을 보고 나서야 내가 선호하는 규모는 분자나 생화학이 아니라는 확신이 들었다. 생화학은 흰색 잔해, 젤라틴 같은 점액, 젤로 된 흐릿한 띠, 자외선을 흡수하는 투명한 용액으로 이루어진 세계였다. 이해할 것도, 감상할 형태도, 움직임이나 행동도 없었고, 헤모글로빈이나 비타민 B_{12} 같은 것을 다루지 않는 한 심지어 색상도 없었다. 효소가 기질(基質, substrate)● 을 격렬하게 움켜쥐고 화학적으로 변할 때까지 뒤틀고 비트는 것을 실제로 볼 수 있는 사람은 아무도 없다. 이 세계에서 진행되는 흥미로운 일들은 정교한 물리적·화학적 측정을 통해 구축된 마음의 산물일 뿐이다.

곤충학 석사 과정에 있던 존 도옌(John Doyen)과 친구가 되면서, 나는 다시 생명체 자체를 연구하는 방법을 알게 되었다. 단지 그 생명체의 무세포 배양액이 아니라 말이다. 존의 전문 분야는 테네브리오니드딱정벌레(tenebrionid beetles, '어두운'을 뜻하는 'tenebrous'에서 유래한 이름)로, 미국 서부에 많이 서식하며 주로 검은색을 띠는 딱정벌레과의 일종이다. 이 딱정벌레의 특히 매력적인 점은 대부분의 종이 손가락을 갈색으로 물들이는 유해한 방어 분비물을 만들어낸다는 것

● 효소와 결합하여 화학반응을 일으키는 물질.

이다. 일부 종은 이 분비물을 최대 1미터 거리까지 뿜어낼 수 있으며, 그중 한 종(밀웜딱정벌레)은 성페로몬을 분비하기도 했다. 그래서 나는 서부의 시골을 돌아다니며 돌 밑에서 검은 딱정벌레를 채집하고 냄새나는 분비물을 모은 다음, 가스 크로마토그래피,• 핵자기공명,•• 적외선 분광법,••• 자외선 흡수 분석•••• 같은 고가의 최신 기법으로 분석했다. 나는 유기화학과 생화학을 전공한 내 배경을 응용할 수 있는 분야를 찾았고, 딱정벌레의 방어 행동을 관찰하고 수백 마리를 해부하여 그들의 아름다운 분비선 구조를 그리고 연구했다. 밀웜딱정벌레의 성페로몬과 관련해서는 수컷이 암컷의 페로몬을 바른 유리 막대와 교미하도록 만드는 방법을 알아냈다. 이보다 더 재미있는 것이 있을까?

동시에 나는 연구에 도움이 되는 장치를 만드는 즐거움을 발견했다. 코스타리카에서 커다란 테네브리오니드딱정벌레를 수입했는데, 배양한 유충이 번데기가 되지 않았다. 원인을 찾던 중 결국 과밀 사육이 유충이 번데기가 되는 것을 억제했다는 사실을 알아냈다. 그렇다면 이러한 억제 현상은 화학적인 것일까, 기계적인 것일까, 아니면 다른 과정의 결과일까? 유충 간 접촉이 미치는 영향을 실험하기 위해서, 전공 교수님과 나는 페트리 접시 뚜껑이 천천히 회전하여 각 접시에 놓인 유충 위를 스토퍼 체인이 스쳐 지나가도록 하는 장치를 만들었다. 대조군에서는 체인 길이를 유충에 닿지 않도록 짧게 만들었다. 체인으로 자극을 받은 유충들은 변태하지 않았고, 자극을 받지 않은 유충들은 빠르게 변태했다. '자극기'라는 별명의 이 장치는 나에게 많은 즐거움을 준 첫 번째 장치였다. 창의적이고 단순하게 문제를 해결하는 것 자체가 연구(그리고 연구 너머의 삶)의 즐거

• 화학 분석 기술 중 하나로, 화합물의 혼합물을 구성요소별로 분리하고 정량하는 방법이다. 이 기술은 특히 증기 상태로 존재하는 화합물을 분석하는 데 효과적이다.

•• 원자핵의 자기적 특성을 이용하여 분자 구조와 화학적 환경을 연구하는 분석 기술로, 주로 화학·생물학·의약학 등 다양한 분야에서 분자 구조 및 동적 특성을 이해하는 데 사용된다.

••• 분자의 진동 및 회전 상태를 분석하는 기술로, 분자 내의 결합과 구조를 파악하고, 화학적 성질과 구성을 판단하는 데 사용된다.

•••• 물질이 자외선을 흡수하는 현상을 이용하여 물질의 특성과 농도를 판단하는 기법.

움 중 하나임을 알게 되었다.

장치를 만드는 일은 연구 필요성에서 비롯된 것이 아니라, 이미 내 삶의 일부였다. 보이스카우트에서 대피소를 짓거나 나무를 깎고, 1946년형 포드 V8 컨버터블을 수리하고, 고급 가구를 만들거나 야자나무로 초가집을 짓는 등, 나는 항상 손으로 무언가 만드는 것을 좋아했다. 장치와 도구는 실제로 이러한 성향에서 비롯된 것이지만, 연구에 적용하자 역시 도움이 되었다. 각각의 장치는 문제를 해결하거나 질문에 답하기 위해 고안되어 연구를 도왔다. 연구 초기에는 수천 달러에 달하는 장비를 구입했지만, 나중에는 차고에서 나무, 폐품, 플라스틱, 재활용 물품 등으로 장치를 직접 만들었다.

이러한 성향, 취향, 능력이 나를 특정한 생물학 탐험의 길로 이끌었다. 테네브리오니드딱정벌레로 시작하여, 결국 나는 개미의 생태에 폭넓은 관심을 가지게 되었다. 아주 우연한 기회에 개미 둥지의 지하 건축을 연구하기 시작했고, 결국 여러 종의 둥지를 단순히 주물(鑄物)로 만드는 것을 넘어서, 초유기체(superorganism)●가 둥지를 어떻게 건설하는지, 둥지 건축이 왜 이렇게 다양한지 궁금해지기 시작했다. 나중에 안 사실이지만, 지표면에 쌓인 흙더미는 그 아래에 무엇이 있는지 전혀 암시하지 않았다.

이 책은 흙더미 아래에 있는 둥지를 발견하기 위한 나의 탐구, 내가 어떻게 개미 둥지를 연구했는지, 개미들이 어떻게 둥지를 짓는지, 둥지가 어떻게 개미 군락의 필요를 충족하는지, 개미 종에 따라 어떤 차이가 있는지 등의 내용을 담고 있다. 많은 개미가 흙·낙엽·식물 재료 등으로 지상에 둥지를 짓기도 하지만, 이 책은 개미가 지하에 판 둥지에만 초점을 맞추었다.

● 19세기 영국 사상가 허버트 스펜서가 '초유기체적 진화'를 논하면서 제시한 개념으로, 미국 곤충학자 윌리엄 휠러가 이를 생물학에 도입했다. 무리를 이루는 개체들이 마치 하나의 생명체처럼 유기적으로 움직이는 집합체를 가리킨다.

감사의 글

지난 20년 동안 이 개미 둥지 건축 연구에 많은 사람이 참여했다. 단순히 내가 어떻게 둥지 주물을 만드는지 궁금해하는 사람들부터 중요한 도움을 준 사람들까지 다양한 역할을 해준 이들이 있었다. 나는 전자의 사람들에게 금속 주조 기술을 뽐낼 수 있어서 즐거웠고, 후자의 사람들이 녹인 금속 주입 및 굴착에 도움을 주어서 감사했다. 내 학생이거나 조교였던 친구들에게도 특별한 감사를 표한다. 케빈 헤이트, 크리스티나 콰피치, 조슈아 킹, 타일러 머독, 크리스티나 라스키스, 엘리엇 로이스, 헨리 칭클, 다니엘 '훌리오' 도밍게즈, 니콜라스 핸리, 데니스 하워드. 특히 케빈 헤이트, 니콜라스 핸리, 다니엘 '훌리오' 도밍게즈, 타일러 머독, 닐 조지는 오랜 기간에 걸쳐 여러 관련 프로젝트에서 뛰어난 능력으로 도움을 주었다. 생물학 기계 공방의 샌디 히스와 랠프 앤더슨은 강철 스쿠버 탱크로 여러 개의 도가니를 유쾌하게 제작해주었고, 알루미늄 스쿠버 탱크를 나의 도가니에 맞도록 조각조각 잘라주었다. 헨리 칭클과 데니스 하워드는 영상과 사진 촬영을 도와주었다. 수확개미 생물 교란에 관한 공동 프로젝트를 제안해준 잭 링크와 짐 던바에게 감사드린다. 특히 원고를 읽고 유용한 제안과 의견을 준 크리스티나 콰피치, 조슈아 킹, 데니스 하워드, 그리고 내 아내 빅토리아 칭클에게 고마움을 전한다. 나의 둥지 건축 연구는 미국 국립과학재단의 지원을 받아 7년간 진행되었다.

01

토양, 개미 그리고 땅속 생활

우리 발밑에는 눈으로 볼 수 없는 신비로운 세계가 있다. 분화구, 언덕, 흩어진 펠릿 등과 같은 모양의 흙더미(그림 1.1)가 그 존재를 암시한다. 많은 생물이 땅속에 굴을 파고 살지만, 이런 흙더미는 대부분 개미가 둥지를 파는 과정에서 지하에서 지상으로 가져온 것이다. 개미가 만든 흙더미는 우간다의 열대우림부터 로스앤젤레스의 보도(당연히 보도가 존재하는 범위까지지다)에 이르기까지 다양한 서식지와 장소에서 발견된다. 개미는 몸집과 군락의 크기, 둥지 짓는 습관이 매우 다양하기 때문에, 이러한 퇴적물은 거의 눈에 띄지 않는 것부터 붉은열마디개미나 앨리게니봉축개미의 명백한 개미 언덕이나 열대 아메리카 잎꾼개미의 거대한 굴까지 다양하다. 이 거대한 굴은 땅속의 규모가 아담한 크기의 주택만큼 큰 경우도 있다.

파헤쳐놓은 흙은 그 아래에 있는 둥지에 대해 거의 아무것도 알려주지 않는다. 둥지가 큰지 작은지 짐작할 수는 있지만, 비바람과 동물들이 흙더미를 흩어버리기 때문에 이런 짐작조차 신뢰할 수 없

그림 1.1 땅 아래 둥지를 파면서 생긴 흙더미. 일반적으로 많은 개미들이 분화구와 같은 형태를 만들어내지만, 모든 개미가 그러는 것은 아니다. 미국 동전과 비교하여 크기를 확인하라. 이 분화구는 도리미르멕스 부레니(*Dorymymex bureni*) 종이 만들었다. 저자 사진.

다. 구멍 모양, 공간 배열, 깊이 또는 크기에 대해서 파헤쳐놓은 흙을 통해 알 수 있는 것은 아무것도 없다. 둥지 건축에 일관성이 있을까? 개미 종에 따라 차이가 있을까? 개미는 얼마나 빨리 둥지를 만들까? 개미는 자신이 만든 공간을 어떻게 사용할까? 이러한 수수께끼는 대부분의 사람에게는 행동으로 이끄는 아무런 동기도 되지 않겠지만, 나에게는 강력한 소명으로 다가왔다. 개미들이 지하에 만드는 것은 무엇이며, 개미들의 삶에 어떤 도움이 될까?

이런 질문을 던진 생물학자는 내가 처음이 아니다. 대부분 나의 전임자들은 먼저 다양한 토양에서 둥지를 발굴하고, 그 결과를 종단면 또는 횡단면의 스케치나 그림, 연속적인 삽화로 발표하는 방식으로 개미 둥지 구조를 밝히는 과제에 접근했다(그림 1.2). 이 중 일부는 조잡한 스케치에 불과하고, 일부는 더 많은 정보를 제공하기도 하며, 일부는 훌륭한 축척도를 보여주기도 했다(그림 1.2). 이러한 연구 대부분은 다른 연구에 부수적인 것이었으며, 내가 아는 한 지하 둥지 건축을 묘사해보겠다는 욕구에 이끌린 연구는 거의 없었다. 그러나 모두 종합해보면, 이러한 연구들은 '기대되는 미리보기'를 제공하여, 개미 둥지와 개미 생물학에서 둥지의 역할을 연구하는 것이 매우 보람 있을 수 있음을 나타낸다.

나는 수십 년 전 거의 의도치 않게 '정규' 연구의 부수적인 프로젝트로 개미 둥지 건축의 신비를 연구하기 시작했다. 이 주제에 깊이 빠져들면서, 나는 점점 더 이 신비를 밝히는 것을 연구의 주요 초점으로 삼게 되었다. 이 책은 지난 25년 동안 플로리다 북부 해안 평야 숲에서 진행한 개미 연구의 성공과 실패를 바탕으로 개미의 지하 세계를 탐험한 내용이 주를 이룬다. 개미 둥지를 단순히 설명하는 데 그치지 않고, 나는 이 주제를 폭넓게 다루었다. 둥지 건축을 그와 관련된 물리학, 약간의 화학, 토양학, 개미 행동, 군락 생물학, 개미 생태학, 개미 자연사, 몇 가지 실험, 그리고 때로는 개인적인 모험 및 사색과 결합해 다루었다. 나는 독자들에게 열정적인 호기심과 문제 해결에 대한 애정을 가지고 연구 주제를 탐구하는 것의 매력·어려움·보람을 보여주고 싶었다. 실제로 나는 현대 생물학에서 유행하는 추상적 개념(물론 중요하다고 인정한다)보다 '자연의 대상'을 다루는 데서 항상 미학적 즐거움을 느꼈다. 독자 여러분도 이

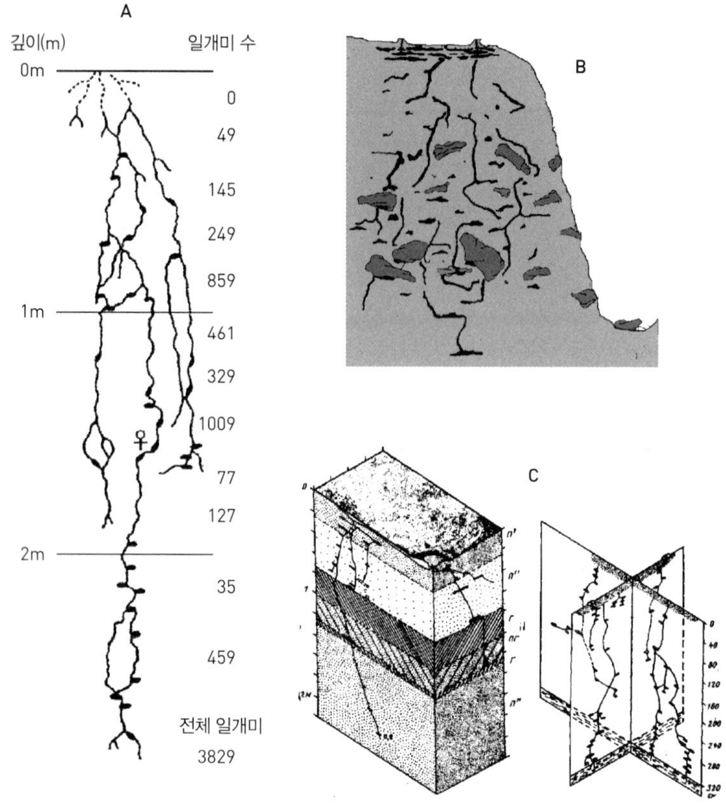

그림 1.2 지하 개미 둥지에 대해 발표한 그림의 예시로 두 개는 축척을 사용했다. 이러한 둥지의 3차원적 특성을 그림으로 표현하기는 어렵다. A: 곤도(Kondoh, 1968), B: 탤벗(Talbot, 1964), C: 들루스키(Dlussky, 1981).

책에서 미학적 즐거움을 발견하고, 이를 창조해내는 개미들의 삶에 매료될 것이라고 믿는다.

나는 나 자신이 미지의 땅을 지도로 만들고 묘사하는 일종의 개척자라고 생각한다. 생물학은 항상 묘사로 시작하기 때문에, 개미 둥지 건축이라는 신생 분야에서 여러 가지 기발한 가설을 세우기 전에 묘사로 시작하는 것은 놀라운 일이 아니다. 또한 연구에서의 진전이 관련 질문에 답하는 데 필요한 도구를 사용하거나 발명하는 데 달려 있다는 것도 놀라운 일이 아니다. 과학의 역사를 통틀어 보면, 현미경, 마이크로톰, 그 밖의 수많은 발명품과 같은 새로운 도구나 절차의 발명으로 다양한 분야가 꽃을 피웠다. 싱크로트론, 핵자기공명장치나 공초점 현미경보다 더 간단하고 평범한 방법을 사용하지만, 개미 둥지 건축 분야도 여기에서 예외는 아니다. 삽, 비닐봉지, 약간의 계산 능력, 집에서 만든 가마만 있으면 놀랍도록 흥미로운 것들을 배울 수 있다. 하이테크(high-tech) 과학의 시대에 나는 로테크(low-tech) 초절약 과학의 즐거움에 대한 이야기를 들려주고자 한다.

개미

이 신비로운 지하 왕국의 창조자는 개미다. 내 경험상 대부분의 사람은 개미를 부엌 조리대에 흘린 음료수에 떼로 몰려들거나 깨끗한 잔디밭에 흙더미를 만드는 성가신 생명체로 알고 있을 뿐, 개미의 세계가 또 다른 우주, 외계 세계와 같다는 사실을 아는 사람은 거의 없다. 따라서 개미 생물학과 다양성에 대한 간략한 설명으로 시작하는 것이 현명할 듯하다.

개미는 1억에서 1억 4000만 년 전에 말벌의 조상에서 갈라져 나온 사회성 곤충이다. 개미들의 사회(보통 군락)는 개미들 간의 기능이 뚜렷이 구분되어 있어, 하나 또는 소수의 개체만이 수정란을 낳을 수 있고(여왕개미), 대부분의 다른 개체들은 생식 능력이 없으며, 작업을 수행한다(일개미). 사회적 기능을 담당하는 개체들은 모두 암컷이다. 수컷은 여왕과 짝짓기를 하기 위해서만 생산되며, 보통 일 년 중 몇 주 동안만 생존한다. 일반적으로 군락은 어미가 여왕이고 그 딸들이 일꾼인 가족이다. 딸들은 어미가 하나의 수컷과 짝짓기를 한 경우에는 완전한 자매이며, 여러 수컷과 짝짓기를 한 경우에는 이부(異父) 자매다. 개체 수준에서 개미는 완전한 변태를 하는 곤충의 전형으로, 알에서 유충, 번데기, 성충으로 성장한다. 사회성은 이러한 기본 곤충 계획에 기반을 두고서, 개미가 성충으로 성장하는 과정에 영향을 미친다. 즉, 생식 능력이 없는 일개미로 성장하거나 교배나 번식이 가능하도록 생식 기관이 완전히 발달한 성충으로 성장하게 한다.

사회성 덕분에 개미는 전 세계 대부분의 따뜻한 지역에서 수많은 생태계를 지배하는 매우 성공적인 동물 집단이 되었다. 개미의 바이오매스(biomass),● 즉 총 무게는 종종 서식지의 다른 어떤 동물 집단의 총 무게를 초과한다. 개미는 약 1만 4000종이 보고되었지만, 새로운 종의 발견 속도를 고려할 때 최종적으로 2만~4만 종에 이를 것으로 보인다. 예를 들어, 내 동료인 브라이언 피셔(Brian Fisher)는 마다가스카르의 생태계를 철저히 조사한 결과, 1000종이 넘는 새로운 개미 종을 직접 발견하고 이름을 붙였다. 개미 전문가들은 개미 종의 수를 대체로 2만~3만 종으로 추정하는데, 이것은 전 세계의 많은 지역에서 개미 또는 다른 곤충이 제대로 조사되지 않았다는 추론에 근거한다. 새로운 많은 종이 아마도 이미 박물관에 보관되어 개미 분류학자들이 명명해주기를 기다리고 있을 가능성이 높지만, 개미와는 달리 개미 분류학자는 많이 부족한 상황이다.

● 화학적 에너지로 사용 가능한 식물·동물·미생물 등의 생물체, 즉 바이오에너지의 에너지원을 의미하며, 생태학적으로 단위 시간 및 공간 내에 존재하는 특정 생물체의 중량 또는 에너지량을 의미하기도 한다.

개미의 다양성과 풍부함을 고려할 때, 개미가 다양한 서식지를 차지하는 것은 놀라운 일이 아니다. 수많은 개미 종은 청소부이자 포식자다. 몇몇 종은 진딧물, 벚나무깍지벌레, 깍지벌레와 같은 가축을 기르는 목장 주인 역할을 하고, 또 다른 몇몇 종은 거미 알과 같은 작은 먹잇감이나 털이 많은 노래기부터 톡토기까지 어려운 먹잇감을 전문적으로 잡아먹는 포식자 역할을 한다. 일시적으로 캠프에 정착하기도 하는 유목 사냥꾼 종, 야생 씨앗을 수집하는 종, 유충 배설물이나 잎 조각에서 버섯을 재배하는 종도 있다. 플로리다의 해안 소나무숲 지대(내가 주로 연구하는 곳)에서는 중간 규모의 교외 주택부지 같은 작은 구역에서도 이러한 모든 생활 방식을 흔하게 관찰할 수 있다.

이렇게 다양한 개미 종은 지구상에 고르게 분포되어 있지 않다. 더 정확히 말하면, 적도에서 멀어질수록 지역별 개미 종의 수는 감소한다. 열대 지방, 특히 습한 열대 지방에는 4000~6000종의 개미가 서식하지만, 적도에서 멀어지면 그 수가 급격히 감소하여 북위 50도 또는 남위 50도 이상에서는 50종 미만으로 줄어든다. 나는 브룩스산맥 북쪽 알래스카 북극 경사면의 북위 70도에 가까운 곳에서 렙토토락스 무스코룸(*Leptothorax muscorum*) 표본을 채집한 적이 있다. 북극 지역의 개미 중 북아메리카에서 시베리아에 걸쳐 서식하는 종은 단 두 종뿐이다. 내가 발견한 군락은 남쪽을 향하고 있는 드문 모래 둑에 서식하고 있었는데, 영구 동토층에서 불과 몇 센티미터 위에 자리 잡고 있어서 얻을 수 있는 최대한의 햇빛을 흡수하고 있었다. 겨울에는 둥지와 그 안의 모든 것이 완전히 얼어붙어서, 봄이 와 해빙될 때까지 생활이 중단된다. 그들의 삶은 '미약한'이라는 단어로 정의할 수 있다.

물론 면적이 넓은 지역일수록 개미 종의 수가 많으므로, 규모가 비슷한 국가들끼리 비교해야 한다. 에콰도르와 핀란드는 면적에서 큰 차이가 나지 않지만, 에콰도르에는 700여 종의 개미가 서식하는 반면, 핀란드에는 64종만이 서식한다. 16헥타르 면적의 페루 아마존에는 거의 500종의 개미가 서식한다. 브라질과 미국은 면적이 비슷하지만, 미국은 800여 종에 불과한 반면, 브라질은 1400여 종에 달한다. 만약 브라질을 전부 다 조사한다면, 더 많은 종을 발견할 수 있을 것이다.

개미 연구가들은 어떤 곤충들이 개미의 기원이 되었는지에 대해 수십 년 동안 추측하고 논쟁을 벌여왔다. 개미의 가장 가까운 친척은 현대의 굼벵이벌과 유사한 생물체라는 것이 오랫동안 일치해온 의견이었다. 이 말벌은 딱정벌레 유충을 찾아내 침으로 마비시킨 다음 그 위에 알을 낳는다. 이 알에서 부화한 유충은 딱정벌레 유충을 잡아먹으며 성장하고 발달한다. 최근에는 다양한 곤충 집단 간의 관련성을 규정하고 그들을 가계도(계통수)로 배열하는 데 분자 방법이 사용되고 있다. 기본적으로 생물 집단의 DNA 염기쌍 서열은 시간이 지남에 따라 변하기 때문에, 긴 DNA 염기서열에서 서로 다른 염기쌍의 수는 두 개체군이 분리되어 진화한 시간(더 많거나 적음)과 관련성의 정도를 모두 측정할 수 있는 척도가 된다. 최근 이루어진 개미과·벌과·말벌과에 대한 많은 연구에 따르면, 개미는 벌이나 말벌과 가장 밀접한 관련이 있는 것으로 나타났다. 분류학자들의 표현을 빌리자면, 이들은 '자매 분류군'이다. 물론 벌은 꽃가루를 수집하고 먹지만, 개미(적어도 원시 개미)와 대부분의 말벌은 육식성 또는 기

생성이다. 그러나 수많은 개미·벌·말벌의 공통점은 둥지를 짓거나 찾아서, '물건(stuff)'(꽃가루, 먹이, 둥지 재료)을 둥지로 가져온다는 점이다. 이 집단에 속하지 않는 말벌은 먹이를 찾아서 중심 장소로 가져가기보다는 그 자리에서 기생하는 경향이 있다. '물건'을 수집하는 행동은 아마도 이 자매 분류군이 사회성을 진화시키는 데 영향을 끼친 생활사와 행동의 일부일 것이다. 왜냐하면 이러한 행동은 부모와 자식을 둥지에서 더 자주 교류하게 만들기 때문이다. 다른 유리한 요인들이 생기면, 이 집단은 사회성을 진화시킬 수 있다. 사회성은 벌에서 여섯 번에서 여덟 번, 그리고 조상 개미에서 한 번씩 진화했으며, 그 후손은 모두 사회성을 가지고 있다는 점에 주목할 만하다.

따라서 둥지 건설은 사회성의 진화를 촉진했다. 둥지에서 생활하고 '물건'을 모으면서 곤충은 서로 관련된 집단을 형성하고, 이를 통해 서로 협동하는 행동을 진화시킬 수 있기 때문이다. 다시 말해서, 둥지를 만드는 행동은 개미와 사회성, 이 둘의 진화보다 먼저 일어난 것이다. 현대의 사회적 곤충들은 일련의 생활사적 특징—생애 주기의 단계 및 국면의 특성—과 종의 생존에 대응하는 방식을 공유한다. (1) 딸은 어미 및 자매와 함께 둥지에 머문다(세대가 겹친다), (2) 자매는 자신의 새끼가 아니라 동생을 돌보며(유충 공동 사육), 동시에 어미도 돌본다, (3) 어떤 개체는 알을 낳는 일을 전문으로 하고, 다른 개체는 알을 기르거나 다른 필요한 일을 전문으로 한다(노동 또는 기능 분업). 성장 중인 새끼에게 먹이를 주기 위해 반복적으로 '물건'을 둥지로 가져오는 어미 개미·벌·말벌은 결국 성체가 된 딸들과 둥지를 공유하게 되고, 딸들은 어린 동생들과 함께 둥지를 공유하게 된다고 쉽게 상상할 수 있다. 유충의 존재는 자매들의 유충 돌보기 행동을 유발하고, 다양한 영양 또는 호르몬 조건이 딸들의 생식 능력을 억제할 것이다. 어미(여왕)와 억제된 딸들(일꾼들)의 조합이 딸들 자신이 번식을 시도하는 것보다 더 성공적으로 다음 세대를 생산한다면, 이러한 초기 사회성은 자연선택에 의해 선호될 것이고 사회적 진화가 진행될 것이다. 이러한 사회적 진화는 결국 개미의 경우처럼 일개미가 더 이상 여왕이 될 수 없게 되는 돌이킬 수 없는 시점을 지나게 된다. 그 시점이 지나면 개미는 더 이상 "사회 속에서 살아야 할까, 아니면 혼자 살아야 할까?"라는 질문을 던질 수 없다. 그들은 이미 돌이킬 수 없는 선택을 한 것이다.

둥지를 짓고 먹이를 모으는 것 외에도, 개미들의 독특한 성 결정 방식은 개미들이 사회성을 갖도록 만드는 데 결정적 역할을 한다. 암컷은 대부분의 동물처럼 수정란에서 발달하는 반면, 수컷은 수정되지 않은 알에서 발달한다. 즉, 암컷은 이배체(염색체 2세트)이고 수컷은 단수체(염색체 1세트)이다. 수컷의 모든 정자는 동일한 유전자 세트를 가지고 있다. 여왕개미가 한 마리의 수컷과 짝짓기를 하면, 수학적으로 자매간에는 서로 75퍼센트의 관련성(즉, 유전자의 75퍼센트가 동일하다)이 있는 반면에, 형제는 25퍼센트의 관련성을 가질 뿐이다. 따라서 자매들끼리는 서로 번식을 돕고자 하지만, 그들은 관련성이 적은 수컷 형제들을 여기에 포함시키지 않을 것이 분명하다. 서로 관련성이 매우 높은 자매는 자신과 동일한 유전자를 많이 가지고 있는 다른 자매의 번식을 돕기 위해 자신의 번식을 포기하는 것이 유전적으로 보상이 된다. 아버지가 여러 명이면 이러한 선택의 강도가 약해지지만, 사회성이 진화하면 이것 역시 약간의 이점이 있다.

어쨌든 암컷 간의 높은 관련성은 사회성을 진화시키려는 강한 선택적 압력을 행사하며, 이것이 바로 모든 암컷의 사회성이 진화 계보에서 일곱 번에서 아홉 번 진화한 이유 중 하나이다.

개미 둥지

개미 둥지의 구조는 1억~1억 4000만 년 전 모든 현대 개미의 조상이 모든 현대 개미 둥지의 조상 둥지를 파낸 것에서 시작되었다. 오늘날 수천 종의 개미와 그 둥지는 이 조상 개미와 그 둥지의 후손이다. 그러나 습한 열대 지방에서는 개미 종의 약 절반이 나무에 둥지를 만드는데, 그 개체 수가 엄청나게 많다. 나는 가이아나의 우림에서 두 그루의 우림 나무에 살충제를 뿌려 그 안에 사는 절지동물들을 채집한 적이 있다. 그 결과 채집 시트 위로 떨어진 곤충의 약 90퍼센트가 개미였고, 대부분은 아즈테카(*Azteca*)라는 하나의 우세한 개미 속(屬)이었다. 북반구와 남반구에서 위도가 높아질수록, 개미 종들은 나무에 둥지를 만드는 빈도가 줄어들고 대신 땅에 둥지를 만드는 빈도가 늘어났다. 이러한 변화는 아마도 온대 기후에서는 나무에서의 생활 조건이 계절에 따라 건조해지거나 얼어붙는 등 혹독해지기 때문으로 보인다. 내가 사는 플로리다의 위도에서는 수백 종 중 단지 몇 종만 나무에 둥지를 만든다. 대부분은 땅이나 썩은 목재 속에 둥지를 만들거나 기존의 쉼터에 임시 둥지를 만든다.

땅에 둥지를 만들고 사는 개미 종은 크기뿐만 아니라 건축적 세부 사항도 다른 종과 다른 다소 독특한 둥지를 만든다. 현대 생물학에서 이러한 차이는 진화로 가장 잘 설명된다. 1973년, 초파리 유전학으로 유명한 진화생물학자 테오도시우스 도브잔스키(Theodosius Dobzhansky)는 〈진화의 관점에서 보지 않으면 생물학에서 말이 되는 것은 아무것도 없다(Nothing in Biology Makes Sense Except in the Light of Evolution)〉라는 제목의 논문을 발표했다. 이를 통해서 그는 지구상의 모든 생명체가 서로 연관되어 있으며 진화적 계승의 결과임을 나타내는 가계도로 정리할 수 있는 압도적인 증거가 있다는 것을 보여주었다. 진화론적 설명은 현대 생물학의 핵심이며, 분자부터 행동, 사회에 이르기까지 적용된다. 개미 둥지 건축의 다양성 역시 유기체의 다양성과 마찬가지로 진화의 결과가 틀림없으며, 따라서 적어도 이론적으로는 밀접하게 관련된 유기체 또는 건축의 계승을 나타내는 가계도로 정리할 수 있다. 개미 둥지 건축과 관련하여 이 목표를 달성하려면 내 표본 크기가 작기 때문에 독자들이 상당히 유연하게 봐주어야 할 것이다. 그럼에도 불구하고 이 연습은 교육적일 수 있으며, 9장에서 진행될 것이다. 진화한 것은 흙 속의 빈 공간에 불과한 개미 둥지가 아니라 둥지를 파는 개미들의 행동이라는 점을 처음부터 분명히 밝힐 필요가 있다. 개미 둥지는 본질적으로 개미들 행동의 결과물이거나 '화석'이다. 이러한 간단한 주장 안에는 많은 복잡한 사실이 감춰져 있다. 왜냐하면 이 '행동'은 각 일개미들의 독립적인 행동뿐만 아니라, 이 일개미들이 다른 일개미들의 행동으로부터 받는 영향, 그리고 수십에서 수백만 마리의 일개미들이 리더나 도면도 없이 어둠 속에서 건설할 때 둥지에서 나오는 신호와 피드백으로부터 받는 영향도 포함하기 때문이다. 요즘 유행하는 표현을 빌리자면, 이것은 자기 조직화다. 둥지를 파는 동안 이러한 자기 조직화가 어떻게 작동하는지는 여전히 대부분 의문으로 남아 있지만, 이것은 이 분야의 핵심 질문 중 하나다.

매체

햇빛과 공기 속에서 자유롭게 움직이는 우리에게 토양은 우리가 걷고, 식물이 뿌리를 내리고, 집을 짓고, 주차장에 아스팔트를 깔아놓는 밀도 높은 입자로 이루어진 매체다. 우리는 토양을 통과하는 경험을 해본 적이 없기 때문에, 그런 상상을 하기가 힘들다. 토양에 사는 대부분의 생물은 토양 내부를 통과하며 이동하기 위해서 구멍을 만드는데, 이 활동의 대부분은 토양을 파내 지표면에 버리는 것이다. 개미가 지하 둥지를 만들 때 하는 일이 바로 이 작업이다. 그러나 대부분의 토양에는 빈 구멍이 많으며, 일부 토양에 서식하는 생물은 크기가 매우 작아서 토양 덩어리나 입자 사이의 공간을 이동하거나, 또는 충분한 빈 구멍을 이용하여 입자를 옆으로 밀어내 통로를 확보할 수 있다. 크기가 작은 도둑개미와 같은 일부 개미는 너무 작아서 이런 일을 할 수 있다. 광범위하게 실처럼 퍼져 있는 도둑개미의 통로는 지표면에 흙더미를 버린 흔적이 거의 없다. 이 통로가 더 큰 개미들의 둥지와 교차할 때, 도둑개미는 더 큰 개미들의 유충을 훔쳐 먹기도 한다.

플로리다 해안 평야의 토양은 층위가 거의 또는 전혀 형성되지 않았기 때문에, 토양 과학자들은 '토양'으로 거의 인정하지 않으며 단순한 퇴적물이라 기술한다. 실제로 대부분의 해안 평야는 현재 해안선과 거의 평행하게 이어지는 해안 모래언덕에 위치한다. 더 낮은 모래언덕 사이의 계곡은 멕시코만으로 얕은 지하수를 서서히 배수하는 완만한 흐름의 하천망을 형성한다. 습지와 건조한 고지대를 구분하는 고도 차이는 1~2미터다. 습지 토양은 어두운 유기질과 진흙이 많이 섞여 있는 반면에, 고지대 토양은 거의 순수한 모래이며 상부 10센티미터는 숯가루로 인해 어두운 회색이다. 이 토양은 너무 척박해서 토착민이든 이주민이든 농사를 지으려는 어리석은 농부는 없었고, 그 덕분에 소나무숲의 파괴를 막을 수 있었다. 영양분의 85퍼센트가 토양의 상부 15센티미터에 있기 때문에, 영양분을 차지하기 위한 경쟁은 치열하다. 이 영양분이 지하수면으로 내려가는 동안 흡수하려면, 식물은 이웃 식물보다 먼저 영양분을 흡수해야 한다. 따라서 약 20센티미터 아래에는 뿌리가 드물게 있다.

나는 바로 이런 환경에서 개미에 대한 현장 연구를 시작했다. 나는 이름표처럼 뚜렷하게 구별되는 토양 더미 패턴을 통해 자신의 존재를 알리는 다양하고 풍부한 개미 군락에 이끌렸다. 표면적으로 구별되는 것이 지하에서도 구별되리라 생각했으며, 내가 밝히고 싶었던 것은 바로 이 지하에서의 구별이었다.

02

빈 공간의 형태 파악하기

개미 둥지는 토양 내부의 공기로 둘러싸인 빈 공간이다. 숨겨진 빈 공간을 채워서 어떤 '모양'인지 보여주겠다는 아이디어는 인류 역사를 통해 여러 차례 떠올려졌을 것이다. 물론 채워진 공간 둘레로 주물을 떼어낼 수 있을 때만 이것이 가능하다. 1970년대 젊은 조교수 시절에 나는 이 방법을 개미 둥지에 적용할 수 있겠다는 생각을 처음으로 해보았다. 해부학 수업 시간에 해부한 개구리와 상어의 순환계가 빨간색 또는 파란색 라텍스로 채워져 있던 것을 떠올렸다. 그래서 라텍스를 주문하고, 학부생인 그레이슨 '칩' 브라운(Grayson 'Chip' Brown)에게 라텍스로 개미 둥지 주물을 만들어보라고 시켰다. 그는 임대하여 살고 있던 집 뒷마당에 있는 개미 둥지 구멍에 라텍스를 붓고 굳을 때까지 기다렸다가 파냈다. 그 결과 거의 2미터 깊이의 막대기 위에 팬케이크를 올려놓은 것 같은 멋진 주물을 만들 수 있었는데, 문제는 주물을 고무로 만들었기 때문에 흐물흐물하다는 것이었다. 우리는 이 개미를 원뿔개미인 코노미르마 플라보펙타

(*Conomyrma flavopecta*, 지금 이름은 도리미르멕스 부레니)로 확인했고, 그 주물을 실험실 서랍에 15년 이상 보관하면서 방문객을 위해 가끔 꺼내 보여주기도 했다. 하지만 실험실을 옮길 때 결국 잃어버리고 말았다.

개미 둥지 주물을 만들고 싶다는 충동은 1980년대 중반에 미국 농무부(USDA) 생물학자 두 명, 데이비드 윌리엄스(David Williams)와 클리프 로프그렌(Cliff Lofgren)이 치과용 석고를 사용하여 개미 둥지 주물을 만드는 방법에 대한 간단한 논문을 발표한 후 내 안에서 다시 깨어났다. 이 치과용 석고는 파리 석고●보다 훨씬 강했으며, 단단하고 빳빳하게 굳어져 흐물흐물한 라텍스보다 크게 개선된 것이었다. 게다가 치과용 석고는 저렴해서 25파운드 또는 50파운드 상자로 구매 가능하며, 물과 섞으면 30분 안에 굳어졌다. 나는 붉은열마디개미 둥지 주물을 만들기 위해 석고를 구입했다. 100개가 넘는 둥지를 발굴해본 경험에 비추어, 나는 붉은열마디개미 둥지가 작은 방들이 무작위로 배치되고 연결된 구조일 것이라고 예상했다. 나는 꽤 단순한 공정을 이용했다. 우선 석고 슬러리 반 통을 붉은열마디개미 둥지 안으로 부었다. 그런 다음 20킬로그램의 흙과 석고 덩어리를 파내 집으로 가져와서 물 호스로 흙을 씻어내 빈 공간의 모양을 드러나게 했다. 전혀 상상하지 못했던 모습이라 놀라움을 금할 수 없었다. 내가 상상했던 다소 무작위적인 구조가 아니라, 주물은 명확하게 조직된 구조를 드러냈다. 반복되는 수직 통로들이 수평한 방들을 연결하여 여러 개의 뚜렷한 수직 시리즈를 이루었고, 종종 방들 사이도 수평으로 연결되어 있었다(그림 2.1). 나는 이 주물을 사무실 천장에 걸어두고 30년 동안 방문객들을 놀라게 했다.

● 파리 석고 또는 파리 플라스터는 산화석고라는 물질을 기반으로 한 건축 및 예술용 소재다. 석고 분말과 물을 혼합해 흘려 모양을 만들거나 주물을 만들 때 사용된다. '파리 플라스터'는 그 이름에서 알 수 있듯이 프랑스 파리 인근에서 처음 생산되어 널리 사용되었다.

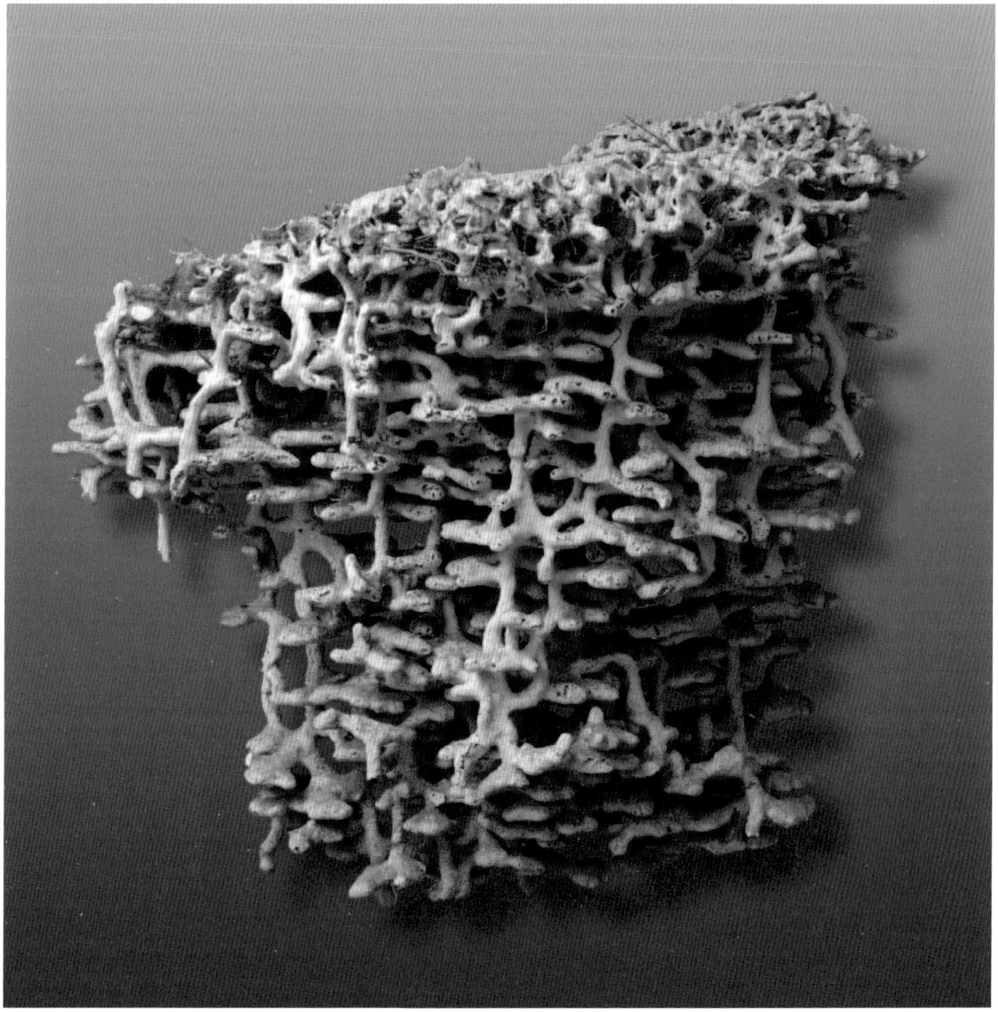

그림 2.1 붉은열마디개미〔솔레놉시스 인빅타(*Solenopsis invicta*)〕 둥지의 첫 번째 석고 주물. 비록 불완전하지만, 이 주물을 통해 분명하게 드러난 구조는 개미 둥지를 단순히 발굴하는 것이 아니라 주물로 만드는 것의 가치에 눈을 뜨게 해주었다. 저자 사진.

이 사소한 깨달음으로 나는 개미 둥지 건축을 연구하는 데 효과적인 둥지 주물 제작 방법의 가능성에 눈을 떴다. 이 가능성은 내가 만든 석고 주물 하나에서도 분명하게 드러났다. 인쇄물이 원화의 세

1 1950년대에 마인하르트 야코비(Meinhard Jacoby)는 시멘트를 사용하여 브라질잎꾼개미 둥지의 거대한 주물을 만들었지만, 이 신기한 주물들조차 그림으로 출판되었으며 사진으로는 출판되지 않았다.

부 사항을 모두 드러내는 것처럼, 3차원 주물은 건축물의 세부 사항을 모두 드러냈다. 그때까지만 해도 개미 둥지 건축에 대한 연구는 발굴 스케치나 축척도에 의존해왔으며(그림 1.2), 개미 둥지를 3차원으로 상상하는 것은 도전이었다. 3차원 둥지 주물을 보는 것은 거의 마법처럼 보였다.[1] 3차원 둥지 주물은 어떤 각도에서든 볼 수 있고, 각 모습은 전체적인 이미지를 만드는 데 기여했다. 석고는 깨지기 쉽다는 한계가 분명 있었지만, 그 당시에는 석고가 개미 둥지 건축을 연구하는 길로 나를 인도했다. 그 과정에서 이 기본적인 방법을 다른 방법과 결합하여 개미의 행동, 군락 생물학, 진화, 생태학 등 관련 분야를 탐구할 수 있었고, 이 모든 것을 통해 더 통합적인 그림을 그리게 된다.

나를 매료시킨 주물

그 후 몇 년 동안 나는 여러 개미 종의 둥지를 찾아내 몇 개의 주물을 만들었지만, 붉은열마디개미 연구로 이미 충분히 바빴기 때문에 이것은 흥미로운 부가 활동에 불과했다. 1999년 버려진 지 얼마 안 된 플로리다수확개미 둥지에 5갤런짜리 치과용 석고 슬러리를 부을 때까지는 말이다. 5갤런을 모두 부어 둥지를 2.5미터 깊이까지 메웠다. 이를 완전히 파내는 데 이틀이 걸렸고, 그 결과 거의 150개에 달하는 주물 조각들이 나왔다. 나는 이 거대한 입체 퍼즐을 여러 개의 대형 트레이에 담아 집으로 가져왔다. 돌이켜보면 이 주물을 조립하고 복원하기로 마음먹었던 것은 조각들을 모두 모아 조립하는

데 무엇이 필요할지 전혀 상상할 수 없었기 때문이었던 듯하다. 나는 합판으로 바닥과 뒷면을 만들어 파란색으로 칠한 뒤, 얇고 단단한 금속 막대를 많이 준비했다. 그리고 내가 일하던 건물 안에서 주물 설치 장소를 찾은 다음 다시 조립하기 시작했다. 주물은 위에서 아래로 만들어져야 했기 때문에 가장 먼저 해야 할 일은 높이가 얼마일지 예측하는 것이었다. 나는 합판 길이와 발굴 후 남은 구멍의 깊이를 고려하여 8피트(약 2.4미터)에 약간 못 미치는 높이로 결정했다. 발굴하는 동안 너무 흥분하여 많은 조각의 출처를 표시하지 않았고, 이로 인해 네 개의 별개 수직 통로들을 따라 조립하는 것은 더욱 복잡해졌다. 마치 직소 퍼즐에서 푸른 하늘을 조립할 때 조각의 윤곽선에서 작은 변형을 찾는 것처럼, 여러 가지 조합을 시도한 후에야 정확한 모양을 확실하게 맞출 수 있었다. 방들을 서로 확연하게 다른 집단으로 분류하는 또 다른 특징은 토양 기둥에서 방이 차지하는 위치에 따른 색상이었다. 군락지 모래언덕의 토양과 마찬가지로 상부 15~20센티미터 깊이의 방들은 더러운 회색이었고, 그 다음 1미터 이상 깊이의 방들은 노란색이었으며, 그 후로는 순수한 흰색이었다. 그래서 나는 흰색 조각이 노란색 또는 회색 조각과 맞는지 테스트할 필요가 없었다. 또한 통로는 마치 나선계단처럼 부드러운 나선이어서, 급격한 방향 전환을 하는 접합부는 분명히 잘못된 것이었다. 조립해야 할 조각들의 부러진 끝을 함께 놓고 서서히 돌리다 보면 갑자기 완벽하게 들어맞았다. 유일하게 빠진 것은 딸깍하는 소리뿐이었다. 그런 다음 '에폭시를 혼합'하여 만든 접착제로 조각들을 붙이고, 접착제가 굳을 때까지 정확한 위치를 유지하기 위해 조심스럽게 받쳐주었다.

둥지 상부는 서로 잘 연결되어 있어서 매우 복잡하지만 하나의 조각으로 복원할 수 있었다. 나는 그것을 연구실 벤치 위에 거꾸로 놓고 약 30센티미터의 주물을 거꾸로 재구성했다. 학생 조교가 배낭을 메고 돌아다니다가 부분적으로 조립된 주물을 50여 조각으로 깨뜨리기 전까지는 모든 것이 잘 진행되고 있었다. 시지푸스처럼 나는 그 언덕을 다시 오르기 시작했고, 몇 주 후 주물을 한 단계씩 복구했다. 접착제를 더 많이 사용하긴 했지만, 이전 수준으로 재건했다.

이 시점에서 단단한 금속 막대로 주물을 백보드에 부착해야 했는데, 딸 에리카가 주물을 붙잡고 안정시키는 이 과정을 도와주었다. 주물 상부를 제자리에 놓은 후 아래쪽으로 재구성하는 작업을 계속 진행했는데, 각 조각을 백보드에서 돌출된 금속 막대로 지지했다. 각 접착 부위가 완전히 굳은 뒤에 다음 조각을 맞추기 시작했다. 또한 주물 본체와 별도로 몇 개의 하위 조립품을 만들어 더 복잡한 유닛으로 추가했다. 이런 방식으로 주물은 두 달 넘는 시간 동안 서서히 형태를 갖추었다. 잠시도 가만히 있지 못하는 나에게는 쉽지 않은 작업이었다.

그러나 결과는 놀라웠다. 예상치 못한 아름다움과 질서가 돋보이는 장엄한 모습(그림 2.2)을 보고, 나는 다른 둥지에서도 더 많은 아름다움을 드러내어 다른 사람들이 볼 수 있도록 전시하고 싶다는 생각이 들었다. 이 욕망을 실현하는 데는 두 가지 큰 장벽이 있었는데, 첫째는 대형 석고 주물을 재조립하는 데 필요한 엄청난 작업량이고, 둘째는 재조립한 주물이 너무나 부서지기 쉽다는 점이었다. 그리고 이런 주물을 옮길 방법도 없었다.

그림 2.2 플로리다수확개미 둥지의 첫 번째 완전한 석고 주물. 이것은 지금까지도 내가 만든 가장 큰 주물 중 하나다. 찰스 F. 배드랜드(Charles F. Badland) 사진.

더 나은 재료 탐색과 몇 가지 모험

그렇게 해서 더 강한 주물 재료를 찾기 시작했다. 석고에 유리 섬유나 기타 첨가제를 섞으면 조금은 도움이 되었지만 충분하지는 않았다. 진짜 액체인 경화 플라스틱은 모래에 스며들어 부자연스럽게 부풀어 오른 주물을 만들기 때문에 사용할 수 없었다. 그래서 금속이어야 했다. 하지만 어떤 금속을 사용해야 할까? 그리고 어떻게 하면 둥지 바로 옆 현장에서 그 금속을 녹일 수 있을까? 고등학교 물리 시간에 깨어 있었던 것이 이제야 빛을 발했다. 뜨거운 물질과 차가운 물질의 온도 차이가 클수록 열전달 속도가 증가한다는 뉴턴의 냉각 법칙이 떠올랐기 때문이다. 개미 둥지에 어떤 녹인 금속을 흘러 들어가게 하면 금속은 주변 모래로 인해 열을 잃게 된다. 다른 조건이 같다면 녹는점이 높은 금속일수록 열 손실 속도가 빠르고 더 빨리 응고된다. 따라서 녹는점이 높은 금속은 녹는점이 낮은 금속에 비해 개미 둥지를 덜 채운 상태에서 응고될 것이다.

금속의 물리적 특성을 검토한 결과, 녹는점이 충분히 낮은 현실적인 후보는 알루미늄과 아연 단 두 가지였다. 납은 더 낮은 온도에서 녹았지만, 부드럽고 독성이 있어 제외되었다. 알루미늄은 고철상에서 쉽게 구할 수 있지만, 아연은 어떨까? 아연은 어디서 구할 수 있을까? 세계 시장에서 아연은 상당히 비싼 금속이었으며, 내 예산 범위를 벗어났다. 이 시점에서 대학 때 배운 화학에서 알게 된 흥미로운 사실이 중요한 정보를 제공했다. 철제 선박의 선체에 연결된 아연 잉곳●은 선체가 바닷물에 의해 부식하는 것을 방지하기 위해 아연을 부식시키는 이른바 '희생 아연'이라는 것이었다. 이 지역의

● 아연을 녹인 후 주형에 부어 만든 금속 덩어리로, 주로 산업용으로 사용되며, 크기와 모양은 다양하다.

조선소에 전화해보니, 선외 모터에 아연 덩어리를 부착하기는 하지만, 그 양이 충분하지 않았고 구할 수도 없었다. 전화번호부를 뒤져, 나는 플로리다주 잭슨빌 북쪽에 있는 애틀랜틱 마린 조선소(Atlantic Marine Shipyard)에 전화를 걸었고, 레온(Leon)이라는 엔지니어와 통화했는데, 그는 재활용하는 희생 아연 양극•이 있으며, 내가 가져가도 좋다고 말했다.

나는 조선소에서 반쯤 사용된 희생 양극을 교체하는 것 외에 조선소의 규모나 그곳에서 하는 일에 대해서 알지 못했다. 조선소에서는 항공모함을 수리하고 개조하며, 다양한 선박을 드라이 독에 넣어 수리하고, 심지어는 배를 처음부터 건조하기도 했다. 거의 완성된 원양 예인선이 물에서 가까운 블록 위에 놓여 있었다. 선체가 조개껍질처럼 열릴 수 있도록 갑판을 따라 가로로 경첩이 연결된 거대한 채워넣기용 선박(fill-dumping ship)••이 바다로 들어갈 채비를 마쳐가고 있었다. 400미터 길이의 건물 안에서는 컴퓨터로 제어되는 플라즈마 토치가 분당 1미터 이상의 속도로 3센티미터 두께의 철판을 절단하고 있었고, 자동 용접기가 그 조각들을 선박 부품으로 조립하기 시작했다. 사무실 건물 뒤에는 아연 양극으로 가득 찬 두 개의 대형 쓰레기통이 있었는데, 각각 두꺼운 흰색 부식층(탄산아연)으로 코팅되어 있었다(그림 2.3). "마음대로 가져가세요." 레온이 말했다. "우리는 보통 재활용 업체에 판매하지만, 필요하면 무료로 가져가도 괜찮습니다." 멋진 조선소 견학에 공짜 아연까지, 이보다 더 좋을 수 없었다.

아연은 고밀도 금속으로, 한 변이 22센티미터인 정육면체의 무게가 70킬로그램으로 사람의 평균 몸무게와 비슷해서, 아연을 다 실

• 전기화학적 부식 방지 기술에 사용되는 아연 소재의 전극으로, 희생 양극이라고도 불린다. 아연 양극은 아연 잉곳을 가공하여 만들어지며, 선체에 연결되어 해수에 노출되면 아연이 부식되면서 금속 구조물의 부식을 방지한다.

•• 주로 해양 공사와 다목적 작업을 위해 사용되는 선박 유형 중 하나. 육지나 해저에서 토사·돌·모래·진흙 등의 자재를 운반하여 해양 환경에 내려놓을 수 있는 기능을 갖추고 있다.

그림 2.3 **왼쪽**: 아연 양극·사용 가능한 조각으로 쪼개져 있다. 작은 조각의 무게는 0.5~2킬로그램이다. **오른쪽**: 버려진 알루미늄 스쿠버 탱크와 도가니에서 녹이기 위해 자른 탱크 조각들. 저자 사진.

고 나자 내 작은 도요타 코롤라 왜건이 뒤뚱거리는 듯했다. 하지만 나는 왜건의 고통의 외침을 무시한 채 속도를 줄여서 탤러해시로 돌아왔다. 아연은 이제 안정적으로 공급받을 수 있었지만, 알루미늄이 더 가볍고 강하며 더 쉽게 구할 수 있었기 때문에 알루미늄을 녹여보고 싶었다. 나는 레온 고철상(Leon Scrap Metals)에서 적당한 양의 알루미늄 폐금속을 구했고, 곧 수백 가지의 알루미늄 합금이 있으며, 그 특성이 모두 신비롭게 다르다는 사실을 알게 되었다. 순수 알루미늄에 실리콘이나 철을 1퍼센트 미만으로 첨가하면 파단 강도가 2배로 늘어나고 강성이 10배 이상 증가한다. 마그네슘·망간·구리와 같은 다양한 금속을 소량 첨가하면 파단 강도는 10배에서 15배까지, 강성은 최대 200배까지 증가한다. 결국 이러한 초기 시도에서 유일하게 중요한 것은 내가 금속을 쉽게 녹일 수 있어야 한다는 것이었다.

이제 나는 현장에서 금속을 어떻게 녹일 것인가의 문제에 직면했다. 오늘날에도 아프리카에서 사용하는 전통적인 제철 방식은 흙으로 만든 가마에 나무로 불을 지피는 것이다. 그래서 나는 먼저 모래에 구덩이를 파서 더치오븐과 숯 한 봉지로 시도해보았다. 하지만 완전한 실패였다. 모래를 저급한 유리 덩어리로 만들기는 했지만, 액체 알루미늄은 한 방울도 나오지 않았다. 불을 더 폐쇄된 공간으로 옮겨 열 손실을 제한해야 열이 덜 빠져나가고 공간이 열평형에 가까워질 것 같았다. 그러면 공간의 온도는 방출되는 빛의 색으로 알 수 있을 것이며, 온도가 높아짐에 따라 적외선에서 칙칙한 빨강, 빨강, 주황, 노랑 그리고 흰색으로 변할 것이다. 인터넷에서 구입한 작은 책자에 5갤런 페인트 드럼으로 가스용 용광로를 만드는 설계도가 나와 있었다. 나는 20갤런짜리 쓰레기통을 사서 모래와 내화점토를 섞어 내부를 코팅하여 용광로의 급격한 열 손실을 방지했다. 건조하는 데 일주일이 걸렸고 무게도 140킬로그램이 넘었기 때문에 혼자서 쉽게 옮길 수 없었다. 이 단열된 공간의 가운데 빈 공간과 벽 사이에 숯 넣을 공간을 만들기 위해 케이지를 추가했다. 그리고 그 안에 양동이 손잡이가 달린 강철 스쿠버 탱크의 아래쪽 절반으로 만든 도가니를 밀어넣었다. 이 케이지의 목적은 도가니를 제거할 때 숯이 한꺼번에 무너져 도가니를 꺼내기 어렵게 만드는 것을 방지하는 것이었다. 그 아래에는 공기가 불 아래로 들어갈 수 있도록 구멍이 뚫린 재 수거망이 있었다.

이 초기 버전의 무거운 가마는 용광로처럼 바닥 통풍이 필요했다. 그래서 나는 소켓 렌치와 드라이버를 들고 유-풀-엠(You-Pull-'Em) 폐차장에 가서 1989년형 쉐보레에서 히터 팬을 떼어냈다. 이것을 12볼

● 보트나 해양 환경에서 많이 사용하는 배터리로, 용량의 80퍼센트 이상을 방전하고 충전하기를 수백 회 반복할 수 있다.

트 해양용 딥 사이클(deep cycle) 배터리●에 연결하자, 팬이 가마 아래쪽으로 폭풍처럼 바람을 불어넣어 연소 중인 숯을 전구처럼 밝게 빛나게 했다. 첫 번째 시험 구동 중 약 45분 만에 알루미늄이 도가니 바닥에 고이기 시작했고, 한 시간 만에 나는 부을 준비를 마쳤다.

이 성공은 내가 상당한 양의 장비를 들고 다녀야 한다는 것을 의미했다. 140킬로그램의 가마 외에도 배터리, 송풍기, 내화 벽돌로 만든 무거운 가마 뚜껑, 20파운드짜리 숯 봉지, 폐알루미늄, 케블라(Kevlar) 내열 장갑, 그 외에도 저어주고 이물질을 제거하고 들어올리고 따르기 위한 다양한 도구가 필요했다. 보통 나는 이 도구들을 모두 옮기기 위해 학과에서 픽업트럭을 빌려 사용하곤 했는데, 물론 가마를 들어올리기 위해 또 다른 힘 센 조력자도 필요했다(내 친구이자 동료인 조시는 전국 포환던지기 챔피언으로 혼자서도 가마를 들어올릴 수 있긴 했다). 그러던 중 온라인에서 섭씨 1200도의 온도를 견딜 수 있는 놀라운 내화 재질의 담요를 발견했다. 그래서 나는 망치로 모래-내화 점토 단열층을 깨뜨려 제거하고, 10센티미터 또는 15센티미터의 이 내화 재질 담요로 교체했다. 이제 나는 서툴긴 하지만 손쉽게 15킬로그램 가마를 어느 정도 멀리까지 옮길 수 있게 되었다. 그럼에도 불구하고 여전히 무거운 배터리와 팬은 필요했다(그림 2.4).

그림 2.4 12볼트 배터리로 구동되는 팬으로 공기를 공급하는 가마의 최종 직전 단계 버전. 저자 사진, Tschinkel (2010).

그림 2.5 세 가지 크기의 가마가 각각 전형적인 크기의 도가니와 함께 놓여 있다. 왼쪽 가마는 통풍을 위해 두 개의 컴퓨터 팬을 장착했다. 오토바이용 배터리가 12볼트 전원을 공급한다. 오른쪽 두 가마는 굴뚝을 통해 통풍이 이루어진다. 공기는 땅바닥 근처의 재 수거망 아래 통풍구를 통해 유입된다. 저자 사진.

다음으로 개선한 것은 불에 공기를 공급하는 방법으로, 장비를 덜 사용하는 대체 방법을 찾았다. 통풍은 송풍기로 공기를 밀어넣거나 굴뚝으로 공기를 빼내는 방식으로 이루어질 수 있다는 이론에 따라, 나는 땅바닥 근처에 환기구를 만들고 뚜껑에 2미터 높이의 난로용 굴뚝을 추가했다. 뜨겁게 팽창한 가스가 굴뚝 위로 빠져나가면서 압력이 감소하자, 가마 바닥으로 안심을 시켜주는 소리와 함께 공기가 빨려들어왔다. 무거운 배터리와 팬을 결합한 것만큼 효과적이었고 무게가 거의 나가지 않았으며 재충전할 필요도 없었다(그림 2.5 오른쪽). 이 가마는 한두 시간 만에 3~5리터의 반짝거리는 알루미늄을 생산했다.

또 다른 개선 사항은 녹인 금속, 특히 아연의 강력한 부식 효과로부터 강철 도가니 내부를 보호하기 위해 질화붕소 페인트를 사용한 것이었다. 질화붕소는 녹인 금속과 섞이지 않기 때문에, 녹인 금속과 도가니 벽 사이의 접촉을 막아주는 효과가 있다. 오늘날까지 여전히 이 공정을 힘들게 하는 문제 중 하나는 가마의 높은 열과 산소가 풍부한 환경에서 강철 도가니의 외부가 타버리면서 금속이 벗겨지고 도가니 벽이 얇아진다는 것이다. 부식 방지 페인트를 사용하면 이러한 연소 속도가 느려지지만, 여전히 문제가 있었다. 녹인 아연은 강철의 좋은 용매이기 때문에, 내부 용액과 외부 연소가 결합하여 도가니에 구멍을 만들었다. 그 바람에 녹인 아연이 가마 바닥으로 흘러나와 엉망진창이 되었다. 생물학 기계 공방에 있던 친구 샌디와 랠프는 강철 스쿠버 탱크의 바닥을 자르고 손잡이를 달아서 망가진 도가니를 지치도록 교체했다.

훨씬 더 무서운 상황은 도가니를 아연으로 가득 채우는 바람에 아연이 강철 손잡이에 흘러내렸던 일이다. 이로 인해 약해져 있던 손잡이가 도가니를 들어올릴 때 부서지면서 녹인 아연이 담긴 35킬로그램의 도가니를 다시 가마에 떨어뜨리고 말았다. 그때 아연이 한쪽으로 2미터 정도 튀어올랐다(하지만 우리 둘 다 치명적인 피해는 없었다). 나의 기술자이자 제자였던 케빈 헤이트(Kevin Haight)와 나는 둘 다 침을 꿀꺽 삼키고 도가니를 다시 가져와 붓는 작업을 마쳤다. 그 후로 우리는 다시는 도가니를 넘치게 채우지 않는다.

애틀랜틱 마린 조선소를 두 번 방문하여 아연 공급 문제를 해결했지만, 폐알루미늄을 충분히 모으기는 어려웠다. 스쿠버 탱크는 강철 또는 알루미늄으로 만들어지며, 두 가지 유형 모두 정기적으로 테스트를 받아야 했다. 그래서 나는 테스트에 실패하여 폐기해야 하는 알루미늄 탱크를 찾기 위해 다이빙 상점을 샅샅이 뒤졌다. 생물학 기계 공방의 샌디와 랠프는 이렇게 찾은 탱크를 내 도가니에 들어갈 수 있을 정도의 작은 크기로 톱질해주었다(그림 2.3 오른쪽). 하나당 15킬로그램인 탱크는 녹여서 주조하기에 충분한 양이었다. 일은 순조로웠다! 이 글을 쓰는 지금도 아마 20개 이상의 스쿠버 탱크가 내 도가니에서 빨갛게 달아오른 알루미늄 웅덩이로 생을 마감하고, 아름다운 개미 둥지 주물로 변모하고 있을 것이다. 고귀한 운명이다. 내 생각에는 말이다.

가마를 조심해서 다뤄야 한다는 사실을 나는 뼈저리게 배웠다. 내 친구 데니스와 나는 녹인 알루미늄을 둥지에 부었고, 반쯤 채워진 도가니를 다시 가마에 넣고 뚜껑을 덮은 후 고개를 숙인 채 주물을 파내는 데 집중하고 있었다. 15분쯤 지난 후 나는 15미터 정도 떨어진 곳에 있던 가마를 흘긋 쳐다보고 깜짝 놀랐다. 뚜껑의 연기 배출구에서 2미터 높이의 환한 노란색 가스가 뿜어져 나오고 있었던 것이다. 마치 먼 은하계의 블랙홀에서 폭발하여 분출되는 이온 가스처럼 눈부시게 노란빛으로 빛나고 있었다. 우리는 잠시 얼어붙었다가 서둘러 가마 뚜껑을 열었다. 극한의 온도로 인해 강철 도가니에 구멍이 뚫리고 남아 있던 알루미늄이 가마 바닥으로 흘러내리고 있었다. 나는 가마를 기울여 공기 구멍을 통해 알루미늄을 땅바닥에 쏟아냈다. 지금까지도 가마 바닥에 굳은 알루미늄 덩어리가 남아 있지만, 이 일이 있고 나서 가마 뚜껑을 다시 덮은 후에는 항상 주의를 기울인다. 당연히 이런 종류의 모험은 인구 밀집 지역에서 멀리 떨어진 외딴 지역('오지')에서 하는 것이 가장 좋다. 다행히도 나는 미국 남부에 살고 있고, 여기서는 숲에서 이상하고 위험한 일을 하는 것이 정상으로 여겨진다.

점진적 개선

한 단계 한 단계 개선하면서 가마의 최종 버전이 완성되었다. 동일한 구성 및 기능 원리를 적용하여 더 작은 기름 드럼통, 아연 도금된 양동이, 심지어 커피 캔으로 가마를 만들어 수프 국자에 아연을 녹이기도 했다. 각각의 가마는 특정 크기의 개미 둥지에 더 적합했다. 추가로 개선한 사항은 대부분 현재 가마 버전의 다양한 특징에 대한 대응책이었다. 예를 들어, 모두 숯 표면에 재가 쌓이는 문제로 인해 산소가 숯 표면에 번지는 속도, 그리고 그로 인한 1차 연소율이 떨어졌다. 이 문제는 단순히 흔들어서 재를 수거망에 떨어뜨리는 것으로 해결할 수 있었다. 이렇게 하면 고체 탄소 표면에 산소가 결합하여 일산화탄소를 생성하는 최대 결합 속도를 유지할 수 있다. 이 일산화탄소는 더 많은 산소와 결합하여 이산화탄소를 많이 생성하고 열도 많이 발생시킨다. 간단한 화학식으로 계산해보면 숯 12킬로그램이 산소 32킬로그램과 결합하여 44킬로그램의 이산화탄소를 생성하는 것이다.

둥지 주조 원정을 떠날 때, 나는 스바루 포레스터(Subaru Forester)의 뒷좌석을 장비로 꽉 채우고, 동반자를 위해 조수석만 비워둔다. 주물 제작이 끝나고 주물을 꺼낸 구덩이에 타다 남은 숯의 잔해를 묻는 것도 중요하지만, 부피가 작은 가마를 사용해 뚜껑을 제거하면 20분 만에 차에 실을 수 있을 정도로 가마가 빨리 식는 것도 중요했다. 초기 모델의 가마는 140킬로그램의 모래 내화 점토로 단열되었는데, 8시간이 지나도 여전히 불편할 정도로 따뜻했다. 더 이상 학과의 픽업트럭을 빌릴 필요가 없어졌고, 나의 주조 원정은 어느 정도 일상적인 틀을 갖추게 되었다. 적절한 크기의 가마를 골라 숯, 금속, 다양한 도구와 함께 차에 싣기만 하면 된다(비록 어떤 물건을 빠뜨려서 즉흥적으로 준비해야 할 때도 있지만 말이다).

요즘은 플로리다의 습한 기후 때문에 어디서나 불을 붙일 수 있는 성냥조차 곧 어디에서도 불을 피울 수 없는 성냥이 되어버리고 말기 때문에, 성냥을 사용하지 않는다. 그래서 지금은 자가 발화하는 프로판 토치로 불을 피우고 있다. 가마 안의 불쏘시개는 토치에서 뿜어져 나오는 불길에 대항하지 못한다. 숯 일부에 불이 붙기 시작하면 도가니를 케이지 안에 넣고, 금속을 도가니 안에 넣는다. 그리고 굴뚝이 숯덩어리 전체를 주황색으로 태우기 위한 작업을 시작하면, 약 45분 만에 둔탁한 붉은 열기 속에서 알루미늄이 녹기 시작한다. 30분이 더 지나서 도가니와 금속이 40와트 전구처럼 주황색으로 빛나면 부을 준비가 된 것이다(그림 2.6). 알루미늄을 녹는점 이상으로 가열하면 액체 상태가 더 오래 유지되어 개미 둥지로 더 깊숙이 흘러 들어갈 뿐만 아니라, 둥지 구조의 아주 세부적인 곳까지 침투할 수 있다.

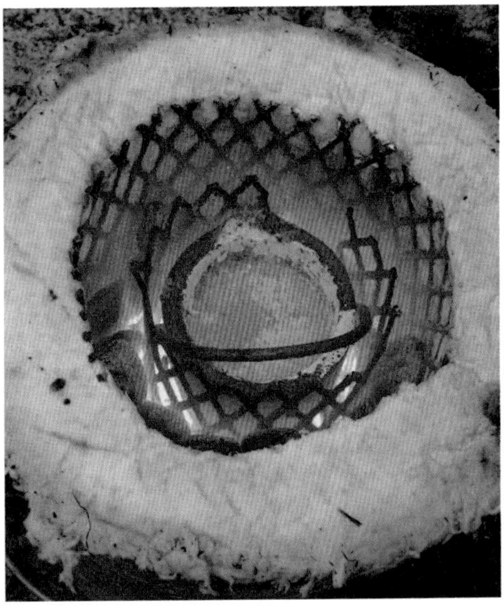
그림 2.6 빨갛게 달아오른 알루미늄을 부을 준비가 된 작은 흑연 도가니. 내화성 가마 내벽에 주목하라. 저자 사진.

솔직히 가마에서 전구처럼 빛나는 도가니를

그림 2.7 가마에서 붉게 달아오른 도가니를 꺼내는 모습. 저자 사진.

그림 2.8 수확개미 둥지에 녹인 알루미늄 붓기. 도가니에서 나오는 복사열로 주변 식물들에 불이 붙었다. 집게를 사용하면 알루미늄을 붓는 두 사람과 도가니 사이에 약간의 거리를 둘 수 있다. 저자 사진.

꺼내는 일은 약간 두렵다(그림 2.7). 그 순간이 다가올수록 내 심장 박동은 항상 빨라진다. 도가니에서 나오는 복사열은 10~20센티미터 이내에 있는 건조한 유기물질을 모두 불태울 만큼 강렬하다(그림 2.8). 말할 필요도 없이 반바지를 입는 것은, 비록 한 번 실수로 입었지만, 현명하지 않은 행동이다. 그때는 누군가 남기고 간 타이벡(Tyvek) 고무 단열판 몇 장으로 즉석에서 열 차단막을 만들어야 했다(그림 2.9). 케블라 내열 장갑도 반드시 착용해야 한다. 물론 뜨거운 도가니를 무심코 만질 정도로 부주의할 가능성은 적지만, 이렇게 가까운 곳에서 복사열에 노출되면 맨살에 화상을 입을 수 있기 때문이다. 내 도가니는 아래쪽 가장자리에 작은 고리가 달려 있기 때문에, 중형 도가니와 소형 도가니는 혼자서 기울여 부을 수도 있다. 알루미늄이 5~7리터 들어가고 무게가 15킬로그램 나가는 큰 도가니를 부을 때는 도가니를 집게로 고정하여 두 사람이 도가니에서 떨어져 작업해야 한다(그림 2.8). 두 번째와 세 번째 부을 때는 뜨거운 도가니와 같은 구덩이에 있으면 양말에 불이 붙을 위험이 있다. 이런 상황에서 여러분은 복사열의 법칙, 즉 거리의 제곱에 따라 강도가 감소하는 법칙이 어떻게 유리하게 작용하는지 이해하게 될 것이다. 구덩이가 매우 깊을 경우, 구덩이 안에 들어가 있는 상태에서 누군가 액체 금속으로 가득 찬 뜨거운 도

그림 2.9 건망증이 심해 반바지를 입었던 날, 폐품으로 만든 비상용 열 차단막. 크리스티나 콰피치(Christina L. Kwapich) 사진.

가니를 내려주도록 하는 것은 너무 위험하다. 도가니가 있는 구덩이 안으로 뛰어드는 것도 마찬가지로 위험하다. 이 딜레마에 대응하기 위해 나는 2미터 남짓의 건초 갈고리를 사용하여 도가니를 내린다. 도가니는 바닥 근처에 작은 금속 고리가 달려 있어서 긴 갈고리 모양의 금속 막대로 기울일 수 있고, 구덩이 가장자리에서 전체 붓는 작업을 안전하게 수행할 수 있다(그림 2.10). 내가 항상 목표를 정확하게 조준할 수 있었던 것은 아니지만, 적어도 양말은 아직 멀쩡하다.

인터넷에서 내 작업을 본 몇몇 사람이 내가 개발한 금속 주조 기술을 따라 했다. 그중 일부는 붉은열마디개미 둥지 주물을 온라인에서 판매하지만, 피해 대상인 개미들의 생물학에 거의 관심이 없는 취미 활동가들이다. 내가 알기로는 과학적 이유로 개미 둥지 주물을 만든 최초의 과학자는 1930년대부터 1950년대까지 브라질에서 곰팡이재배개미인 아타(*Atta*)와 아크로미르멕스(*Acromyrmex*)의 시멘트 주물을 만든 마인하르트 야코비였다. 이후 브라질과 아르헨티나의 여러 연구자들, 특히 루이스 포르티(Luiz Forti)와 그의 동료들은 시멘트 주조와 발굴을 통해 다양한 종의 곰팡이재배개미들의 거대한 둥지를 밝혀냈다. 이 기념비적 주조에는 최대 10톤의 시멘트가 필요하고 발굴하는 데 몇 달이 걸릴 수 있다. 완전히 무감각한 사람을 제외하고는 누구나 이 개미 둥지(그리고 주물)의 규모에 깊은 인상을 받을 것이다.

흥미로운 점은 오스트레일리아에 사는 사촌지간인 크리스토퍼 이스트(Christo-pher East, 산업 화학자)와 스티븐 이스트(Stephen East, 건축가)도 확인된 여러 개미 종의 주물을 만드는 작업을 계속해왔다는 것이

그림 2.10 구덩이 가장자리에서 세 번째로 붓기. 이것은 도가니가 있는 구덩이 안에서 붓는 것보다 정확도는 떨어지지만 훨씬 안전하다. 저자 사진.

다(Australian.ant.art.com). 이를 시작한 동기가 생물학은 아니었지만, 그들은 오스트레일리아에 서식하는 개미들의 둥지 건축 목록을 만드는 데 기여했다. 몇몇 오스트레일리아 개미는 매우 크고 둥지 역시 꽤 큰데, 이러한 둥지를 주물로 만들기 위해서는 수백 킬로그램의 녹인 알루미늄과 뭐든 할 수 있다는 태도가 필요하다.

이러한 개미 둥지 주물 제작자들 외에도, 주로 모델링과 실험실 연구를 기반으로 한 이론적 측면에서 개미 둥지 건축에 관심을 두는 꽤 규모가 큰 연구자 집단이 있다. 개미 둥지 건축에 대한 내 연구는 개미가 자연 속에서 무엇을 하는지에 중점을 두기 때문에, 이러한 이론 및 실험실 연구자들의 연구는 이 책의 범위를 벗어난다. 참고문헌에서 몇몇 주요 인용처를 밝혔다.

주물 및 발굴 기술을 개선하면서, 나는 이제 보이지 않는 것을 보이게 만들고, 빈 공간에서 완벽한 고체 물체를 만들 수 있는 능력을 가지게 되었다. 하지만 이 빈 공간을 만든 생명체는 누구였을까? 그들은 자신이 만든 공간을 어떻게 차지했을까? 다음 장에서는 살아 있는 수확개미 둥지를 발굴하여, 이 아름다운 개미 둥지의 건축가들을 소개하고자 한다.

03

건축가 만나기

알루미늄, 석고 또는 아연으로 주물을 만들면 개미 둥지 건축을 아름답게 표현할 수는 있지만, 개미가 둥지의 어디에 있는지에 대한 정보는 거의 또는 전혀 얻을 수가 없다. 생물학적 세계는 분자부터 생태계까지 다양한 구조로 이루어져 있으므로, 개미가 무작위로 분포하는 것이 아니라 개미 둥지 내에서 구조화되고 조직화되어 있다고 가정하는 것이 타당할 것이다. 일개미들이 특정 작업을 수행하는 둥지 내 특정 구역이나 방에 스스로 모인다면 어떨까? 이러한 구조가 군락이 작동하는 방식에, 그리고 효율적으로 생명 기능을 수행하는 방식에 영향을 미친다면 어떨까? 군락과 개미 개체의 생애 주기가 둥지 공간 내에서의 조직과 어떤 식으로든 연관되어 있다면 어떨까? 이를 알아낼 수 있는 유일한 방법은 개미 둥지를 파헤쳐서 우리가 대면한 것을 기술하는 것뿐이다.

나는 1980년대에 수확개미〔포고노미르멕스 바디우스(*Pogonomyrmex badius*)〕의 둥지를 파기 시작했고, 결국 개미와 둥지의 내용물을 방별로 수집하는 일관된 절차를 개발했다. 몇 가지 작은 조정과 개선을 통해 이 과정이 더 효과적이고 신속해졌기 때문에, 나와 내 학생들의 노력으로 개미, 씨앗 및 다양한 손님 등 둥지 안에 있던 모든 것을 복구했다고 확신할 수 있었다.

살아 있는 수확개미 둥지 파헤치기

수확개미 둥지를 파헤치는 과정은 2016년의 발굴 작업으로 잘 설명된다. 나는 삽과 두 가지 크기의 벽돌 흙손, 여러 개의 플라스틱 상자, 쟁반, 가방, 흡인기 몇 개, 대형 방수포, 배터리로 작동하는 작업용 진공청소기를 스바루 포레스터의 뒷좌석에 싣고 다녔다. 알루미늄 다리가 달린 커다란 파란색 캐노피를 펼쳐서 작업용 그늘막 텐트를 만들었다.

나는 플로리다 탤러해시에 있는 내 연구실에서 출발하여 스프링 힐 로드를 따라 남서쪽으로 10킬로미터쯤 가다가 서쪽으로 아팔라치콜라 국유림(Apalachicola National Forest)으로 들어가서, 내가 '개미 천국'이라고 부르는 곳으로 향했다. 개미 천국은 개미의 개체 수가 풍부하고 다양해서 내가 지은 이름이다. 따라서 지도에서는 찾아볼 수 없고, 단지 내가 발표한 논문에나 나올 뿐이다. 이 지역은 1970년대에 대부분 벌목한 후에 일부 지역에는 대왕소나무를 다시 심었고, 일부 지역은 자연 그대로 방치되었다. 서쪽의 평평한 숲과 동쪽 피셔 크리크(Fisher Creek)의 깊은 수로 사이에 위치한 이 모래밭은 과도하게 배수되어, 가뭄을 좋아하는 수확개미, 땅거북과 같은 동물과 가시 돋친 선인장, 베어그래스 같은 식물이 살기 좋은 환경이다. 숲 도로에서 조금 벗어나 있어서 자칫 놓치기 쉬운 작은 오솔길이 개미 천국으로 이어진다. 가끔 사이프러스 습지대의 물이 자동차 문까지 차오를 정도로 깊어지기도 하지만, 2016년의 이날에는 몇 달 동안 비가 거의 내리지 않아 건조했다. 나는 평소처럼 모래언덕에 있는 박주가리 풀숲 근처에 주차했다. 근처에는 반짝이는 블루베리가 익어가고 있어서 달콤한 간식을 먹으며 휴식을 취하기 좋은 곳이었다. 운전해서 오는 동안 버드 라이트 맥주 캔, 엽총 탄피, 총에 맞은 TV 세트, 깨진 위스키병 등 새로운 쓰레기가 보이지 않아서 안심할 수 있었다. 이런 쓰레기는 더 많은 쓰레기를 끌어들이기 때문에, 우리는 주기적으로 청소를 하곤 했다.

달빛 없는 밤에는 불빛이 없어 수확개미 군락의 둥지를 찾는 것이 어려울 수 있지만, 낮에는 통나무에서 떨어지는 것처럼 쉽다. 둥지 디스크(disk)●가 클 뿐만 아니라, 개미들이 알 수 없는 이유로 둥지를 검은 숯 조각으로 덮어놓기 때문이다(여덟 가지 가설을 테스트해봤지만 하나도 맞지 않았기 때문에, 그 이유는 당분간 알 수 없을 것으로 생각된다). 나는 주차장에서 그리 멀지 않은 곳의 개미 둥지를 골랐기 때문에 짐을 너무 멀리 옮길 필요가 없었다.

그 둥지는 활발하게 먹이 활동을 하고 있었고, 일부 채집 개미는 둥지에서 떠나 있었다. 나는 둥지를 파는 내내 채집 개미들이 돌아오는 대로 붙잡아서 둥지의 최종 개체 수를 정확하게 계산했다. 오전 8시 이전에 작업을 시작했다면 둥지가 닫혀 있고 채집 개미들이 모두 둥지 안에 있어서, 먹이 활동을 마치고 돌아올 때마다 잡을 필요도 없었을 것이다. 첫 번째 단계로 숯을 긁어내고 진공청소기로

● 원반(디스크) 모양의 개미 둥지 입구.

그림 3.1 수확개미 둥지 발굴의 초기 단계. 발굴은 둥지 한쪽의 구덩이에서 진행된다. 배터리로 작동하는 진공청소기로 개미를 수집했는데, 이 진공청소기는 둥지의 방을 노출하고 청소하는 데 도움이 되었다. 헨리 칭클(Henry M. Tschinkel)이 촬영한 영상의 한 장면.

표면의 모든 개미를 포획했는데, 이 도구의 진가는 발굴이 진행될수록 드러났다. 이제 방수포를 펴서 둥지의 한쪽에 펼쳐놓고, 둥지에서 약 50센티미터 떨어진 곳에 구덩이를 파기 시작했다(그림 3.1). 구덩이는 생각보다 훨씬 더 깊이 파야 했는데, 구덩이가 깊어야만 그 안에서 짧은 삽을 휘두를 수 있기 때문이다. 처음에 이 작업을 하지 않으면, 나중에 2미터 깊이에 다다랐을 때 구덩이를 넓히느라 더 많은 수고가 필요하다. 이것은 나와 내 조수들이 종종 무시했던 조언인데, 충분히 예측 가능해서 피할 수 있는 결과이기도 하다.

구덩이가 50센티미터 정도 깊어졌을 때, 벽면을 깔끔하게 만들고 바닥을 평평하게 맞추었다. 나는 정돈된 구덩이는 정돈된 마음의 표시라고 생각한다. 1980년대 후반에 나와 내 조수인 나탈리 퍼먼(Natalie Furman)은 1년에 거의 40개 가까운 둥지를 발굴하면서 이런 생각을 하게 되었다. 고고학자들은 매우 정돈되고 깨끗한 구덩이를 만드는데, 그 덕분에 발견한 것을 자세히 추적할 수 있다. 나는 개미 고고학자인 양 유물을 발굴하고 수집하면서 유물의 위치와 성격을 기록해야 한다고 생각한다. 파낸 흙을 모두 멀리 있는 방수포로 던지는 일은 중요하다. 왜냐하면 구덩이가 깊어지면 흙더미가 높아져 모래가 다시 머리 위로 미끄러져 내려오고 땀에 젖은 온몸에 달라붙을 수 있기 때문이다.

다음으로, 나는 둥지의 방에 닿을 정도로 조심스럽게 둥지 벽면을 잘라냈다. 그러자 일개미 몇 마리가 쏟아져나왔다. 이런 일은 일반적으로 숯 층의 가장자리 바로 아래나 바로 밖에서 발생한다. 나는 모래로 틈새를 메우고, 큰 흙손을 사용해 매우 복잡한 상부 방을 덮고 있는 얇은 흙층을 걷어내기 시작했다. 종종 유충이 발견되는 손가락 모양의 긴 방이 있는 가장자리 쪽으로 조심스럽게 작업했다. 공포에 질린 일개미들과 유충을 빨아들이면서 작업장 진공청소기가 얼마나 훌륭한 도구인지 더욱 분명해졌다. 수확개미 둥지를 처음 발굴하기 시작했을 때에는 입으로 빨아들이는 흡인기를 사용해 개미를 채집했는데, 그러고 나면 몇 시간 동안 이가 바삭바삭하고 침이 까맣고 모래가 섞여 나왔다. 채집한 개미와 유충을 '지표면에서 10센티미터까지'라고 적힌 트레이에 놓았다. 수백 마리의 더 짙은 색 일개미들 사이에서 연한 적갈색을 띤 개미 몇 마리가 눈에 띄었다. 더 깊게 파들어가자 밝은색 일개미들이 더 많이 보였다.

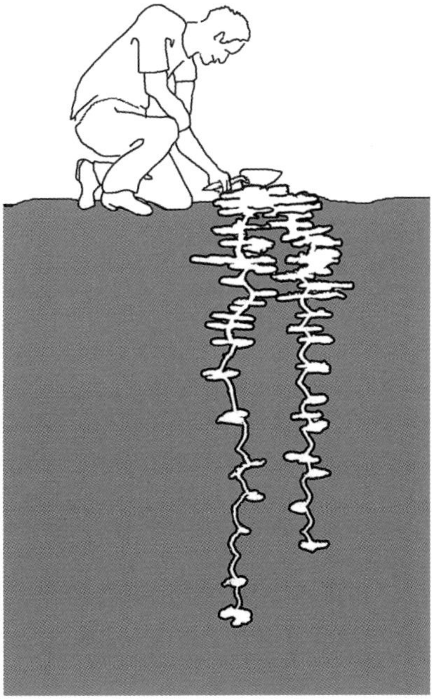

진공청소기는 노출된 방의 매끄러운 바닥에 떨어진 모래를 청소하는 데도 탁월한데, 다른 방법으로는 매

우 어려운 작업일 수 있다. 진공청소기로 조심스럽게 청소하고 나면 방의 윤곽이 드러나 추적하거나 사진을 찍을 수 있게 된다. 추적을 위해 나는 청소를 해서 노출된 방 위에 투명 아세테이트 필름을 놓고 펜으로 윤곽을 그렸다(그림 3.2). 방의 깊이를 지표면에서부터 측정하고, 수평·수직 모두 영점인 지점을 기준으로 수평 위치를 기록했다. 이렇게 해서 3차원 데카르트 좌표인 x, y, z를 얻었다. 나는 발아래 1~2미터 지점에 있는 가장 마지막 방에 도달할 때까지 노출되는 모든 방에 대해 이 작업을 수행했다. 또한 각 방의 내용물을 별도 용기에 담고 깊이를 표시했다. 발굴 작업이 진행되는 동안, 눈에 보이는 모든 일개미, 특히 나와 함께 구덩이에 떨어진 일개미들을 진공청소기로 계속 빨아들였는데, 그들에게 쏘이면 꽤 아프기 때문이기도 했다.

제일 위쪽 방을 드러내고 정돈하자, 마치 여러 갈래의 터널이 넓게 이어져 커다란 혼합 공간을 형성한 듯한 복잡하게 얽힌 구조가 나타났다(그림 3.3). 채집 개미들이 최근에 떨어뜨린 듯한 씨앗과 곤

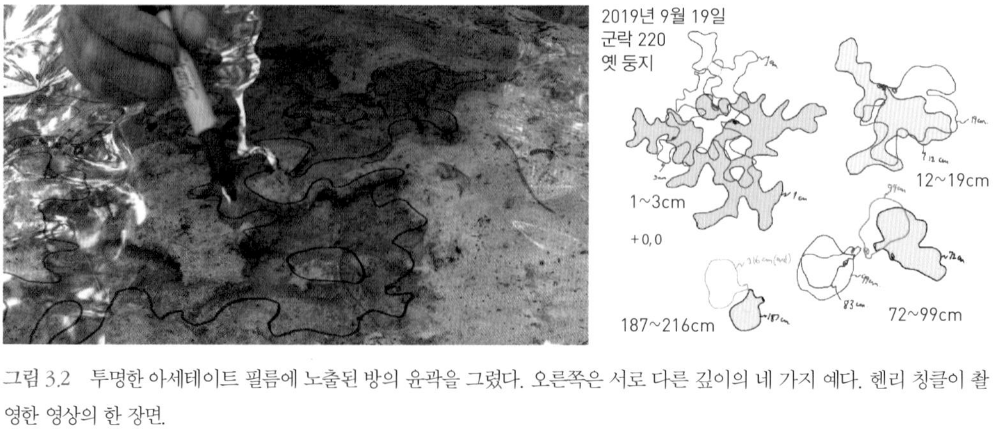

그림 3.2 투명한 아세테이트 필름에 노출된 방의 윤곽을 그렸다. 오른쪽은 서로 다른 깊이의 네 가지 예다. 헨리 칭클이 촬영한 영상의 한 장면.

그림 3.3 포고노미르멕스 바디우스의 둥지에서 가장 위쪽 방들이 노출된 모습. 이 이미지에서는 방바닥을 디지털적으로 어둡게 처리하여 주변 토양과 더 대비시켰다. 헨리 칭클이 촬영한 영상의 한 장면.

충 조각이 여기저기 있었다. 내가 건드리자, 알레쿨리드딱정벌레(alleculid beetle) 유충 몇 마리가 굴에서 떨어졌다. 딱정벌레 유충들은 숨을 곳을 찾기 위해 필사적으로 서둘러 움직였다(그림 3.4). 내가 둥지를 엉망으로 만들기 전에, 딱정벌레 유충들은 방바닥에 있는 작은 구멍에 숨어서, 채집 개미가 가져온 곤충 먹이를 훔치려고 기다리고 있었다. 채집 개미에게 파란색으로 염색한 곤충 먹이를 주어 둥지로 가져가게 해보면, 이것이 그 유충들의 전략이라는 것을 쉽게 확인할 수 있다. 한 시간만 지나도, 위쪽 방에서 파란색 알레쿨리드딱정벌

그림 3.4 A: 알레쿨리드딱정벌레 유충, 히메노포루스 친켈리(*Hymenophorus tschinkeli*), B~D: 응애, E: 좀, F: 톡토기, G: 마손쿠스 포고노필루스(*Masoncus pogonophilus*) 거미. A~F: 저자 사진, G: 폴라 쿠싱(Paula Cushing) 사진.

레 유충을 채집할 수 있기 때문이다.

이처럼 제일 위쪽 방은 얽히고설켜 있어서 깊이를 하나로 규정하기 어렵지만, 각 층을 연결하는 여러 개의 뚜렷한 출입구를 볼 수 있다. 그중 일부는 한두 개의 층만 연결하기 때문에 어떤 것이(하나든 여럿이든) 둥지에서 더 깊숙이 내려가 길게 늘어선 방들을 연결하는 중심 통로(들)를 형성하는지 알아내야 했다. 모서리가 날카로운 큰 벽돌 흙손을 사용하여 조심스럽게 흙을 걷어내 한 층 아래의 방을 노출했다. 당황한 개미들을 모으고 진공청소기로 떨어진 모래를 치웠다. 개미들이 허둥대는 사이로 시큼한 사과 냄새가 느껴졌는데, 이 냄새는 땅을 파는 동안 계속 올라왔다. 이 냄새는 개미가 방해를 받았을 때 방출하는 경고 페로몬(4-메틸-3-헵타논) 냄새로, 개미들은 이 냄새를 맡으면 동료 개미들을 동원하여 주위를 돌며 방해의 원인이 무엇인지 찾아내 공격한다. 이 페로몬은 감지할 수 없을 정도로 순식간에 증발하여 사라지기 때문에, 그 효과는 일시적이다.

막 노출한 방은 조금 더 단순하고 작았으며, 더 깊은 방으로 이어지는 입구는 세 개뿐이었다. 나는 아세테이트 필름을 사용하여 그 방의 모형을 그려서 더 깊은 층으로 내려가는 입구를 표시했다. 아세테이트 필름을 낭비하지 않기 위해 각 필름에 다른 색상으로 네 개의 방을 그려 넣었다. 이 방들에는 이 층에서 일반적으로 보이는 회색 모래 속에 깨끗한 노란색 모래가 섞여 있었다. 개미들이 더 깊은 층에서 가져온 노란색 모래로 방들을 다시 채운 것이다. 개미들은 위쪽에 있는 몇 개의 방에서 이 작업을 많이 하는데, 이에 대해서는 7장에서 살펴볼 것이다.

방들이 서로 너무 가까이 있어서 아래로 내려가는 과정이 아주

더디게 느껴졌다. 땅에서 10~12센티미터 아래만 파내도 이미 네다섯 개 층을 노출하고 추적할 수 있었다. 하지만 이제 방에서 수직 통로로 내려가는 입구가 두 개밖에 남지 않았기 때문에, 나는 흙손을 바쁘게 움직이며 다음 방들을 노출시켰다.

16센티미터 깊이에 있는 방은 위쪽 방보다 작고 덜 화려했으며(그림 3.5), 방에서 지붕을 떼어내자 아마도 더 낮은 층으로 운반되고 있었던 듯한 씨앗 여섯 개가 남아 있었다. 그중 하나는 아름답고 반짝이는 둥근 씨앗이었는데, 크기가 너무 커서 개미가 쥐고 옮길 수 없을 것 같았다. 이상하게도 개미들은 이 청미래덩굴 씨앗을 매우 좋아하는 것 같았는데, 이 매끄러운 씨앗의 크기를 고려해보면 개미들이 턱을 최대로 벌려도 겉껍질을 깨고 그 안의 먹을 수 있는 씨앗을 얻을 방법이 없다. 그 방에는 커다란 도깨비가지 씨앗도 있었다.

수직 통로를 따라 아래쪽으로 추적하면서 8센티미터의 모래를 더 걷어냈더니, 바로 아래에 방이 있어서 모래 한곳이 약간 아래로 내려가 있는 것을 발견했다. 이 모래 지붕을 단순히 흡인하자 방바닥이 깨끗하게 드러났다. 여기서 진공청소기의 유용성이 분명해졌다. 씨앗 몇 개가 흩어져 있었고, 좀 한 마리가 숨을 곳을 찾아 당황하며 허둥댔다. 나는 방 가장자리까지 진공청소기를 사용하여 지붕에서 떨어진 것들을 제거했다. 일개미 몇 마리가 다음 층으로 향하는 통로에서 나타났고, 나는 그것들까지 빨아들였다.

굴착 때문에 위에서 다가오는 재앙을 피하려고 일개미들이 아래로 내려가고 있었기 때문에, 어쩌면 개미 둥지 내 일개미들의 수직 분포를 특성화하려는 내 노력

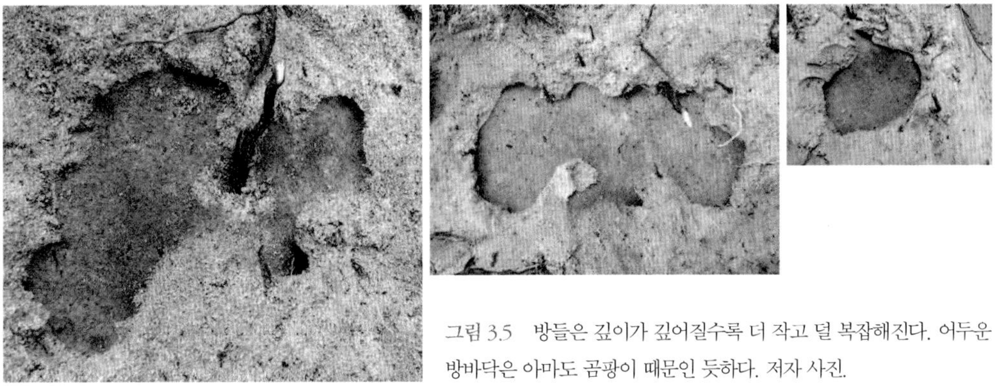

그림 3.5　방들은 깊이가 깊어질수록 더 작고 덜 복잡해진다. 어두운 방바닥은 아마도 곰팡이 때문인 듯하다. 저자 사진.

이 무의미하다고 생각할 수도 있다. 1980년대 후반에 수확개미 둥지를 파기 시작했을 때, 이런 가능성이 나를 불안하게 만들었다. 그래서 나는 그럴 만한 가치가 있는지 확인해보기로 했다. 나는 두 군락에서 충분히 가까운 곳에 2미터 깊이의 구덩이를 파다가 방 한두 개를 살짝 건드렸다. 이렇게 흠집 난 부분을 막은 후, 망치로 금속 조각을 수평으로 박아넣어서 방을 연결하는 수직 통로를 차단하고, 이렇게 만든 장벽 사이에 개미들을 가두었다. 다음 날 둥지를 파보았는데, 짙은 색 일개미들와 밝은색 일개미들, 씨앗, 유충의 수직 분포가 이처럼 장벽으로 가두지 않은 개미 둥지와 차이가 없다는 사실을 발견했다. 게다가 우리가 개미 둥지를 파는 동안 일개미들이 정말로 위아래로 움직이려고 했다면, 장벽 위나 아래로 모였을 텐데 그렇지 않았다. 따라서 이상하게 여겨질지 모르지만, 내가 땅을 파는 동안 관찰했던 배열은 아무런 방해도 받지 않는 배열을 그대로 잘 보여준다고 할 수 있다.

점점 더 깊은 방을 발굴할수록 일개미 수는 줄어들었지만, 바닥에 가까워질수록 개미들이 더 많은 듯했다. 45센티미터 깊이에서

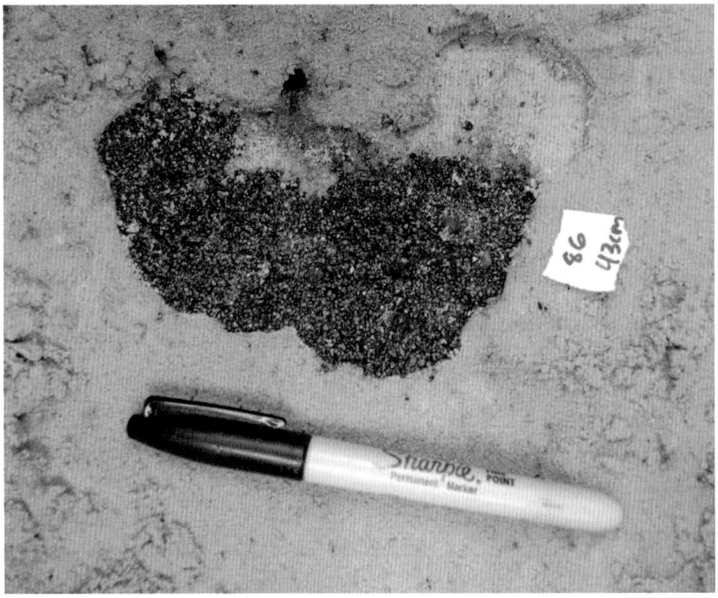

그림 3.6 거의 가득 차 있는 씨앗 방. 방 상단 가장자리에 더 깊은 방으로 이어지는 통로가 보인다. 저자 사진.

나는 첫 번째 씨앗 방을 발견했는데, 아주 인상적인 모습이었다. 내가 가장자리까지 제거하자, 거의 15센티미터 길이의 큰 콩팥 모양 방이 드러났다. 다양한 크기와 종류의 씨앗이 바닥을 여러 겹으로 거의 완전히 뒤덮고 있었다(그림 3.6). 씨앗 층이 너무 두꺼워서 개미들이 그 위를 걸을 때면 천장에 몸이 닿았을 것이다.

나는 씨앗을 가까이에서 자세히 살펴보기 위해 몸을 숙였고, 날개가 없는 작고 하얀 톡토기 무리가 뛰어다니는 모습을 보았다(그림 3.4). 개미 둥지마다 모두 이 곤충의 개체 수가 급증하고 있었는데, 이 곤충들은 씨앗 위에서 자라는 곰팡이를 먹는 것으로 보였다. 작은 거미가 안전한 곳으로 빠르게 기어가는 모습도 보였다. 이 거미는 톡토기의 포식자인 마손쿠스 포고노필루스(그림 3.4)로, 포고노미르멕스 바디우스 둥지에서 평생을 보내며, 심지어 군락이 이사하면 그 이사 흔적을 쫓아 새 둥지로 따라간다. 번식기가 되면, 어미 거미는 알을 천장의 작은 홈에 넣고 그 위에 거미줄로 덮개를 짜서 그곳을 더 평평한 천장처럼 보이게 만든다. 거미는 고향 군락과 매우 밀접한 유대 관계를 맺기 때문에, 가까운 둥지의 거미들은 멀리 떨어진 둥지의 거미들보다 유전적으로 서로 더 유사하며, 보통 이웃 내에서 짧은 거리만 이동하는 것으로 추정된다.

나는 나중에 실험실에서 세어 분류하고 무게를 재기 위해 씨앗을 긁어모아 봉투에 담았다. 이곳 개미 천국에서는 수확개미가 50여 종에 이르는 다양한 식물 종의 씨앗을 수집하는데, 그중 상당수는 개미들이 직접 깨서 사용하기에 너무 컸다. 장식용으로 사용되는 크고 납작한 씨앗은 백년초이고, 검은 달걀 모양의 씨앗은 삼씨옻●이다. 개미들은 작은 목초 씨앗을 깰 수 있지만, 이 방과 다른 방에 있는 대부분의 씨앗은 너무 커서 개미들이 깰 수 없는 것들이었다. 개미들은 저장실에서 발아한 후에야 이 큰 씨앗을 먹을 수 있다. 문제는 야생 씨앗이 보통 한꺼번에 발아하지 않고, 악조건에 대비하기 위해 여러 해에 걸쳐 발아한다는 것이다. 따라서 씨앗은 종과 계절에 따라 발아 속도가 크게 다르다. 큰 씨앗들을 대량으로 저장하는 것은 먹을 수 있는 발아 씨앗들을 안정적으로 공급할 가능성을 높이며, 이것은 분명 장기적인 도박이다.

65센티미터 깊이에 있는 다음 방 역시 씨앗으로 가득 차 있었다. 그런 다음 빈방으로 이어지다가 85센티미터 깊이에 씨앗으로 가득 찬 더 작은 방이 있었다. 일개미 몇 마리가 씨앗 더미 위를 어수선하게 돌아다니는 동안 평소와 다름없이 톡토기 무리가 사방에서 튀

● 일반적으로 미국과 캐나다 등 북아메리카 지역에서 발견되며, 학명은 아칼리파 롬보이데아(*Acalypha rhomboidea*)이다. 이 식물은 주로 초목 지대나 들에서 자라는데, 작고 검은 삼각형 모양의 씨앗을 가지고 있다.

어오르고 다른 거미는 숨을 곳을 찾아 기어다녔다.

이 시점에서 나는 구덩이를 더 깊게 파야 했는데, 주로 개미 둥지를 허리 높이로 맞춰서 작업하기 편한 위치로 만들기 위해서였다. 구덩이가 1미터 이상 깊어지면서, 넓은 구덩이의 중요성이 더욱 분명해졌다. 구덩이 안에서 손잡이가 짧은 삽을 휘두를 공간이 필요했는데, 삽질을 하다가 구덩이 가장자리에 부딪히면 모래가 나를 향해 쏟아질 수도 있기 때문이었다.

이제 방들의 간격이 훨씬 더 떨어져 있어서, 나는 더 빠르게 깊이 팔 수 있었다. 이곳에는 개미들이 상대적으로 적게 서식하고 있었는데, 90센티미터와 94센티미터 깊이에 있는 두 방 사이에는 개미가 세 마리밖에 없었다. 이제 나는 더 작고 단순한 콩 모양의 방들 사이에서 하나의 수직 통로를 따라 내려가고 있었다. 굴착 과정에서 그렇게 분명하게 나타나지 않지만, 수직 통로는 항상 한 방향으로 회전하는데, 때로는 시계 방향으로 때로는 반시계 방향으로 회전하며, 이것은 종과 지역에 따라 다르다. 이 나선형 통로는 수확개미 둥지 주물에서 볼 수 있다(그림 2.2). 나는 통로를 추적하기 쉽도록 솔잎을 통로 아래로 밀어넣었다.

이번에는 구덩이를 다시 150센티미터까지 깊이 파낼 시간이었다. 모래를 밖으로 퍼내는 일이 더 어려워졌고, 내가 처음부터 구덩이에서 멀리 떨어진 곳에 모래 더미를 쌓기 시작한 이유가 분명해졌다. 이제 내 턱은 지면과 거의 같은 높이에 있었고, 다음 방은 약 100센티미터 높이인 내 허벅지와 같은 높이에 있었다. 120센티미터까지 더 깊게 파는 데는 오래 걸리지 않았다. 이 시점에서 다시 더 깊게 파야 했는데, 이번에는 200센티미터를 목표로 했다. 지금까지는 모래가 노란색이었지만, 150센티미터 이하에서는 순수한 흰색이었다. 노란색은 석영 모래 본색이 아니라, 입자 표면을 코팅하고 있는 리모나이트(산화철) 때문이다. 코팅되지 않은 모래의 색은 내가 150센티미터 아래에서 보는 흰색이다.

이제 지면이 내 머리 위에 있었지만, 방은 다시 작업하기에 편안한 높이에 있게 되었다. 하지만 벽이 무너져서 내 무릎까지 묻히고 새롭게 노출한 방이 파묻힐 우려가 있었고, 따라서 나는 위험한 도박을 하고 있었다. 무너짐은 예측하기 어렵지만, 다행히 흔히 있는 일은 아니었다. 이 깊이에서 짧은 손잡이 삽의 중요성이 부각되었다. 손잡이가 짧아야 내가 구덩이 안에서 삽을 휘두르며 사용할 수 있기 때문이다. 1800년대 후반에 지어진 한 헛간에서 삽을 처음 손에 넣게 된 후로 이 삽에 대한 애정은 점점 커졌다. 현대의 삽과는 달리 용접(압출이 아닌)된 자루와 얇고 넓은 날을 가지고 있었다. 또한 손잡이 중간에 마디가 있어서 결국 부러졌는데, 마치 내가 구덩이에서 작업할 때 짧은 손잡이가 필요할 것이라고 미리 알았던 듯하다. 나는 이 삽에 '세상에서 가장 위대한 삽, 엑스칼리버'라는 별명을 붙였다(그림 3.7). 칼날이 얇아서 부엌칼처럼 날카롭게 갈 수도 있고 뿌리를 짧게 자를 수도 있었지만, 결국 칼날이 얇아서 가장자리에 균열이 생기는 문제가 발생했다. 균열이 번지는 것을 막기 위해 칼날을 조금 더 짧게 자르고 다시 날카롭게 갈았다. 1975년부터 2019년까지 나와 삽이 모두 노화하면서 이 작업을 두 번 더 반복했는데, 칼날의 용량이 줄어든 만큼 구덩이에서 많은 양의 흙을 퍼내

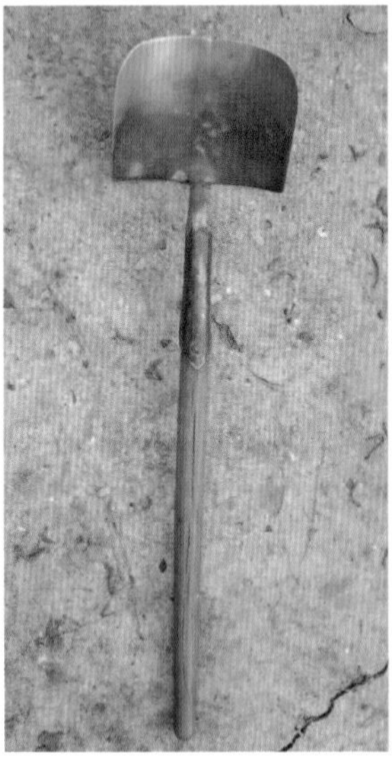

그림 3.7 **왼쪽**: 세계에서 가장 위대한 삽, 엑스칼리버. 날이 짧은 이유는 갈라진 부분이 생겨서 그 부분을 잘라내고 다시 갈았기 때문이다. **오른쪽**: 일할 때의 엑스칼리버. 모래를 공중으로 퍼내고 있다. 저자 사진.

는 힘도 떨어졌다(그림 3.7). 그 세월 동안 나는 이 삽으로 약 1000톤의 모래를 구덩이 밖으로 퍼냈다가 다시 구덩이로 넣었다. 나와 이 삽 사이의 유대감은 강하지만, 엑스칼리버가 내 애정에 응답하는지는 알 수 없다.

120센티미터 깊이에 이르러, 내가 첫 번째 유충 방에서 천장을 제거하자, 일개미들이 겁에 질려 유충과 번데기들을 안전한 곳으로 옮기기 위해 분주하게 돌아다녔다(그림 3.8). 이곳 일개미들 상당수가 이제 더 연한 갈색을 띠고 있었다. 이들은 큐티클이 아직 완전히 착색되지 않은 더 어린 유아 일개미였다. 여름에 태어난 일개미들은 이 착색이 몇 주 걸리지만, 가을에 태어난 일개미들은 몇 달이 걸리며 봄이 되어도 여전히 눈에 띄게 밝은 경우가 많다. 8장에서 살펴보겠지만, 이런 어린 일개미들은 대부분 유충 돌보는 일을 담당한다.

이제 방들은 대부분 10~20센티미터 간격으로 떨어져 있었고, 나는 더 빠르게 깊어지고 있었다. 180센티미터 깊이에서 구덩이를 다시 더 깊이 파기로 했다. 이제 모래가 구덩이 밖으로 날아가면서 내 머리 위로 다시 쏟아지지 않도록 충분히 멀리 퍼내려면 짧은 삽을 이용해 특별한 움직임을 해야 했다. 만약 이 과정에서 구덩이 벽을 치면, 나는 모래를 뒤집어쓸 것이다. 또한 의도치 않게 구덩이가 아래쪽으로 좁아져서 발을 두기 불편하므로 구덩이를 더 넓힐 필요가 있었다. 이제 구덩이의 깊이는 240센티미터가 되었다.

190센티미터 깊이의 방에는 몇 마리의 유충과 번데기, 그리고 짙은 색 일개미와 유아 일개미가 뒤섞여 있었다. 유충은 주로 방 가장자리에 있었고, 일개미들은 갑작스러운 빛으로부터 유충을 구하기

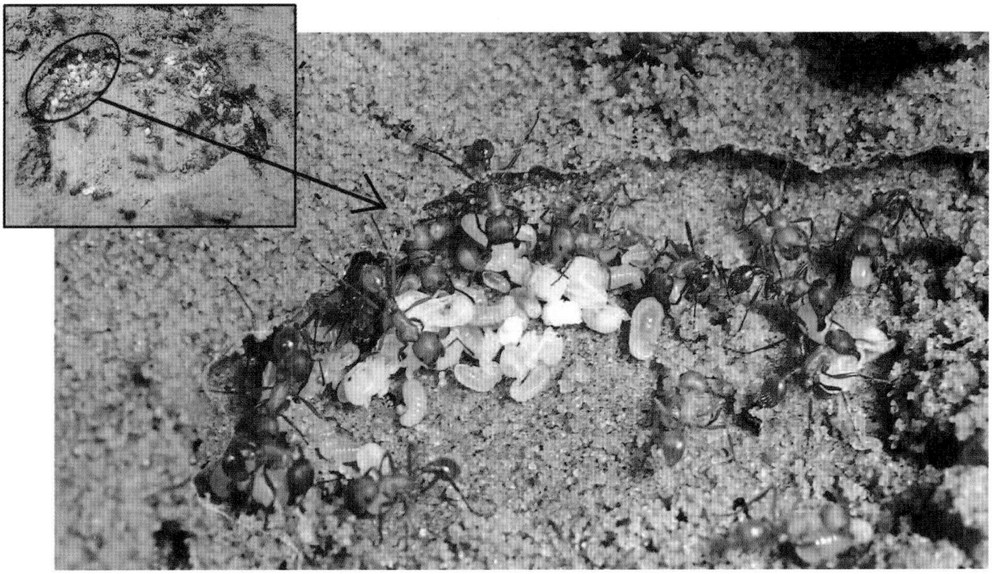

그림 3.8 **왼쪽 위**: 새로 노출된 유충 방. **큰 사진**: 일개미들이 유충을 구해내는 모습을 세밀히 담고 있다. 이 일개미 중 다수는 연한 색의 유아 일개미다. 저자 사진.

그림 3.9 **왼쪽**: 개미 둥지 바닥 근처의 방에 있는 유충들을 확대한 사진. 번식 개미 유충과 일개미 유충이 함께 있다. **가운데**: 대부분 생식 유충과 성충 수컷 및 암컷으로 가득한 방의 모습. **오른쪽**: 몇몇 유아 일개미와 함께 있는 여왕개미의 모습. 넓은 몸통, 날개 흔적, 큰 크기에 주목하라. 저자 사진.

위해 허둥대고 있었다. 이 일개미들과 유충들은 평생 빛을 경험해본 적이 없었고, 어둠을 찾도록 프로그램화되어 있었다. 단지 삶이 끝날 무렵에 채집 개미가 되어서야 그들은 빛에 이끌리게 된다.

마침내 유충이 많이 보이기 시작했다. 210센티미터, 220센티미터, 230센티미터 깊이의 방은 수백 마리의 일개미들로 가득 차 있었고, 그중 상당수가 유아 일개미였다. 바닥은 유충으로 가득했는데, 그중에는 크기가 훨씬 더 큰 생식 유충도 있었다(그림 3.9 왼쪽). 나는 입 흡인기로 이 유충들을 채집했다. 진공청소기로 하면 유충들이 다칠 수도 있기 때문이었다. 개미들의 밀도가 높고 평균적으로 어린 개미들이 많았기 때문에, 나는 둥지 바닥과 여왕개미를 찾을 수 있는 곳에 가까워지고 있다는 것을 알 수 있었다.

이제 상황이 까다로워졌다. 왜냐하면 방이 구덩이 바닥에서 불과 몇 센티미터 위에 있었기 때문에 구덩이를 더 깊게 파는 것을 포기해야 했기 때문이다. 쪼그리고 앉거나 무릎을 꿇을 공간이 거의 없었다. 나는 구덩이를 10~15센티미터만 깊게 파기로 결정하고, 운에 맡겨보기로 했다. 240센티미터 깊이에 있는 큰 방은 개미와 주로 생식 유충들로 가득했고, (개미들이) 서 있을 공간은 거의 없었다(그림 3.9 가운데). 개미들은 서로 넘어지기도 하고 바깥쪽으로 몰려나가면서 유충들을 구석진 곳이나 움푹한 곳으로 옮겼다. 나는 이제 여왕개미를 예리하게 찾아야 했다. 여왕개미는 크기가 더 크고 가슴이 넓다. 아하! 여왕개미가 거기 있었다(그림 3.9 오른쪽). 나는 조심스럽게 여왕개미를 흡인한 후 다른 모든 일개미와 유충들을 흡인하여 방바닥을 깨끗하게 비웠다.

여기가 마지막 방이었나? 그런 행운은 없었다. 수직 통로가 더 깊이 내려가는 것이 보였기 때문에 작업을 계속 진행했다. 8센티미터 더 깊은 곳에 또 다른 방이 있었는데, 역시 벽마다 개미와 유충들로 가득했다. 나는 시큼한 사과 향을 느끼면서 개미들을 흡인했다. 방바닥이 모두 비워졌을 때 더 깊은 층으로 내려가는 통로가 없다는 것을 확인할 수 있었다. 마침내 개미 둥지의 끝에 도달했다(그림 3.10). 휴!

개미 둥지를 완전히 파낸 다음에는 내가 가장 싫어하는 구덩이를 다시 메우는 과정이 남는다. 방수포 위에 올려둔 3톤에 달하는 모래를 다시 구덩이로 옮겨야 했는데, 구덩이를 파는 것과는 달리 구덩이를 메우는 작업은 거의 쉬지 않고 해야 한다. 모래를 일정한 간격으로 다져서 무덤처럼 보이지 않게 만들었다. 무덤처럼 보이는 것은 좋지 않다. 한 번은 레온 카운티 보안관이 화가 나서 찾아온 적이 있었다. "숲에서 무덤처럼 보이는 것을 발견했습니다. 늘 실종자가 있는 지역이기 때문에, 우리는 180센티미터 아래까지 파보아야 했어요. 거기에는 빈 담뱃갑 외에는 아무것도 없었습니다. 그거 당신

그림 3.10 2.5미터 깊이에서 굴착이 끝났다. 헨리 칭클이 촬영한 영상의 한 장면.

이 그런 거요?" 그는 상당히 공격적인 태도로 물었다. "아니요, 저는 담배를 피우지 않습니다." 내가 대답했다.

그 후로 나는 모래 더미 위에 내 명함을 두고 온다.

내 신발과 양말에서 모래를 모두 털어내고 나서야 뒷주머니에서 지갑을, 왼쪽 주머니에서 휴대전화를 미리 꺼내뒀어야 한다는 사실을 깨달았다. 자주 이러기 때문에 내 신용카드는 주유소 주유기에서 기름값 결제가 안 될 정도로 모래에 마모되었고, (최신형) 플립폰은 열 때마다 삐걱거리고 버석거렸다. 마른 모래가 등과 소매를 타고 흘러내리는 동안 내가 가지고 있는 것들을 살펴보았다. 나는 모든 방의 주석이 달린 아세테이트 필름 추적도를 만들었고, 각 방 내용물을 별도의 가방이나 상자에 모았다. 나는 이 모든 것을 햇볕에 노출시키지 않도록 보관했는데, 그렇게 하지 않으면 개미가 빨리 죽을 수 있기 때문이었다. 실험실에서 모두 다 세어보고 측정하고 나면, 나는 군락과 그 내용물에 대한 완전한 개체군 조사를 하고, 이들의 수직 위치까지 알게 된다. 즉 수확개미 군락의 3차원적 모습을 그릴 수 있게 된다. 그림 3.2(오른쪽)의 방 추적 표본은 깊이에 따라 방의 크기와 복잡성이 어떻게 줄어드는지 명확하게 보여준다. 내 조수인 다니엘 '훌리오' 도밍게즈(Daniel 'Julio' Dominguez)는 이 추적 결과를 음악에 맞춰 천천히 회전하고 움직이는 둥지의 가상 3차원 영상으로 만들었다. 이 영상에서는 모든 각도에서 구 안의 모든 지점을 살펴볼 수 있다(https://www.youtube.com/watch?v=vY7asrcyzwA).

수직 분포의 의미는 노동 분업을 논의할 때 더 명확해질 것이다(8장). 하지만 지금은 내 계산으로 도출한 수직적 구조를 그림 3.11에 요약해보겠다. 이 발굴 결과를 내가 한 다른 모든 발굴 결과와 연관시키기 위해 모든 데이터를 전체 구역·짙은 색 일개미·유아 일개미·유충의 백분율로 변환하고, 이를 깊이에 따라 그래프로

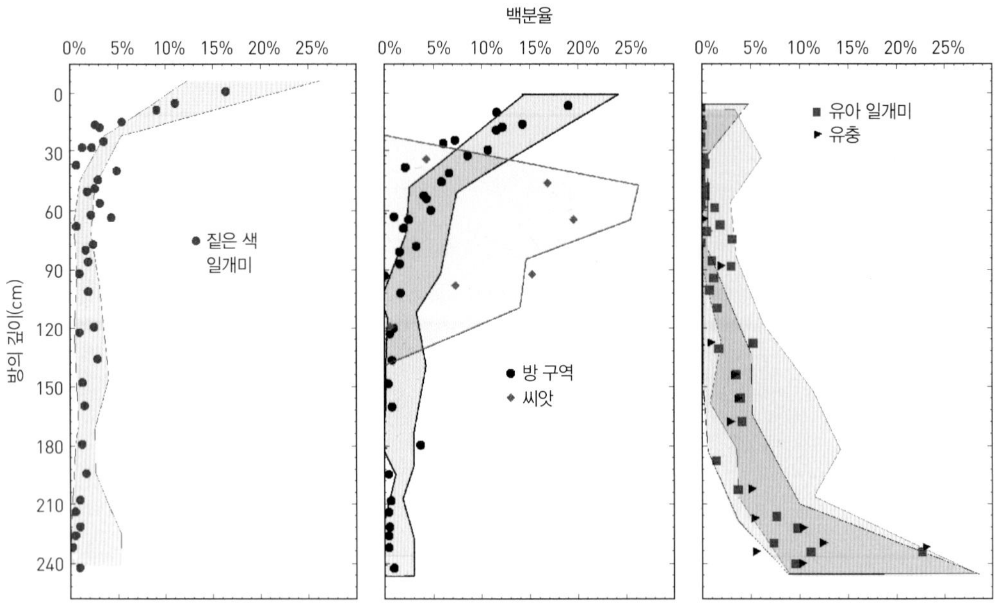

그림 3.11 방의 깊이에 따른 짙은 색 일개미, 유아 일개미, 유충, 씨앗, 방 구역의 분포. 점들은 발굴을 통해 얻은 데이터이며, 음영 영역은 여름 동안 발굴한 여러 개미 둥지의 변화 범위(표준편차)를 나타낸다.

나타냈다. 음영 처리한 영역은 개미 천국에서 전체 군락의 개체 수에 대한 대략적인 평균 범위를 보여준다. 여기서 볼 수 있듯이 내 발굴 결과들은 서로 매우 유사하다. 짙은 색 일개미는 둥지 상층부 영역에서 우세하고, 유아 일개미와 유충은 하층부 영역에서, 씨앗은 중간 위쪽과 상층부 영역의 방에서 우세하다.

다른 종

이제 플로리다수확개미 둥지의 독특한 구조와 배열에 대한 그림을 가지게 되었지만, 다른 개미 종의 둥지도 독특한지 알아두면 좋을 것이다. 앞으로 살펴보겠지만, 대부분의 종은 특징적이고 독특한 둥지 구조를 가지고 있다. 그러나 둥지 내 개미들의 배열은 확실하지 않고 변동이 더 심할 가능성이 높다. 대부분의 개미는 유충을 둥지의 특정 영역에 두기를 선호하는 듯하지만, 수확개미에서 관찰한 이 특정 패턴이 보편적이지 않을 수도 있다. 붉은열마디개미인 솔레놉시스 인빅타 같은 일부 개미들은 최적의 온도를 찾기 위해 유충들을 자주 위아래로 이동시킨다. 겨울에 햇볕이 개미 언덕을 따뜻하게 데워주면 개미들은 유충을 빠르게 그곳으로 이동시킨다. 내 제자인 클린트 페닉(Clint Penick)은 이것이 하루의 주기적인 행동이 아니라 온도에 직접 반응하는 행동임을 보여주었다. 클린트는 밤에 열기가 남은 숯을 위에 올려놓아서 개미 언덕을 데우는 방식으로 실험을 진행했다. 몇 분 만에 개미들은 유충을 개미 언덕으로 옮겼다. 토양이 따뜻한 여름에는 개미들이 더 높은 온도를 찾을 필요가 없기 때문에, 유충은 주로 둥지의 중심부에서 발견되었다.

이처럼 열기를 찾는 것은 개미들 사이에서 매우 흔한 일이며, 따뜻한 바위나 통나무 아래의 고랑에 유충, 특히 번데기가 쌓여 있는 모습을 종종 발견할 수 있다. 수확개미의 경우에도 번데기는 종종 지면 바로 아래에서 많이 발견되지만, 전체적으로 볼 때 전체 유충에서 차지하는 비율은 적다. 대부분의 번데기는 둥지 깊숙한 곳에서 발견되기 때문에, 일개미는 번데기 발달 과정상 특정하고 짧은 단계 동안만 '데워'줄 가능성이 있다. 그들은 어쩌면 심지어 성충 일개미들의 일일 출생률을 조작하는 것일 수도 있다.

과거 둥지 건축 프로젝트의 자료를 살펴보다가 실망스러운 사실을 깨달았다. 각 주물을 분해하거나 녹여서 총 개체 수를 조사하긴 했지만, 깊이별로 각 구획을 구분하지는 않았던 것이다. 따라서 나는 덫개미[오돈토마쿠스 브룬네우스(*Odontomachus brunneus*)], 모래언덕목수개미[캄포노투스 소시우스(*Camponotus socius*)], 그리고 세 종의 긴다리개미[아패노가스테르(*Aphaenogaster*) 속(屬)]가 그들의 유충을 둥지 깊숙한 곳에 두는지 또는 다른 별도 영역에 두는지 말할 수가 없다. 하지만 나는 실수로부터 교훈을 얻었다. 차고에서 먼지를 모으는 교활한함대개미[포르미카 돌로사(*Formica dolosa*)](그림 9.6 참조)의 투박한 석고 둥지 주물 5개를 녹일 때는 그것들을 먼저 5개 층으로 나누었다. 그 결과 일개미, 고치, 성충의 **밀도**가 모두 둥지가 깊어짐에 따라 약 3배 증가했다. 포고노미르멕스 바디우스와 마찬가지로 포르미카 돌로사도 둥지 깊은 곳에 유충을 둔다.

한편, 내 학부생인 타일러 머독(Tyler Murdock)은 모리스의큰머리개미[페이돌리 모리시(*Pheidole morrisi*)] 둥지 60개를 왁스 주물로 만들어서 10센티미터 깊이 단위로 모든 개미를 채집했다. 이 일은 큰 작업이 되었고, 나는 타일러에게 수업 외에 이 프로젝트를 진행하도록 권유한 것에 대해 약간의 죄책감을 느꼈다. 왁스 주물을 만드는 일은 그것을 분석하는 일보다 훨씬 빠르게 이루어졌고, 만약 상온에 보관하면 곰팡이가 생긴다는 사실도 알게 되었다. 그 후 우리는 왁스 주물을 남극 시추 프로젝트에서 나온 얼음 코어•와 함께 남극 연구소의 초저온 냉동고에 보관했다. 우리는 결국 '남극'에 '개미'를 둔 셈이었다. 타일러의 연구는 순전히 왁스 주물로만 진행한 최초의 연구였기 때문에 개미와 개미 건축물 연구에서 일종의 개념 증명이자 이정표가 되었다.

또한 이 연구를 통해 계절적 주기, 성장과 관련한 군락 구성, 둥

• 지구 온난화 연구 등을 위해 빙하에서 시추하여 얻은 얼음 시료로, 이 속에 고대 대기 성분이 저장되어 있어 과거 기후변화를 추적할 수 있다.

지의 건축적 특징 등에 대해 풍부한 정보를 얻을 수 있었다. 조건과 계절에 따른 개미 둥지 내 유충의 위치와 이동은 모든 개미에게 중요하며, 이번 연구에서는 특정 종을 대상으로 이러한 패턴을 밝혀냈다. 일반적 패턴은 겨울철에 페이돌리 모리시는 유충(대부분 완전히 자란 일개미 유충)을 더 깊은 곳에 두었다가, 여름철에는 둥지의 깊이를 10으로 나눈다고 가정할 때 상위 2 내지 4분위 높이로 이동시키는 것이다. 이때 유충은 여러 단계와 유형의 유충들이 뒤섞여 있다. 늦여름이 되면 유충들은 3분위에서 5분위 높이로 내려간다. 가을에는 유충의 양이 두 영역에서 정점을 이루는데, 한 군데는 3분위 중앙이고, 다른 한 군데는 8분위와 9분위, 즉 둥지의 맨 아래였다. 이 정점의 토양 온도를 통해서 개미들은 봄부터 초가을까지 최적의 발육 온도인 섭씨 23~25도에 유충을 두는 것을 알게 되었다. 겨울철의 위치가 더 문제가 되는데, 둥지 깊숙한 곳의 온도가 더 높음에도 불구하고 유충을 약 섭씨 14도에 두기 때문이다. 나는 개미들이 스스로 무엇을 하는지 알고 있다고 생각한다. 아마도 경험한 온도를 조절함으로써 발육 속도를 조절하는 것일 수도 있다. 내 제자 샌퍼드 포터(Sanford Porter)는 붉은열마디개미가 굶주린 시기에 유충을 더 낮은 온도에 두는데, 이것은 성장 속도를 늦춰서 유지 비용을 줄이기 위한 것이라는 사실을 입증했다. 온도 선택권이 주어지면 개미는 성장률을 극대화하기보다 더 미묘한 목표를 더 정확하게 달성한다.

페이돌리 모리시, 포르미카 돌로사, 포고노미르멕스 바디우스 사이에서 공통으로 나타나는 일반적 특징 중 하나는 사용 가능한 공간이 둥지 내 개미 분포를 제어하는 주요 요인이 아니라는 것이다.

이 세 종 모두 전체 방 면적 또는 부피의 절반 이상이 둥지의 상위 2분위 내지 3분위에 있으며, 둥지 바닥에서는 포고노미르멕스 바디우스와 페이돌리 모리시의 경우 1퍼센트에서 3퍼센트 미만으로 감소하고 포르미카 돌로사의 경우에는 약 8퍼센트로 감소한다. 그러나 개미의 밀도는 이러한 사용 가능한 공간을 따르지 않는다. 포고노미르멕스 바디우스의 경우, 짙은 색 일개미의 수가 맨 위쪽 구획에서 가장 많았지만, 방 구역은 반대 패턴을 따르기 때문에, 밀도(제곱센티미터당 일개미 수)는 가장 깊은 영역에서 5~7배 더 높았다. 유아일개미와 유충은 깊은 영역에 더 많았기 때문에, 그곳에서 그들의 밀도가 훨씬 더 높고 빽빽이 모여 있었다. 포르미카 돌로사의 경우도 비슷한 분포를 보였는데, 바닥 쪽의 일개미와 고치의 밀도가 상층부보다 3배나 높았다. 반면, 높이가 상위 5분의 2 이상 되는 곳의 방 구역이 전체의 60퍼센트였으며, 하위 5분의 1에서는 8퍼센트로 감소했다. 방 분포가 비슷한 페이돌리 모리시의 경우, 개미 밀도는 둥지의 최상층에서 비슷하게 낮았지만, 계절에 따라 중간에서 하위 3분의 1영역에서 가장 높기도 했다. 이 종들 중 어느 종도 개미들이 혼잡도에 반응하는 것으로 보이지 않았다. 따라서 세 종 모두에서 가장 위쪽 방들이 상대적으로 넓다는 것은 미스터리다. 왜 그렇게 드물게 사용하는데 큰 방을 만들었을까? 그 기능은 분명히 혼잡을 줄이기 위한 것이 아니다. 실제로 개미들은 혼잡을 편안하게 느끼는 것으로 보인다. 하지만 이것이 개미 생활에서 어떤 역할을 하는지는 거의 알려지지 않았다.

내가 파헤쳐서 조사한 수확개미 군락의 운명은 어떻게 되었을까? 다 죽었을까? 나는 그들을 채집한 곳으로 다시 돌려보냈다. 나는 개미 무리가 새 둥지에서 좋은 출발을 할 수 있도록 얼음 둥지를 만들어 그곳에 풀어주었다(6장 참조). 두세 시간 만에 모든 개미가 땅속으로 내려갔고, 일개미들이 자신들의 시작 둥지를 넓히기 시작하면서 파낸 흙으로 만든 둥지 디스크가 나타났다.

04

개미 둥지 목록

앞 장에서 조심스럽고 수고스러운 발굴 작업을 통해 둥지에 서식하는 개미의 수와 종류가 층층이 분포되어 있음을 보여주었다. 그러나 파헤치는 과정에서 건축물이 파괴된다. 전체 건축물을 보려면 2장에서 설명한 것처럼 온전한 둥지를 주물로 만들어 빈 모양을 아름답게 표현해야 한다. 하지만 주물 제작은 개미들을 묻어버린다. 둥지 건축을 드러내는 것과 둥지 주민들을 채집하는 것, 이 두 가지 목표는 서로 충돌하는 것처럼 보인다.

그러나 적어도 순차적으로 두 목표를 모두 충족할 수 있다. 이를 위해서는 적절한 주물 재료를 선택해야 한다. 녹인 금속은 두 가지 목표를 모두 달성하는 데 절망적이다. 뜨거운 금속이 개미를 탄화시켜 개미 수를 쉽게 셀 수 없기 때문이다(그림 4.1). 반면에 석고는 물에 녹기 때문에 주물을 연구하고 측정하고 사진을 찍은 후 작은 조각으로 쪼개서 그 조각을 고운 망사 주머니에 넣어 흐르는 물에 넣을 수 있다. 한두 달 지나면 석고가 녹아 개미와 둥지의 다른 내용

그림 4.1 대부분의 주물에서 탄화된 개미의 잔해를 몇몇 방에서 볼 수 있다. 녹인 금속은 개미를 가장자리와 바닥으로 밀어낸다. 개미는 젖어 있어서 금속 주물에 섞이지 않았을 가능성이 높다. 하지만 깨끗한 상태가 아니어서 개미 수를 세기는 어렵다. 이것은 캘리포니아 보레고 스프링스에서 만든 수확개미 포고노미르멕스 마그나칸투스(*Pogonomyrmex magnacanthus*)의 수불 일부다. 저자 사진.

물들이 망사 주머니에 남는다. 안타깝게도 개미는 대개 조각조각 나 있어서 개체 수 조사는 말 그대로 머릿수만 조사해야 한다. 그래도 머리는 몸 크기와 일개미의 계급에 대한 정보를 제공하며, 일개미의 나이(밝은 색상) 정보도 어느 정도 제공한다. 그림 4.2는 플로리다 해안 평야 소나무숲에서 흔히 볼 수 있는 플로리다긴다리개미인 아패노가스테르 플로리다나(*Aphaenogaster floridana*)에 대해 이 절차를 적용한 예다. 방 면적은 부서진 주물을 바탕으로 측정했으며, 주물을 녹이고 분류하자 개미 머리가 나왔다. 그림 4.2의 그래프는 전체 둥지 면적에 대한 일개미 수의 관계를 보여주며, 둥지 내 일개미와 유충의 분포, 일개미의 크기 차이, 수직 분포에 따른 방 크기와 모양 등 다른 많은 분석도 할 수 있다. 이 방법은 파괴적이고 느리지만, 그 결과를 통해 개미와 둥지 건축이 어떻게 연관되는지, 일개미 개체군과 둥지가 상대적·절대적 측면에서 어떻게 성장하는지에 대해 많은 것을 배울 수 있다. 절대적 둥지 크기는 부피(밀리리터 또는 리터)로 측정하고, 절대적 개체 수는 개수로 측정하지만, 이 두 가지가 반드시 같은 속도로 성장하는 것은 아니다. 둥지 부피를 개미 수로 나누면 상대적 크기가 나오는데, 예를 들면 개미당 둥지 부피를 밀리리터 단위로 구할 수 있다. 개체 수가 둥지 부피와 같은 속도로 증가하면, 둥지 크기와 상관없이 개미 한 마리당 공간은 일정하게 유지된다. 개체 수가 더 빨리 증가하면, 큰 둥지에 있는 개미가 작

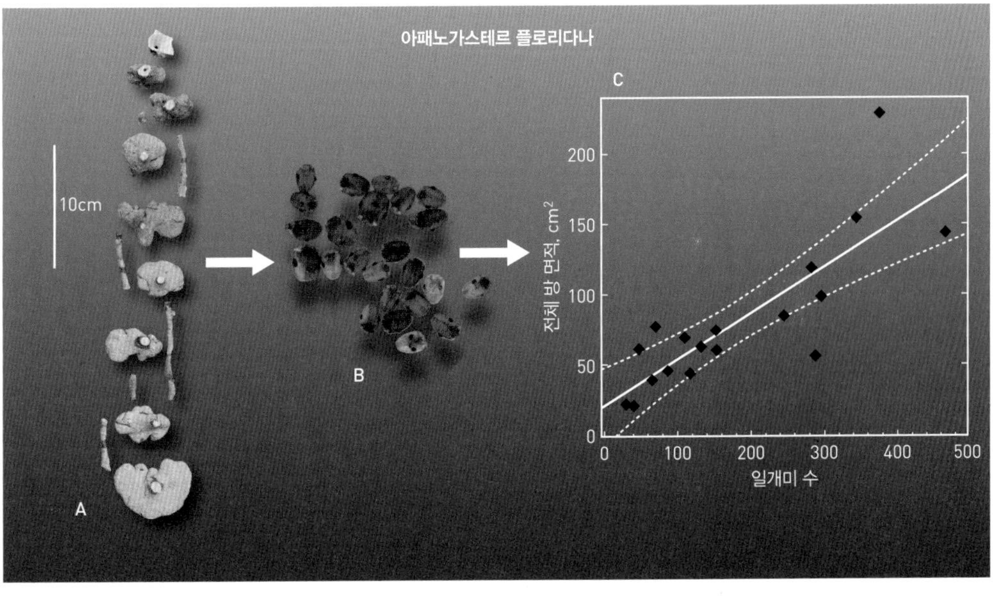

그림 4.2 석고 주물의 표본 분석. A: 플로리다긴다리개미(아패노가스테르 플로리다나)의 주물을 방과 수직 통로로 쪼개서, 방의 면적을 측정한 후 물에 녹인 모습이다. 조각들은 대략적인 깊이 순서로 배열되어 있다. B: 주물이 용해된 후 남은 개미 머리. C: 플로리다 긴다리 개미의 주물 18개를 용액에 녹인 후 머릿수를 세어 개미 수와 전체 방 면적의 관계를 확인했다. 점선은 회귀에 대한 95퍼센트 신뢰 구간이다. 일개미가 한 마리 추가될 때마다 면적은 0.3제곱센티미터씩 증가한다. 저자 사진, Tschinkel (2011).

그림 4.3 **왼쪽:** 애슈미드긴다리개미〔아패노가스테르 아슈메아디(*Aphaenogaster ashmeadi*)〕의 둥지 왁스 주물. **오른쪽:** 주물을 녹인 후 개미들을 복구한 모습. 둥지의 모든 내용물이 온전하게 복구되었다. 저자 사진, Tschinkel (2010).

은 둥지에 있는 개미보다 더 혼잡해지며, 물론 그 반대 경우도 발생할 수 있다. 둥지에서 혼잡도가 어떤 역할을 하는지 알려지지 않았지만, 아마도 사회생활에 영향을 미치기 때문에 중요하다고 쉽게 짐작할 수 있다.

일개미 수와 그 분포를 평가하는 덜 번거로운 방법은 석고 대신 녹인 파라핀으로 주물을 만드는 것이다. 왁스 주물은 건축물을 진지하게 연구하거나 전시하기에는 너무 약하지만, 석고 주물과는 달리 왁스 주물을 녹이면 연약한 유충과 번데기, 그리고 둥지를 공유했던 다른 생물이나 개미가 수집한 물건까지 모든 내용물을 그대로 복원할 수 있다(그림 4.3). 일부 둥지를 금속 주물로 만들고 나머지 둥지를 왁스 주물로 만들어 결합하는 것은 개체 수 조사와 건축의 목적을 모두 충족하는 좋은 방법이다.

개미 종 목록 만들기

아연과 알루미늄 녹이는 기술을 습득하고 능숙해진 후, 나는 가능한 한 많은 개미 종, 주로 탤러해시 남쪽 소나무숲의 모래 토양에 둥지를 만들어 지내는 비교적 큰 개미 종의 둥지 주물을 만들기 시작했다. 표 4.1은 내가 둥지 주물을 주조한 모든 개미 종의 학명, 약어, 일반 명칭이다. 이러한 큰 개미 종의 둥지를 찾는 데는 기술이 거의 필요 없다. 왜냐하면 일개미들은 파낸 흙을 지표면에서 눈에 잘 띄는 펠릿 더미에 던져놓기 때문이다. 이러한 더미의 모양과 크기, 펠릿의 크기로 개미 종을 식별할 수도 있다(그림 4.4). 즉, 플로리다수확개미(포고노미르멕스 바디우스)는 크고 평평한 원반 모양으로 만든 다음, 심미적인 이유에서인지 그 위를 숯 조각으로 덮는다. 곰팡이재배개미〔트라키미르멕스 셉텐트리오날리스(*Trachymyrmex septentrionalis*)〕는 둥지 입구 한쪽에 튀르키예 국기처럼 반달 모양을 만들고, 원뿔개미인 도리미르멕스(*Dorymyrmex*)의 일부 종은 작은 화산처럼 완벽하게 대칭을 이루는 분화구를 만들기도 한다. 모래언덕목수개미인 캄포노투스 소시우스의 일개미들은 마치 물 위에 조약돌을 던지듯 1제곱미터 면적에 걸쳐 거친 펠릿을 흩뿌린다. 소나무숲에서 가장 흔한 개미인 모리스의큰머리개미(페이돌리 모리시)는 모래, 작은 식물 조각, 숯으로 땅딸막한 교통 원뿔처럼 깔끔한 원뿔형 둔덕을 만드는데, 그 안에 몇 개의 방이 있다. 이국적인 붉은열마디개미 솔레놉시스 인빅타는 구불구불한 회랑이 있는 벌집 모양의 큰 개미 언덕을 만들어서, 시원하고 화창한 날에 유충을 따뜻하게 보호할 수 있도록 한다. 플로리다긴다리개미인 아패노가스테르 플로리다나의 일개미는 수줍

표 4.1 이 책의 기반이 되는 개미들의 학명과 일반 명칭

학명	약어	일반 명칭(속명)
Aphaenogaster ashmeadi	*Aph. ashmeadi*	애슈미드긴다리개미
Aphaenogaster floridana	*Aph. floridana*	플로리다긴다리개미
Aphaenogaster treatae	*Aph. treatae*	트리트긴다리개미
Camponotus socius	*C. socius*	모래언덕목수개미
Cyphomyrmex rimosus	*Cy. rimosus*	이민자작은곰팡이재배개미
Dolichoderus mariae	*Dol. mariae*	메리의홈이음개미
Dorymyrmex bureni	*Dor. bureni*	뷰런원뿔개미
Formica archboldi	*F. archboldi*	아치볼드함대개미
Formica dolosa	*F. dolosa*	교활한함대개미
Formica pallidefulva	*F. pallidefulva*	변덕스러운함대개미
Monomorium viridum	*Mo. viridum*	금속성추적개미
Myrmecocystus kennedyi	*My. kennedyi*	케네디꿀단지개미
Myrmecocystus lugubris	*My. lugubris*	우울한꿀단지개미*
Myrmecocystus navajo	*My. navajo*	나바호꿀단지개미*
Nylanderia arenivaga	*N. arenivaga*	모래좋아하는미친개미
Nylanderia parvula	*N. parvula*	북부미친개미
Nylanderia phantasma	*N. phantasma*	유령미친개미
Odontomachus brunneus	*O. brunneus*	남동부덫개미
Pheidole adrianoi	*Ph. adrianoi*	로즈마리큰머리개미
Pheidole barbata	*Ph. barbata*	턱수염큰머리개미*
Pheidole dentata	*Ph. dentata*	다재다능한큰머리개미
Pheidole dentigula	*Ph. dentigula*	나무숲큰머리개미
Pheidole morrisi	*Ph. morrisi*	모리스의큰머리개미
Pheidole obscurithorax	*Ph. obscurithorax*	대형도입큰머리개미
Pheidole psammophila	*Ph. psammophila*	모래좋아하는큰머리개미*
Pheidole rugulosa	*Ph. rugulosa*	거친큰머리개미*
Pheidole xerophila	*Ph. xerophila*	건조함을좋아하는큰머리개미*
Pogonomyrmex badius	*P. badius*	플로리다수확개미
Pogonomyrmex californicus	*P. californicus*	캘리포니아수확개미
Pogonomyrmex magnacanthus	*P. magnacanthus*	작은수확개미*
Prenolepis imparis	*Pr. imparis*	겨울개미
Solenopsis geminata	*S. geminata*	열대열마디개미
Solenopsis invicta	*S. invicta*	붉은열마디개미
Solenopsis nickersoni	*S. nickersoni*	닉커슨도둑개미
Solenopsis pergandei	*S. pergandei*	페르간데도둑개미
Trachymyrmex septentrionalis	*T. septentrionalis*	결절성곰팡이재배개미
Veromessor pergandei	*V. pergandei*	사막검은수확개미

주: 대부분의 일반 명칭은 Mark Deyrup, *Ants of Florida* (Boca Raton, FL: CRC Press, 2017)에서 인용했다.

* 표시한 일부 개미는 공식적인 일반 명칭이 없어서 국제 조약에서 허용하는 대로 내가 직접 이름을 붙였다.

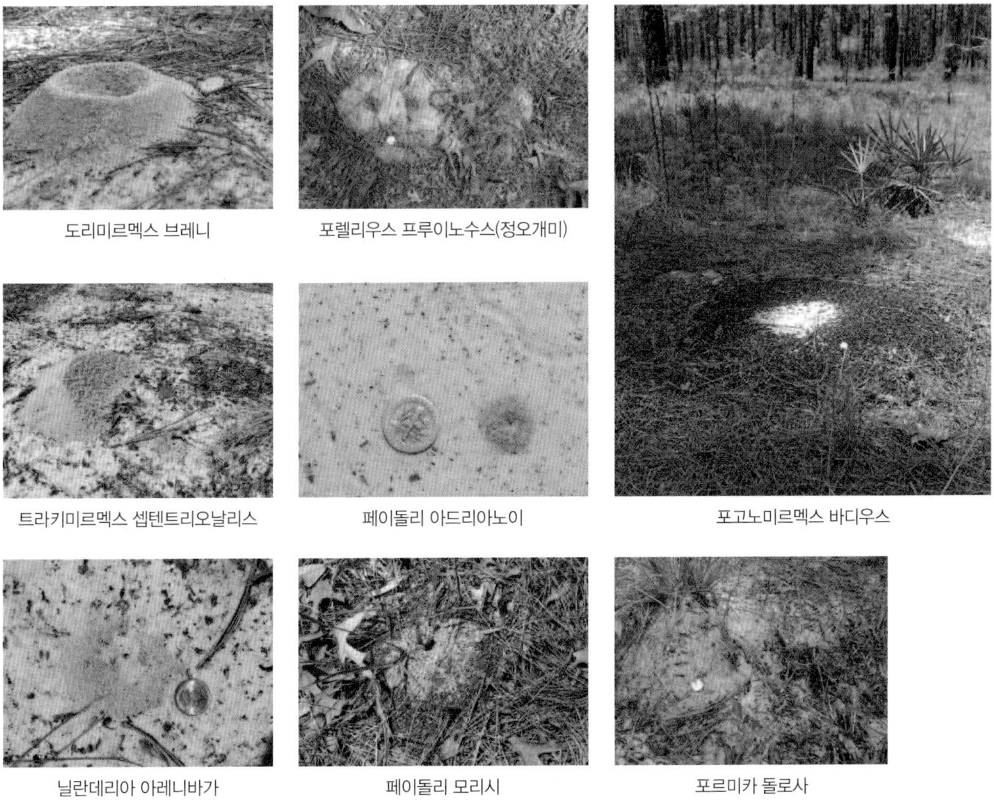

그림 4.4 개미 천국에서 발견한 개미 종의 둥지 디스크 표본. 각 사진에서 미국 동전은 크기를 가늠하게 해준다. 저자 사진.

음이 많은 편이다. 그래서 처음에는 둥지 입구 주위에 흙더미를 뚜렷하게 만들지만, 이 흙더미는 비가 오면 흐릿해진다. 하지만 입구 주변에 작은 막대기를 통나무집처럼 사각형으로 배열하여 둥지 주인이 누구인지 알 수 있게 한다.

그러나 눈에 띄지 않거나 찾기가 매우 어려운 둥지를 짓는 작은 개미 종들이 훨씬 많다(그림 4.4). 개미가 항상 배고파한다는 사실을 이용하여 둥지를 찾을 수도 있다. 대부분의 개미 종은 먹이를 가져오는 데 도움을 받기 위해서 둥지 동료를 불러모은다. 카드 위에 쿠키 부스러기 몇 개를 뿌려두면 작은 개미들의 행렬이 몰려와서 때로 힘겹게, 흔적을 남기며 둥지로 돌아간다.

나뭇잎 쓰레기가 많으면 개미 흔적 추적을 포기하고 싶을 정도로 힘들어질 수 있으므로, 미끼를 던지기 며칠 전에 주위 몇 제곱미터에 있는 쓰레기를 미리 치워두는 것이 좋다. 미끼 카드에 아무것도 없는 것처럼 보이지만, 실제로는 나무숲큰머리개미인 페이돌리 덴티굴라(*Pheidole dentigula*) 또는 닉커슨도둑개미인 솔레놉시스 닉케르소니(*Solenopsis nickersoni*)(그림 4.5)의 소형 일개미들로 뒤덮여 있다는 사실을 처음으로 알게 되면, 이 개미들이 얼마나 작은지, 심지어 동전의 날짜 숫자 하나만 하다는 사실에 놀랄 것이다. 이 개미들의 세계는 제곱미터 크기의 낙엽 더미 속에 숨겨진 작은 우주다. 그들이 가는 길은 당신이 형제를 등에 업고 맨해튼 전역을 북쪽에서 남쪽으로 걷는 길과 맞먹는다. 때로 그들의 둥지는 10센트 동전을 다 덮

그림 4.5 닉커슨도둑개미인 솔레놉시스 닉케르소니. 크기 비교를 위해 10센트 동전과 함께 촬영했다. 이 개미는 미국 남동부에서 가장 작은 개미 중 하나다. 저자 사진.

지 못하는 작은 흙더미로 표시되기도 하고, 때로 모래 알갱이 사이 공간처럼 보이는 작은 구멍 속으로 일개미가 사라지기도 한다. 우리와 다른 생명체들이 어떤 규모로 살아가는지 생각해보게 하는 순간이다.

개미 종들 사이에서도 삶은 다양한 규모로 펼쳐진다. 검은색 일개미의 모습이 마치 걸어다니는 먼지처럼 보이는 로즈마리큰머리개미인 페이돌리 아드리아노이(*Pheidole adrianoi*) 둥지는 모래언덕목수개미인 캄포노투스 소시우스 둥지와 불과 몇 센티미터밖에 떨어져 있지 않다. 모래언덕목수개미의 일개미는 몸무게가 1000배 이상 무거우며 둥지에서 먹이까지 거리가 수 미터가 아니라 수십 미터에 이른다. 로즈마리큰머리개미의 세계는 작은 탁자 위에 올려놓을 정도인 반면, 모래언덕목수개미의 세계는 일반적인 교외 주택만큼의 면적을 차지할 정도다. 두 세계는 실제로 서로 교차하는 것일까, 아니면 단순히 동일한 물리적 공간에 겹쳐 있는 것일까? 자연사에서 몸집의 크기가 일반적으로 중요한 이유는 작은 개미와 큰 개미가 생태계의 서로 다른 부분을 차지하며 서로 다른 자원을 이용하고 평화롭게 함께 생활한다는 것을 암시하기 때문이다. 이런 경우에는 아마도 사람과 파리처럼 서로의 존재를 단순히 귀찮은 존재로 인식할 수도 있다. 작은 개미가 다른 작은 개미와 평화롭게 살 가능성은 거의 없다. 왜냐하면 정도의 차이는 있지만 비슷한 자원을 이용해야 하므로 경쟁 관계에 있기 때문이다. 생태학자들은 경쟁이라는 개념을 좋아하지만, 이것은 단지 이론일 뿐이다. 왜냐하면 어떤 생태학자도 그런 아이디어를 검증하는 실험을 수행한 적이 없기 때문이다.

나는 이 작은 개미들이 미끼에서 둥지로 돌아간 흔적을 따라가 둥지 주물을 만들고자 했다. 개미 둥지는 개미의 몸 크기에 맞춰 크기를 조정해야 한다. 다시 말해서, 수직 통로와 방의 크기가 아주 작아야 한다. 열이 표면을 통해서만 손실되기 때문에, 열 손실률은 표면적에 비례한다. 반면에 손실될 수 있는 열의 양은 부피에 비례하므로, 길고 가느다란 통로가 있는 작은 둥지에 녹인 금속을 부으면 부피에 비해 표면적이 너무 커서 매우 빠르게 냉각되고 굳어버린다. 따라서 금속의 녹는점이 낮고 녹인 금속이 뜨거울수록 굳기 전에 더 멀리까지 흘러 들어가게 된다. 알루미늄은 작은 둥지에 적합하지 않은데, 보통은 전혀 흘러 들어가지 않기 때문이다. 아연을 이용할 수도 있는데, 이렇게 작은 둥지의 경우 아연조차도 이 좁은 통로를 따라 흐르도록 하려면 잘 유도해야 한다. 나는 흡인기를 이용해 모래를 제거하여 수직 통로의 상부를 노출시키고, 좁은 원뿔 모양 깔때기를 만들어 녹인 아연이 둥지로 잘 흘러 들어갈 수 있도록 준비했다.

먼저 작은 가마의 흑연 도가니에서 소량의 아연을 녹이는 것으로 시작한다. 알루미늄과 마찬가지로 녹인 금속이 뜨거울수록 둥지 아래로 더 깊숙이 흘러 들어가지만, 아연은 불이 붙어서 타버리는 온도 상한선이 있다. 이 경우 아연은 희미한 산화아연 연기를 형성하여 기침을 유발하고 가마 속에 솜사탕처럼 보이는 깊고 푹신한 침전물을 생성한다(그림 4.6 왼쪽). 당연히 이것은 녹인 금속을 붓는 데 방해가 되지만, 이때 발생하는 아름다운 연두색 불꽃은 매번 적어도 한 번은 아연에 불을 붙이고 싶은 유혹을 거부할 수 없게 만든다. 약간 식혀서 숟가락으로 산화물을 떠내면 아연은 다시 정상적으로 작동하며 아무런 해가 없다. 그러나 가마가 극한의 온도에 도달하도

그림 4.6 왼쪽: 과열되어 불이 나서 짙은 흰색 산화아연 연기를 방출하는 아연 도가니. 오른쪽: 녹인 금속의 녹이는 힘과 극심한 과열로 인한 산화 작용으로 엉망이 된 도가니. 저자 사진. Tschinkel (2010).

록 내버려두면, 열이 도가니를 외부에서 태우고 금속이 내부에서 녹이기 때문에 금속 도가니에 재앙이 발생할 수 있다(그림 4.6 오른쪽).

녹인 아연을 처음 부을 때는 앞서 만든 원뿔형 깔때기에 직접 부어야 하므로 정확성이 매우 중요하다. 그런 다음 아연의 압력으로 금속이 아래로 흘러내리게 하려면, 이 원뿔이 가득 차도록 아연을 충분히 빠르게 부어야 한다. 금속이 아래로 흘러내리면서 작은 아연 웅덩이가 줄어드는 것을 볼 수 있다. 페이돌리 아드리아노이의 작은 둥지나 모래좋아하는미친개미인 닐란데리아 아레니바가(*Nylanderia arenivaga*)의 작은 둥지에서는 금속이 굳기 전에 최소 25센티미터 이상 아래로 흘러 들어가면 잘된 것이다. 전체 주물은 최대 2~3분 이

내에 굳게 되고, 그럴 때는 주물 옆에 구덩이를 파고, 측면에서 주물을 노출하여, 가급적이면 부수지 않고 떼어내야 한다.

주조를 끝낸 곳과 둥지가 이어지는 위치를 찾는 일은 늘 쉽지 않다. 이 경우에 흡인기를 사용하여 수직 통로가 이어지는 부분의 모래를 제거하는 것이 좋다. 원뿔형 '입구 깔때기'를 만들어서 붓고 다시 파기를 반복한다. 하지만 두 번째 조각은 주조를 완료하지 못할 수도 있다. 좁은 구덩이에서 끓고 있는 도가니를 조종하는 것이 까다롭기 때문에, 세 번째 또는 네 번째 주조가 필요한 경우에는 신의 도우심이 필요하다.

주조가 완료되었는지 어떻게 알 수 있을까? 통로 중간에서 굳어버린 금속의 아래쪽 끝은 모래와 접촉하지 않고 공기 중에서 굳기 때문에 매끄럽고 둥근 윤곽을 가지지만, 통로든 방이든 실제로 둥지의 끝에서 굳은 금속은 굳을 때 주위 모래가 표면에 묻는 경우가 많아서 확인하기가 쉽다. 이것이 실패하는 유일한 경우는 통로가 흘러내린 모래로 막힌 경우지만, 그 경우에도 금속은 눈에 띄게 무질서하게 끝나는 경향이 있다. 이 경우에는 통로가 연결되는 부분을 찾기 위한 수색을 시작해야 한다.

둥지 건축의 여왕: 플로리다수확개미

수십 종 개미의 둥지를 만들고 나자, 내가 가장 좋아하는 개미들이 생겼다. 그중에서도 나는 플로리다수확개미가 가장 좋았다. 지하 둥지 건축을 전혀 모르더라도 플로리다수확개미는 매력적인 개미다.

숯으로 덮어놓은 커다란 둥지 디스크는 대왕소나무-바랭이 숲 모래 언덕의 하얀 흙과 대조를 이룬다. 사람들은 이것을 보통 엄지나 검지 사이로 크기를 나타내며 '꽤 큰' 크기의 '붉은 개미'라고 부른다. 이 지역에 서식하는 100종의 개미 중 약 80퍼센트가 '붉은 개미'라는 사실과 개미 기준으로 수확개미가 크다는 사실을 모르기 때문이다. 나에게 수확개미는 많은 매력을 선사하는데, 현미경 없이도 많은 행동을 관찰할 수 있을 정도로 눈에 잘 띄고 크기가 크며, 씨앗을 모으는 매우 흥미롭고 특이한 행동을 한다. 게다가 나처럼 낮에만 활동하며 습성이 신중하여 흥미로운 의문을 많이 품게 하고 답을 구하게 만든다. 다시 말해서 곤충학자들이 꿈꾸는 개미라고 할 수 있다. 앞 장에서 설명한 것처럼 아름답고 정교한 둥지 건축에 대해 알면 이 개미의 매력적인 성격을 더욱 잘 이해할 수 있다.

나처럼 대부분의 사람은 개미 둥지가 심미적으로 보기 좋다고 생각한다. 플로리다긴다리개미(아패노가스테르 플로리다나)나 뷰런원뿔개미(도리미르멕스 부레니)의 선형적 단순함, 금속성추적개미〔모노모리움 비리둠(*Monomorium viridum*)〕의 조밀한 살림살이, 붉은열마디개미(솔레놉시스 인빅타)의 혼란스러운 복잡함, 잎꾼개미〔아타 속(屬)〕 둥지의 거대함(그림 9.2 참조) 등이 그렇다. 그러나 소수를 제외한 대부분의 사람에게 플로리다수확개미(포고노미르멕스 바디우스)는 둥지 건축의 여왕이다. 사람들의 관심을 끄는 여러 특징 중 하나는 실제로 사람 크기의 거대한 둥지를 만든다는 점이다(그림 2.2). 완전히 성숙한 5000~1만 마리의 개미 군락은 사람 키만큼 깊거나, 혹은 그보다 더 깊은(1.8~2.0미터) 둥지를 만든다. 내가 지금까지 발굴한 가장 깊은 둥지는 다른 사람의 어깨 위에 서 있는 사람이 가장자리 너머를 겨우 볼 수 있을 정도로 깊었다(3.1미터). 일반적으로 주물을 파내고 나서 생기는 구덩이 안에서 가장자리 너머를 볼 수 있는 경우는 드물다(그림 3.10).

놀랄 만큼 부피가 큰 경우는 깊이도 깊다. 완전히 성숙한 개미 군락의 둥지 주물을 만들려면 보통 가장 큰 도가니에서 녹인 알루미늄을 가장자리까지 가득 채워야 한다. 내가 발굴한 둥지 중 가장 큰 둥지는 부피가 약 11리터에 달했다. 이 화려한 공간도 유년기의 작은 군락에서 시작한다. 예를 들어, 여덟 마리의 소형 일개미로 이루어진 군락이 자기들 전체 몸집의 약 2000배에 달하는 깊이 30센티미터, 부피 50밀리리터의 둥지를 만들기도 한다. 일개미가 1000마리면 그 몸집을 합친 부피의 150배인 약 1리터, 5000마리면 평균 5리터로 개미들의 몸집을 합친 부피의 125배이며, 깊이는 2~2.5미터에 달하게 된다.

일개미들은 방 가장자리와 통로 끝에 이 많은 양의 모래를 모두 풀어놓는다. 그런 다음, 한 번에 하나씩 펠릿으로 만들어 위쪽으로 운반하여 둥지 디스크 위에 버린다. 일개미는 모래 벽을 물어뜯어 모래알을 느슨하게 풀고, 턱으로 모래알이 몸 아래로 내려올 때까지 뒤로 밀어서, 배를 앞으로 구부려 모래알을 펠릿으로 압축한 다음 집어 들어서 운반한다(그림 4.7). 펠릿은 물의 얇은 막이 알갱이를 서로 달라붙게 하기 때문에 습한 모래에서만 만들 수 있다.

모래의 부피 밀도는 리터당 1.5킬로그램이고, 큰 둥지의 부피는 10리터 정도이므로, 개미는 15킬로그램의 모래를 파내 둥지를 만든다. 개미 천국의 모래 펠릿에는 평균 160개의 모래알이 들어 있고 무게는 약 9밀리그램(개미가 운반하는 무게보다 더 무겁다)이므로, 15킬로

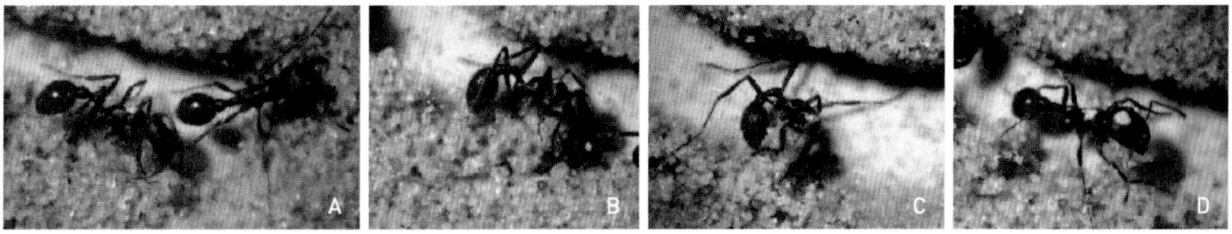

그림 4.7 플로리다수확개미가 토양 펠릿을 만드는 행동 순서. A: 턱으로 깎고 자르기, B: 모래를 뒤로 밀기, C: 몸을 말아서 모래를 펠릿으로 압축하기, D: 펠릿을 턱과 모래손으로 옮기기. 저자 사진.

그램의 모래는 최소 167만 개의 펠릿으로 운반되었으며, 각 펠릿은 지표면까지 한 번 이상 이동되었다고 계산할 수 있다. 둥지 1리터 부피를 만들 때마다 개미들이 펠릿을 운반한 거리는 총 60킬로미터이므로, 이 거대한 둥지를 만들기 위해 필라델피아에서 클리블랜드까지의 거리인 500~600킬로미터를 이동한 셈이다. 다음 장에서 설명하겠지만, 놀랍게도 이 모든 것은 둥지를 옮기는 동안인 4~6일 만에 이루어졌다. 이 개미들의 세계에는 대단하지 않거나 적당한 것이 없다. 그렇지 않다고 생각한다면, 그것은 개미 세계의 규모를 제대로 보지 못해서일 뿐이다.

그러나 둥지의 크기와 작업 노력만큼이나 인상적인 것은 건축물의 아름다움이다(그림 2.2). 지표면 바로 아래인 둥지의 가장 위쪽에는 서로 연결된 터널들이 거대한 레이스 그물망을 이루는데(그림 4.8), 이곳이 둥지에서 수평적으로 가장 넓은 곳이다. 이 복잡성은 깊이가 깊어지면서 면적이 작아지고 단순해진다. 15~20센티미터 깊이에서는 더 이상 그물망 모양의 방들이 아니라 복잡한 잎 모양 둘레를 가진 단일한 방이 있다(그림 4.9). 이 깊이에서도 수평으로 위치한 방들을 연결하는 나선형 통로의 특성이 분명하게 나타나며, 이것은 둥지의 나머지 부분에서 가장 눈에 띄는 특징 중 하나다(그

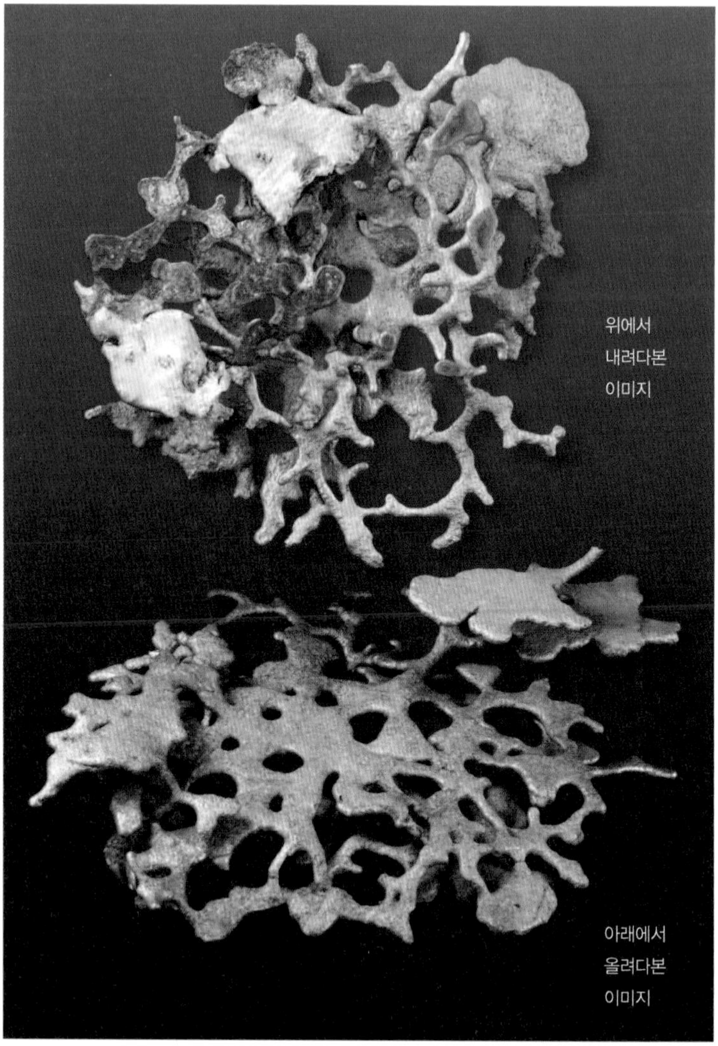

그림 4.8 플로리다수확개미의 방은 지표면 바로 아래에서 약 10센티미터까지 매우 복잡하며, 아마도 가지처럼 수평으로 뻗어나가는 터널이 넓어지고 합쳐져서 형성된 것으로 보인다. 위쪽 이미지는 위에서 찍은 사진이고, 아래쪽 이미지는 아래에서 찍은 사진이다. 녹인 금속이 표면에 노출된 둥지의 두 입구는 위쪽 이미지에서 볼 수 있다. 각 이미지의 오른쪽 위에 있는 첫 번째 단순한 방들에 있는 통로를 주목하라. 저자 사진.

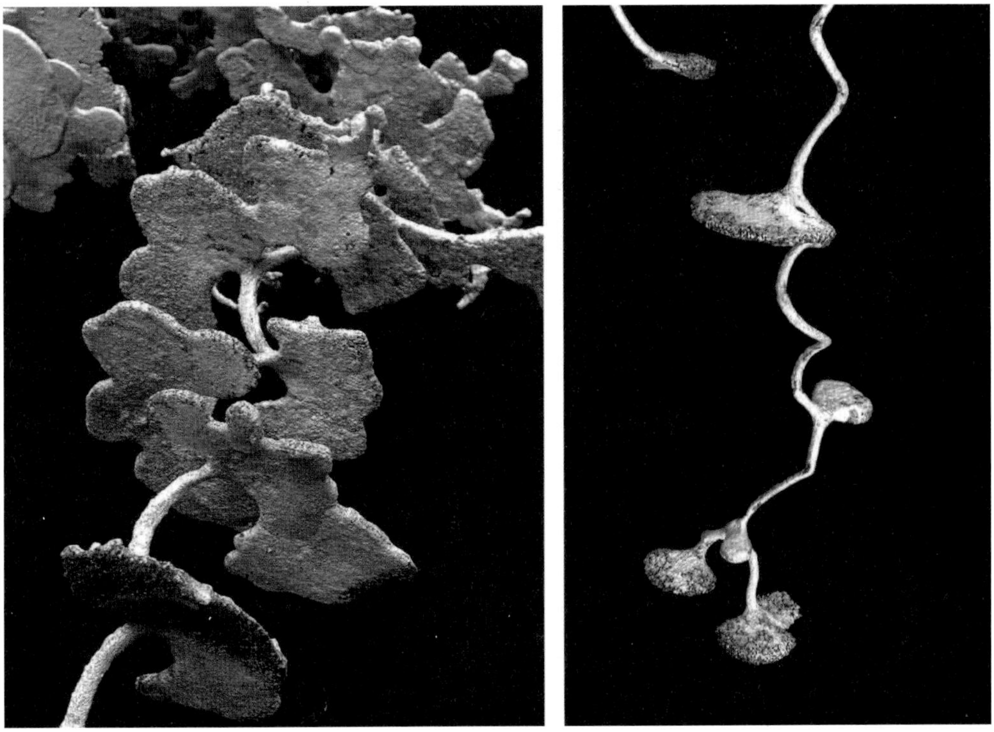

그림 4.9 **왼쪽**: 더 깊은 방은 더 멀리 떨어져 있으며, 덜 복잡하고 더 작은 잎 모양이다. **오른쪽**: 가장 깊은 영역의 방들은 단순한 콩팥 모양이다. 통로의 나선형 구조는 오른쪽 이미지에서 특히 잘 나타난다. 이 나선은 같은 둥지 내에서도 시계 방향 또는 반시계 방향으로 휘어질 수 있다. 저자 사진.

림 4.10). 나선의 방향에 대한 특별한 선호도는 거의 없어 보이는데, 심지어 하나의 둥지 내에서도 때로는 시계 방향으로 휘어지다가 반시계 방향으로 휘어지기도 하기 때문이다. 더 깊어질수록 방은 점점 더 단순해지고, 점점 더 작아지며, 점점 더 멀리 떨어져 있다. 40~50센티미터 깊이에서 방은 단순한 콩팥 모양으로, 나선형 포도나무의 납작한 포도처럼 항상 나선형 통로의 바깥쪽에 연결되어 있다(그림 4.10). 개미의 크기에 걸맞게 방은 바닥에서 천장까지 평균 1센티미터 정도이고, 바닥은 항상 무도장 바닥처럼 완벽하게 수평이며 매

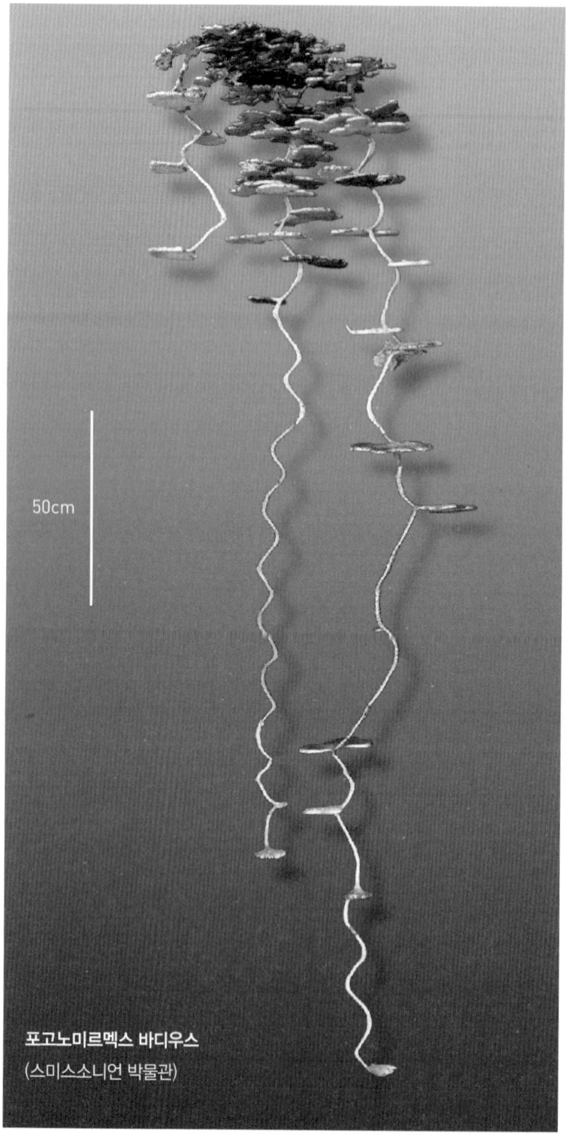

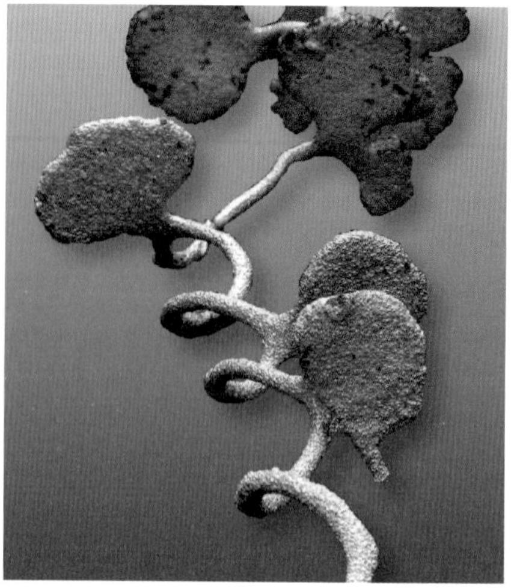

그림 4.10 **왼쪽**: 방이 없는 긴 나선형 통로를 보여주는 수확개미 둥지 주물. 통로의 길이가 다른 것에 주목하라. **오른쪽**: 방은 거의 항상 나선의 바깥쪽에 만들어진다. 저자 사진, Tschinkel (2015a).

끈하다(그림 4.11). 개미는 위·아래·수평에 대한 정확한 지식을 가지고 있는 것이 분명하다. 아마 개미는 매끄러움 또한 느낄 수 있으며, 우리에게는 매끄럽게 보이는 것이 개미에게는 거칠게 느껴질 수

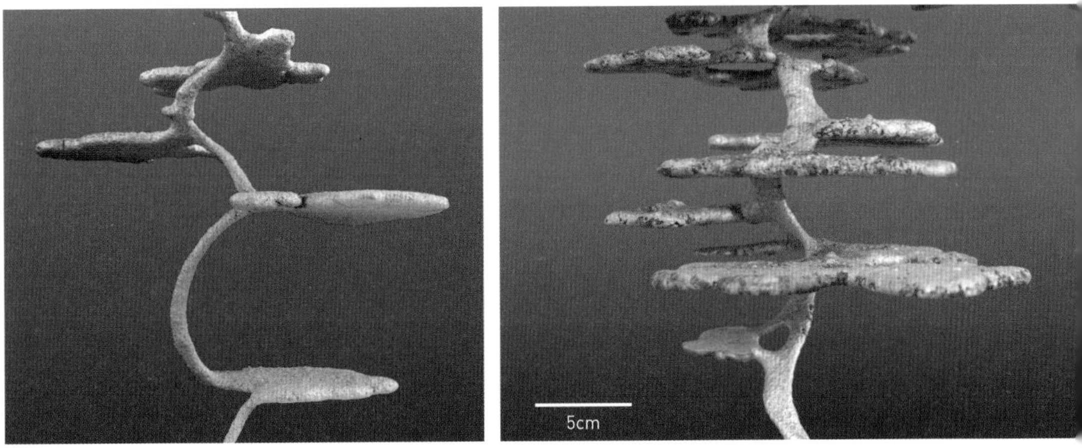

그림 4.11 **왼쪽**: 방바닥은 항상 매끄럽고 완벽한 수평이다. **오른쪽**: 둥지 상부 영역의 통로는 일반적으로 고속도로의 다중 차선처럼 개미들이 더 많이 이동할 수 있도록 넓은 리본 모양이다. 찰스 배드랜드의 사진 중 일부, Tschinkel (2004).

도 있다. 개미의 눈높이에서는 모래와 같은 아주 작은 입자로 이루어진 물질을 매끄럽게 만드는 데는 분명 한계가 있다. 통로 역시 평균 지름이 약 1센티미터다. 지표면 근처에서는 이동량이 많기 때문에, 통로가 더 크고 넓고 납작하며 리본 모양인 경우가 많은데, 이것은 둥지의 다중 차선 고속도로인 셈이다(그림 4.11).

이런 아름다움이 개미들에게 중요할까? 우리가 어떻게 확인할 수 있을까? 과학은 그런 질문을 할 수 없다. 과학은 이 아름다움이 실용적 목적을 가진다고 가정하며, 실제로 옥스퍼드 영어사전에는 아름다움에 대한 다음과 같은 정의가 있다. "그 진정한 우아함, **또는 원하는 목적에 대한 적합도**를 통해 지적 또는 정신적 덕목을 매혹시키는 특성 또는 특성들의 조합……."(강조는 인용자) 즉, 어떤 목적이나 기능에 적합하다는 뜻이다. 개미들은 수직 통로로 이동하면 더 빨리 도달할 수 있고 덜 수고스러울 텐데 왜 나선형 통로를 만드는 것일까? 수직 통로에서 씨앗을 떨어뜨리면 바닥까지 곧장 떨어지기 때문일까? 아마 그럴 수도 있다. 하지만 뒤에서 보겠지만, 대부분의 경우 완벽하게 수직이고 직선인 통로를 이용하는 군락은 불평 없이 그것을 받아들이고 정상적인 간격으로 방들을 장식한다. 그렇다면 개미들은 아름답다는 이유로 나선형 통로를 좋아하는 것일까? 우리는 개미의 건축물이 특정한 실용적 목적을 달성하는 방법을 거의 알지 못하기 때문에, 이 질문은 그저 공중에 붕 떠 있는 상태다. 그렇다고 해서 그 건축물이 그것을 지은 군락에 어떻게 도움이 되는지 알아내려는 노력을 멈추지는 않겠지만, 나는 그냥 두는 것에 만족한다. 과학이 아름다움의 신비를 조금씩 밝혀내고 있긴 하지만, 포고노미르멕스 바디우스의 둥지가 증명하듯 과학자들의 노력에도 밝히지 못한 몇몇 가장자리를 제외하고 신비로움은 여전히 대부분 그대로 남아 있다.

개미의 규모와 둥지의 규모

작은 생물을 연구하면서 얻는 선물 중 하나는 존재의 규모에 대해 인식하게 되고, 규모에 따라 삶이 얼마나 다양한지를 깨닫게 된 것이다. 둥지의 크기와 둥지를 지은 개체군의 크기에 대해 수집한 데이터는 그 규모(크기)와 관련한 이러한 성과의 본질을 생각해보게 한다. 전체 일개미 개체 수와 그 둥지, 개별 일개미와 그 성과, 그리고 개별 일개미와 그 작업 재료와의 관계 등 고려해야 할 몇 가지 규모가 있다.

로즈마리큰머리개미(페이돌리 아드리아노이)는 개미들의 작은 크기를 고려할 때 둥지가 얼마나 인상적으로 깊은지 매우 놀랍다(그림 4.12). 인상적이라는 것에 대한 우리의 판단은 아마도 인간과 작은 Ph. 아드리아노이의 크기 차이가 인간과 훨씬 큰 개미인 포고노미르멕스 바디우스의 크기 차이보다 훨씬 더 크기 때문에 편향된 것일 수 있다. 개미의 크기와 관련하여 부피가 10리터에 깊이가 250~300센티미터인 P. 바디우스의 둥지가 깊이 60센티미터인 Ph. 아드리아노이의 둥지보다 더 인상적일까, 덜 인상적일까? 이러한 관계를 스케일링(Scaling)● 또는 알로메트리(Allometry)●●라고 한다. 즉, 동물의 크기

● 어떤 시스템의 크기가 변화함에 따라 그 시스템의 특성이 어떻게 변화하는지를 나타내는 개념. 예를 들어, 동물의 크기가 증가함에 따라 체중·대사율·힘 등의 특성이 어떻게 변화하는지를 연구하는 것이 스케일링 연구다.

●● 스케일링의 한 종류로, 동물의 크기와 특성 간의 관계를 나타내는 용어. 알로메트리는 일반적으로 두 변수 간의 비율로 표현된다.

그림 4.12 **왼쪽:** 로즈마리큰머리개미(페이돌리 아드리아노이) 둥지의 아연 주물은 왼쪽에서 오른쪽으로 네 번 순차적으로 부어넣어야 했다. **오른쪽:** 조각들이 조립되어 완전한 주물로 완성되었다. 네 개의 복잡한 방은 가느다란 수직 통로로 연결되어 있다. 이 미세한 크기의 둥지는 주조하기 어렵다. 저자 사진.

가 커짐에 따라 측정값이 얼마나 빠르게 커지는지에 대한 관계다. 예를 들어, 사람의 머리는 몸보다 천천히 자라기 때문에 아기는 큰 머리에 짧은 다리를 가진 것처럼 보이고 어른은 상대적으로 작은 머리에 긴 팔다리를 가진 것처럼 보이는 것도 바로 이 때문이다. 또 다른 예로 포유류의 경우 대사율이 신체 크기보다 더 느리게 증가한다. 만약 우리가 쥐와 단위 그램당 대사율이 같다면, 우리는 아마도 정체 공기 속에서 불타버릴 것이다. 힘도 일대일의 비율보다 훨씬 더 천천히 늘어난다. 그래서 우리는 개미의 상대적 힘에 놀라게 된다. 사실 우리가 개미 정도의 크기였다면, 우리도 개미만큼 강할 것이다. 코끼리가 말을 할 수 있다면, 우리의 상대적 힘에 깊은 인상을 받았을 것이며 개미의 힘은 이해하지도 못할 것이다. 어떤 코끼리도 자신의 체중을 들어올릴 수 없지만, 많은 사람이 자신의 체중을 들어올릴 수 있으며, 일개미는 자신의 체중보다 훨씬 더 무거운 물건을 들어올릴 수 있다.

스케일링 원리를 둥지 건축에 적용하면 한 가지 의문이 생긴다. 개미의 크기에 따라 둥지를 파는 능력은 상대적으로 달라질까? 여러 생물학적 측정값은 동물의 크기와 다른 속도로 증가할 수 있다. 따라서 어쩌면 둥지의 상대적 크기는 개미의 상대적 크기로 예상할 수 있을 것이다(그림 4.13). 수년 동안 나는 10종의 개미[1]를 대상으로 이러한 비교에 필요한 데이터(둥지 부피, 일개미 체중, 일개미 수)를 수집해왔다. 예를 들어, P. 바디우스의 일개미는 Ph. 아드리아노이의 일개미보다 체중이 100배 더 무겁고(건조 중량 4밀리그램 대 0.04밀리그램), 둥지의 부피는 600배 더 크고(3000밀리리터 대 5밀리리터), 군락의 수는 15배 더 많고(3000마리 대 200마리), 총 군락의 무게는 1500배 더 무겁

1 *Pogonomyrmex badius, Pheidole adrianoi, Ph. morrisi, Camponotus socius, Aphaenogaster floridana, A. treatae, A. ashmeadi, Odontomachus brunneus, Formica dolosa, F. pallidefulva.*

그림 4.13 **왼쪽:** 로즈마리큰머리개미(*Pheidole adrianoi*)와 플로리다수확개미(*Pogonomyrmex badius*)의 크기 차이는 매우 크다. 길이가 1.4밀리미터 대 6밀리미터이며, 건조 중량은 0.04밀리그램 대 4밀리그램으로 100배 차이가 난다. 두 종을 같은 비율의 크기로 나타낸 사진이다〔에이프릴 노빌(April Nobile)의 사진, AntWeb.org. 저자 수정〕. **오른쪽:** 두 종 모두 동전 위에 있다. 아드리아노이 일개미는 'God' 바로 오른쪽, 'trust' 위에 있다. 저자 사진.

다(12그램 대 0.008그램).

당연히 일개미의 몸집이 큰 개미 종(2~7밀리그램)은 일개미 한 마리당 더 많은 양의 흙을 파낸다(1~4밀리리터). 중간 크기의 일개미(0.5~2밀리그램)는 일개미 한 마리당 0.3~0.5밀리리터를, 작은 일개미(0.04밀리그램~0.2밀리그램)는 일개미 한 마리당 0.02~0.06밀리리터를 파낸다. 간단히 말해, 대형 일개미는 더 많은 공간이 필요하고 더 많은 흙을 파낼 수 있다. 따라서 일개미 한 마리당 파낸 흙의 부피는 둥지 굴착 능력에 대한 공정한 비교가 아니다. 일개미 크기의 영향을 상쇄하려면, 일개미 그램당 파낸 흙의 부피를 비교하는 것이 더 나으며, 이렇게 하면 일개미 크기에 따른 영향을 제거하고 모든 군락을 동일한 크기 기준에서 비교할 수 있다. 이 방법으로 측정하면, P. 바디우스는 일개미 1그램당 약 250밀리리터의 흙을 파내고, Ph. 아드리아노이는 일개미 1그램당 600밀리리터의 흙을 파낸다. 따라서 Ph. 아드리아노이의 작은 둥지가 P. 바디우스의 거대한 둥지보다 상대적으로 더 큰 업적이 된다.

이것은 일개미 단위 무게당 둥지 굴착 능력이 일개미 크기에 따라 감소하며, 작은 개미의 업적이 큰 개미의 업적보다 더 놀랍다는 것을 의미할까? 안타깝게도 내가 연구한 10종의 데이터만으로는 명확한 답을 내리기에 충분하지 않다. 일개미 1그램당 부피는 120~1300밀리리터지만 일개미 또는 군락의 크기와 관련하여 명확한 패턴이 있지는 않다. 10종 중 7종은 1그램당 100~300밀리리터의 흙을 파내고, 3종은 1그램당 500밀리리터 이상의 흙을 파낸다. 물론 이 모두가 매우 높은 수준의 둥지 건설 능력을 나타낸다. 건조 체중 1그램당 300밀리리터의 둥지를 파려면 1만 3000리터, 즉 약 20메트릭톤의 모래를 파내야 한다. 생각만 해도 피곤해진다.

마지막으로, 관심이 가는 또 다른 중요한 규모가 있다. 그것은 개별 일개미가 파내는 토양의 입자 크기와 관련된다. 일개미 개체의 크기가 작아질수록 그 크기는 토양 입자의 크기에 가까워진다. 내가 가장 좋아하는 모래언덕 연구 현장(개미 천국)의 모래 토양에서는 모래 알갱이 하나가 운반할 수 있는 가장 작은 단위다. 이 모래는 석영이기 때문에 같은 부피의 개미보다 무게가 약 2.4배나 무겁다. 따라서 개미 천국의 평균적인 모래알 부피는 개미 한 마리의 절반 정도지만 건조 중량은 1.4배에 달한다. 따라서 평균적인 사람의 경우라면 약 115킬로그램의 돌을 운반해야 하는 셈이다. 적절한 관점에서 생각해보면, Ph. 아드리아노이는 거대한 바위 더미에 둥지를 만드는 것이다(그림 4.14 왼쪽).

일개미의 크기가 커질수록 토양의 상대적인 입자 크기나 거칠기가

그림 4.14 **위 왼쪽**: 둥지를 만드는 모래와 비교한 페이돌리 아드리아노이 일개미의 머리. **위 오른쪽**: 둥지를 파느라 모래 속에 있는 소형 일개미와 대형 일개미. 모래 알갱이의 평균 무게는 소형 일개미보다 1.4배나 무겁다. 따라서 이 개미들은 사실상 바위 더미에 둥지를 만들고 있는 셈이다. **아래**: 색깔 모래에 둥지를 파고 있는 포고노미르멕스 바디우스. 평균적인 모래 펠릿에는 160개의 알갱이가 들어 있다. 일개미는 평균적인 모래 알갱이보다 70배 무겁다. 포고노미르멕스 바디우스보다 페이돌리 아드리아노이의 경우 모래가 훨씬 더 거칠다. 저자 사진.

줄어들므로, Ph. 모리시 일개미(0.18밀리그램)는 평균적인 모래 알갱이 무게보다 약 3배, P. 바디우스 일개미(4밀리그램)는 약 70배 더 무겁다. 효율적으로 운반하기 위해서, 대부분의 개미는 여러 개의 축축한 흙 알갱이로 펠릿을 만든다. 예를 들어, 평균적인 P. 바디우스의 펠릿은 160개의 알갱이로 이루어져 있고 무게는 9밀리그램으로, 이것을 운반하는 일개미 무게의 2배 이상이다(그림 4.14 아래). 개미가 펠릿 크기를 최적화하는지 여부는 아직 밝혀지지 않은 문제다.

인간은 당연히 '규모 우월주의자'다. 우리는 제한적이지만 개미의 세계보다 훨씬 더 큰 규모의 세계에 살고 있다. 나는 개미의 업적을 인간의 규모에 연관시키려 노력했지만, 이는 궁극적으로 중요한 점을 놓치는 것이다. 왜냐하면 개미의 업적과 인간의 업적은 모두 규모에 의존하기 때문이다. 만약 우리가 개미와 같은 크기라면 개미의 업적은 우리에게 평범해 보일 것이고, 우리는 문제없이 개미에게 맞설 수 있을 것이다.

이제 우리는 개미가 만들어내는 완성품과 그 성취 규모에 대한 여러 가지 예를 알게 되었다. 하지만 개미는 어떤 과정을 통해 둥지를 파는 것일까? 단순히 기초 둥지를 확장하는 것일까, 아니면 새로운 둥지를 파서 그 안으로 이동하는 것일까? 이러한 과정은 어떤 시간대에 일어날까? 다음 장에서는 플로리다수확개미를 중심으로 이러한 과정과 속도에 대해 알아볼 것이다.

05

이사

개미는 둥지를 파는 데 너무 많은 시간과 노력을 들이기 때문에, 그 안에서 오랫동안, 심지어 군락의 전체 수명 동안 사는 것이 합리적으로 보인다. 실제로 개미 연구사에서 오랫동안 개미 군락은 식물처럼 한곳에 어느 정도 영구적으로 뿌리를 내리고 사는 것으로 여겨져왔다. 생태학자들은 개미 군락의 식물 같은 특성을 지적하기도 했다. 즉 한 장소에 정착하여, 이웃과만 상호작용하며, 고정된 이웃으로부터 모든 자원을 구하고, 식물처럼 모듈(일개미 또는 잎/줄기)을 추가하여 성장하고 모듈을 제거하여 수축한다. 마지막으로 개미는 '번식체'(씨앗 또는 짝짓기한 여왕개미)를 내보내 번식한다. 이러한 비교가 흥미롭지만, 1980년대 초까지의 과학 문헌을 검토해보면 개미 군락은 이전에 생각했던 것보다 훨씬 고정된 공간에 있지 않았다.

속이 빈 나뭇가지, 도토리, 견과류, 썩은 통나무와 같이 미리 만들어진 구멍에 사는 개미의 경우, 둥지의 부패가 더 나은 공간으로 이사하는 그럴듯한 이유로 보인다. 이 개미들에게 잦은 이사는 놀랄 일이 아니며, 시간이 거의 들지 않고 위험을 감수할 필요도 없다. 결국 숲에는 속이 빈 나뭇가지, 빈 씨앗 꼬투리 및 다른 이용 가능한 구멍이 가득하기 때문에, 개미 군락은 둥지가 부패해가는 것을 참을 필요가 없다. 이러한 둥지 이동은 실험실에서 쉽게 연구할 수 있다. 둥지 덮개를 걷어내고 당황한 개미들이 제시된 대체 둥지들 중 하나를 선택하는 모습을 관찰하면서 개미들이 어떤 선택을 하는지, 얼마나 빨리 이사하는지, 어떻게 이사를 조직하는지 관찰하기만 하면 된다. 이렇게 해서 우리는 개미들의 이사와 개미들이 필요한 결정을 내리는 방법에 대해 많은 것을 알 수 있었다.

하지만 흙 속에 둥지를 파느라 엄청난 노동력을 들인 개미들의 경우, 이와 같은 이유들을 떠올리기가 힘들다. 그런데도 개미들은 새로운 둥지를 파는 데 다시 한번 엄청난 시간과 노력을 투자하고, 지상으로 이동하는 동안 포식·건조·과열 등의 위험에 노출되는 것을 감수하면서 이사한다. 아주 드물기는 하지만 거대한 잎꾼개미 군락(아타 속, 아크로미르멕스 속)도 거대한 둥지를 버리는 것으로 알려져 있다. 연구 대상이 된 개미 종 대부분의 경우, 이러한 이사에 대한 명백한(또는 명백하지 않은) 이유는 없지만, 개미들이 이사한다는 점을 감안하면, 자연선택에 의해 이러한 이사를 선호하기 때문에 개체군에서 이러한 행동을 지속한다고 가정할 수밖에 없다.

수확개미 군락은 자주 이사한다

1980년대 중반에 플로리다수확개미 군락의 발달과 계절별 자연사를

그림 5.1 플로리다수확개미는 자주 이사하지만, 대체로 멀리 가진 않는다. 비워진 둥지의 숯 디스크는 수개월 또는 수년 동안 '유령'처럼 보인다. 현재 살고 있는 둥지는 왼쪽에 있다. 저자 사진, Tschinkel (2014).

연구하기 위해 그들의 서식지를 파헤치기 시작했을 때, 나는 이미 그들 군락이 자주 이사한다는 사실을 알고 있었다. 이전에 깃발을 꽂아두었던 둥지를 방문하면 바람과 물에 의해 얇아지고 흩어진 숯 디스크의 초라한 흔적만 남아 있곤 했다(그림 5.1). 모래 알갱이나 쓰레기를 굴리면서 분주하게 돌아다니는 개미는 보이지 않았다. 개미들이 죽었을까, 활동하지 않는 상태일까, 단순히 이사한 것일까? 간단한 정찰을 통해 종종 근처에서 숯이 가득한 새로운 디스크를 발견하게 되고, 활기찬 개미 군락이 일상적 업무를 수행하고 있는 모습을 보게 된다. 다른 모든 이웃 군락들은 이전에 표시했던 위치에 있었기 때문에, 표시가 되지 않았지만 사용 중인 둥지와 표시가 되어 있지만 버려진 둥지는 둘 다 동일한 군락의 것이고 군락이 이사했다는 명백한 증거다.

이사의 이유가 무엇이든, 이사는 둥지 건축을 맨 처음부터 연구할 수 있는 기회를 제공한다. 포고노미르멕스 바디우스의 아름답고 복잡한 전체 둥지 건축과 둥지 내 내용물의 배열은 군락이 이전 둥지에서 새 둥지로 이사하면서 단 며칠 만에 만들어진다. 이 이사는 군락의 전체 수명에서 단 한 순간을 소모할 뿐이다. 군락이 자유롭게 이사할 수 있다는 특성은 둥지 건축을 연구하는 데 훌륭한 주제(대상)가 된다. 둥지는 기초 둥지를 서서히 확장한 결과물이 아니라 군락이 지속되는 동안 계속 만들어진다는 것을 알 수 있다. 따라서 둥지 이사에 대한 연구는 둥지 건축뿐만 아니라 개미 생물학의 다른 측면들을 이해하기 위한 출발점이다.

군락은 이사할 것이라고 명백히 예고하지 않기 때문에, 특정 군락이 언제 이사할지 예측하기는 불가능하다. 따라서 이사를 연구하기에 충분한 표본을 얻으려면 전체 군락을 추적하여 이동 중인 일부 개체를 포착할 수 있어야 한다. 나는 이미 개미 천국에서 포고노미르멕스 바디우스 개체군에 많은 시간과 노력을 투자했기 때문에, 이 개체군을 선택하는 것은 당연한 일이었다. 과학 분야의 많은 프로젝트가 그렇듯이, 나는 이야기를 거꾸로 전달하고 있다. 둥지 이사의 원리를 연구하겠다는 생각을 가지고 이 프로젝트에 가장 적합한 개미로 포고노미르멕스 바디우스를 선택한 것이 아니다. 사실 개미 천국에서 포고노미르멕스 바디우스가 자주 이사하는 것을 보고 이 프로젝트에 대한 아이디어를 처음 얻게 된 것이다.

개체 수 추적

개체 수 연구의 첫 번째 단계는 23헥타르에 달하는 이 지역의 각 군락에 번호, 즉 정체성을 부여하는 것이다. 2010년에 개미 천국의 '심장부'를 조사한 결과 200개 이상의 군락을 발견했으며, 각 군락에는 아팔라치콜라 국유림에서 주기적으로 실시되는 소각에도 견딜 수 있도록 철제 기둥에 알루미늄 태그를 부착하여 표시했다. 2011년에는 조사 대상 지역을 개미 천국 전체로 확장하여 400~450개의 번호가 매겨진 군락 목록을 만들었다. 처음에 표시된 군락 중 상당수가 10년이 지난 지금 이 글을 쓰는 동안에도 여전히 존재한다.

개미의 이사를 연구하는 데 지도가 필수적인 것은 아니었지만, 지도를 통해 데이터를 공간적으로 분석하여 각 군락이 어느 방향으로 얼마나 멀리 이사했는지뿐만 아니라, 가까운 이웃과 먼 이웃 등 주변 환경과의 관계도 파악할 수 있었다. 이 단계에서 GPS 기술이 도움이 되었다. 나는 eBay에서 새 제품 가격의 4분의 1도 안 되는 (놀라운) 가격으로 중고 Trimble GeoXT GPS 수신기를 구입했다. 이 장치는 지구상의 위치를 50센티미터 내외로 정확하게 지정할 수 있기 때문에 충분히 제 역할을 해냈다. 매초 위치를 기록하도록 GPS를 설정하고, 이 측정값을 몇십 개씩 누적하면 정확도와 시간 사이에서 합리적 절충안을 찾을 수 있었다. 계산된 평균 위치는 실제 위치와 몇 미터 차이가 나고, 이 오차는 시간에 따라 달라질 수 있지만, 이마저도 위도와 경도가 1~2센티미터 이내로 알려진 인근 '기지국'을 참조하여 보정할 수 있었다. 기지국 데이터는 온라인에서 확인할 수 있는데, 예를 들면 2011년 5월 14일 오후 3시 25분에 위성들이 기지국 위치를 실제 위치에서(위도 및 경도 기준으로) 북동쪽으로 1.6미터 차이 나게 보고했다. 이 오차는 내 군락 위치에도 적용되었으며, 이것을 수정하려면 단순히 수신기에서 보고된 위치에서 위도/경도 오차를 빼기만 하면 되었다. 그 결과, 지름 1만 2756킬로미터이며 완벽한 구가 아니라 회전에 의한 원심력으로 약 43킬로미터가 평평해진 지구의 표면에서 내 군락 대다수는 50센티미터 이내 정확도로 위치가 확인되었다.

전체 개체군에 번호를 매기고 정확한 위치를 파악했기 때문에, 둥지 이사를 추적하는 것은 적어도 원칙적으로는 간단했다. 각 군락을 주기적으로 방문하여 이사 여부와 위치를 파악하기만 하면 된다. 만약 이사를 했다면, 우리는 디스크 지름과 새로운 위치를 GPS에 기록하고, 번호가 매겨진 태그와 깃발을 새로운 위치로 옮겼다. 우리는 1년에 5~7회 각 군락을 확인하는 루틴을 정했는데, 이것은 관찰된 둥지 이사 빈도에 충분한 횟수였다. 방문할 때마다 둥지가 활동 중인지 아닌지, 이사했는지 안 했는지, 아직 기록되지 않은 새로운 둥지인지 여부를 기록했다. 이를 통해 이사에 대한 자세한 정보를 얻을 수 있었다(이것을 군락 수명 추정에도 사용했다. 8장 참조). 6년 동안 나의 현장 조수인 훌리오 도밍게즈, 니콜라스 핸리(Nicholas Hanley), 타일러 머독, 닐 조지(Neal George)는 개미 천국의 상쾌한 숲을 돌아다니면서 자신들이 종종 개미들의 번호, 위치, 습성 등을 기억하고 있는 군락 방문을 항상 고대했다.

또 다른 위성 기반 기술을 통해 우리는 마치 하늘에서 본 것처럼 개미 천국의 실제 이미지 위에 군락 위치를 표시할 수 있었다. 정확한 GPS 위도와 경도를 구글 어스에 장소 표시로 추가하여 개미 군락을 한눈에 볼 수 있게 했다(그림 5.2). 각 조사는 구글 어스에 '레이어'로 추가되었고, 군락 기호는 크기, 조사 날짜, 그리고 내가 인내심을 발휘할 수 있는 모든 것에 맞춰 표시되었다. 레이어는 켜거나 끌 수 있었다. 각 조사의 출력물을 사용하면 다음 조사에서 검색이 더 쉬워졌다. 일단 군락을 발견하면 선을 그어 표시했기 때문에, 누락된 군락은 없었다.

따라서 잠수함에서 발사되는 핵미사일을 정밀하게 조준하기 위해 처음 설계된 수십억 달러짜리 이 시스템 덕분에, 이제 우리는 각각의 군락 위치를 다가오는 대륙간탄도미사일(ICBM)처럼 정확하게 찾

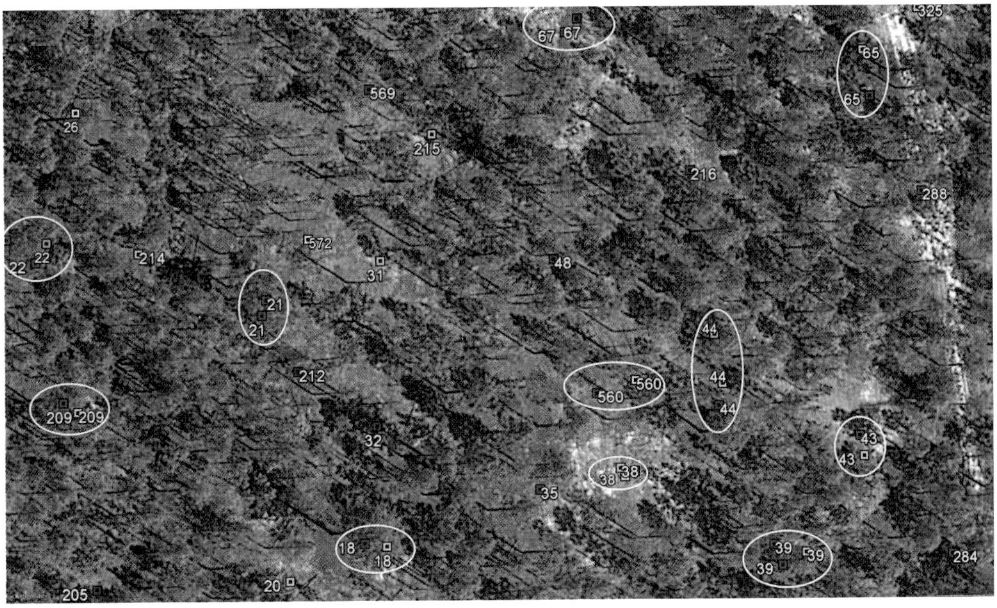

그림 5.2 2013년의 군락 위치를 보여주는 구글 어스의 개미 천국 일부분. 각기 다른 색상 기호는 다른 조사에서의 위치를 나타낸다. 타원은 2013년에 이사한 군락의 위치다. Tschinkel (2014).

아내 지도화할 수 있게 되었다(실제로는 더 정확하다).

언제, 어디서, 얼마나 자주 이사할까

그래서 우리는 무엇을 알게 되었을까? 무엇보다 가장 분명한 것은 군락이 많이 이사한다는 사실이다. 모든 것을 종합해볼 때, 모든 군락이 가만히 있지 못하지만, 일부 군락은 다른 군락에 비해 확실히 더 가만히 있지 못한다. 느긋한 군락들 경우에는 3년에 한 번만 이동하는 군락이 있었고, 신경질적인 군락들 경우에는 여름 한 철에 네 번이나 이사하는 군락도 있었다. 이러한 '성격'(일관된 차이를 나타내는 최신 유행하는 용어) 차이는 내가 발견할 수 있는 어떤 특성과도 관련이 없었다. 모든 군락의 평균 이사 횟수는 1년에 한 번 정도였다(2012년 0.72회, 2013년 1.15회). 새로운 둥지를 파고 그곳으로 이사해야 하는 수고로움 때문에 군락들은 그 일이 가치 있도록 충분히 먼 거리를 이동하리라 생각할 수 있지만, 이는 잘못된 생각이다. 게으른 군락 중에는 1미터 정도만 이동한 군락도 있었는데, 기존 디스크 가장자리에 서 있는 개미가 볼 수 있을 정도로 아주 가깝게 새 둥지를 파기도 했다. 좀더 활동적인 군락 중에는 10미터 이상 떨어진 곳에 새 둥지를 마련하는 몇몇 군락이 있었다(최대 40미터까지 이동하기도 했는데, 이는 인간이 8킬로미터, 즉 뉴욕 센트럴파크를 왕복하는 것과 같은 거리다). 하지만 모든 군락의 평균 이사 거리는 불과 4미터로, 이는 가볍게 거리를 걷는 것과 비슷한 수준이다.

선호하는 이사 방향이 있을까? 개체군을 전체적으로 볼 때, 군락은 무작위 방향으로 이사했다. 그렇다고 해서 개별 군락이 반복적으로 이사하기 좋아하는 방향이 없다는 의미는 아니다. 그럼에도 불구하고 개별 군락은 연속적으로 이사할 때마다 무작위 방향으로 지그재그로 이동했기 때문에, 군락이 더 많이 이사할수록 원래 위치에 가까워졌다. 즉, 군락은 브라운 운동•처럼 한 점 주위를 무작위로 움직이고 있었다. 2년에 한 번만 이사하는 군락은 시작 지점에서 약 4미터 떨어진 곳에 위치했지만, 2년에 여섯 번 이사하여 총 30미터를 이동한 군락은 시작 지점에서 1미터도 떨어지지 않은 곳에 위치했다. 이것은 개미들이 무언가를 피하거나 가까이 가기 위해 이사한 것이 아니라, 아직 밝혀지지 않은 다른 이유로 이사한 것임을 암시한다.

• 액체 혹은 기체 안에 떠서 움직이는 작은 입자의 불규칙한 운동.

개미들의 이사는 계절에 크게 좌우되었다. 11월부터 5월 하순 사이에는 이사하는 군락이 거의 없었지만, 6월 중순부터 본격적으로 이사가 시작되어 7월과 8월에는 매일 약 1퍼센트의 군락이 이사하고, 이 두 달 동안 25~35퍼센트의 군락이 이사하는 등 정점을 찍었다. 이 시기에 개미 천국을 거닐다 보면 이사 중인 하나 이상의 군락을 늘 발견할 수 있으며, 이전 둥지와 새 둥지를 연결하는 길에서 양방향으로 빠르게 움직이는 일개미들의 행렬을 항상 볼 수 있었다.

왜 이사할까

그렇다면 개미들은 왜 이렇게 자주 이사하는 것일까? 더 나은 동네를 찾는 것일까? 현재 사는 집에 비해 군락이 너무 커져서 더 큰 집이 필요한 것일까? 성가시고 귀찮은 손님이 있어서, 그들을 남겨두고 떠나려는 것일까? 둥지가 끔찍한 질병으로 오염되고 있거나 쓰레기로 가득 찬 것일까?

군락이 더 좋은 이웃을 찾기 위해 이사한다는 것은 가능성이 낮아 보인다. 개미 둥지는 4미터만 이동하지만, 가장 가까운 이웃은 16미터, 그다음 이웃은 18미터 떨어져 있다. 개미 둥지는 사실 사방이 이웃으로 둘러싸여 있으며, 이웃의 영역을 통과하는 것은 나폴레옹이 러시아로 진군하는 것과 같을 것이다. 이것은 좋은 생각이 아니다.

아마도 개미들만 아는 이유로 개미 천국의 일부 지역은 다른 지역보다 정착 생활에 더 도움이 되는지도 모른다. 벌목·식목·화재 등 다양한 관리 이력의 결과로 일부 지역은 실제로 캐노피 범위,● 수종 구성, 쓰레기 밀도가 다르다. 그런데도 이들 블록 간의 이동

● 식물 군락에서 수관(canopy)을 구성하는 잎이나 가지 등의 면적이 차지하는 비율.

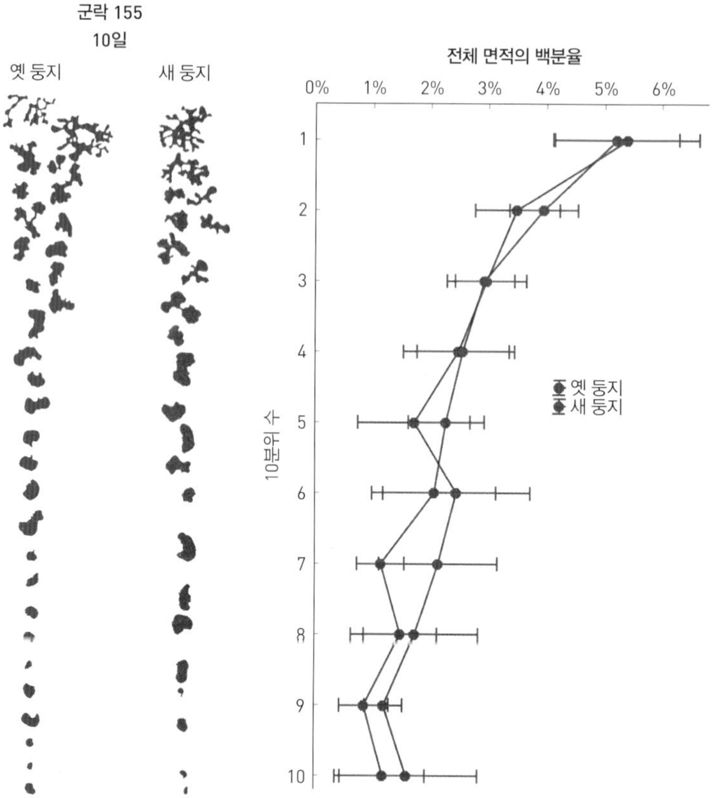

그림 5.3 개미가 이사하는 동안 새로 짓는 둥지는 이전 둥지와 매우 유사하다. **왼쪽**: 이전 둥지의 방 윤곽을 파란색으로, 새 둥지(10일 후)의 방 윤곽을 빨간색으로 표시한 예시다. **오른쪽**: 여러 둥지에 대해 평균을 낸 깊이별 방의 면적 분포(둥지의 '모양')는 이전 둥지(파란색)와 새 둥지(빨간색)에서 비슷하다. Tschinkel (2014)에서 수정.

비율에는 차이가 없었다.

어쩌면 군락이 커져서 개미들에게 더 큰 둥지가 필요한 것일까? 이 가설을 확인하기 위해, 우리는 이사하고 1~2주 후에 기존 서식지(현재는 비어 있음)와 새로운 서식지를 모두 파내어 조사하고 지도를 만들었다. 새 둥지는 이전 둥지와 매우 흡사했다(그림 5.3). 조금 더 작고 그리 깊지 않았지만, 개미들은 그 둥지에서 여전히 일하고 있었다. 방·개미·유충·씨앗의 수직 분포는 이전 둥지와 비슷했고, 둥지의 '모양'도 비슷했다. 따라서 더 큰 둥지가 이사하게 만든 자극제는 아니었을 것이다. 어쨌든 크기가 문제라면 개미들은 집에 침실을 하나 더 추가하는 것처럼 기존 둥지를 간단히 넓힐 수 있다.

귀찮은 손님을 피하려는 것도 그리 타당한 이유로 보이지 않는다. 둥지로 돌아오는 일개미의 먹이를 훔치는 알레쿨리드딱정벌레 유충은 귀찮은 존재일지도 모른다. 하지만 개미를 잡아먹는 거미와 노린재류는 이동성이 매우 뛰어나 둥지 안에서 살지 않는다. 씨앗 저장실에 많이 서식하는 톡토기는 곰팡이를 먹고, 거미(마손쿠스 포고노필루스)는 톡토기를 먹는다. 귀뚜라미와 좀은 청소 벌레로 개미에게는 거의 문제가 되지 않는다. 게다가 이 손님들 중 상당수는 스스로 이동하거나 씨앗이나 개미를 타고 새 둥지로 함께 이사하는 것으로 보인다. 따라서 이 가설도 설득력이 떨어진다.

오염, 질병 또는 기생충 문제가 남지만, 이 가설은 검증되지 않았다. 오랫동안 점유한 둥지의 상부 바닥은 종종 (아마도) 곰팡이 균사체로 뒤덮인 검은색 매트에 마치 모래를 제거 가능한 시트처럼 깔아둔 검은색 리놀륨 바닥처럼 보이기도 한다. 그러나 이 매트가 어떤 식으로든 병원성이 있거나 해롭다는 증거는 없다. 개미는 어둠 속에서는 볼 수 없기 때문에, 검은색 바닥을 싫어하지는 않을 것이다. 하지만 실험이 완료되기 전까지 위생적 측면은 여전히 타당한 가설로 남아 있다.

개미의 세계는 우리의 세계가 아니기 때문에, 우리가 생각지도 못한 많은 이유가 있을 수 있다. 이러한 믿음이 연구를 자극하기 때문에, 우리는 항상 이유가 있을 것이라고 확신한다. 우리는 우리가 상상한 가설만을 테스트할 수 있기 때문에, 늘 질문 주위를 맴돌게 된다. 결국 우리는 만족할 만한 이유를 찾아내고, 그 이유를 포기할 만한 설득력 있는 증거가 나올 때까지 그 이야기를 고수한다. 그리고 그 이야기가 정말 좋다면 포기하기는 정말 어려울 것이다. 현재로서는 자주 이사하는 것에 장기적 이점이 있다고 가정할 수 있지만, 그 이점이 무엇인지는 알지 못한다.

● 생물체가 생존하고 번식하는 데 있어서의 성공 가능성.

이사 비용

새 둥지를 파고 그 안으로 이사하는 데 드는 에너지·시간·위험은 어느 정도 대가를 치러야 하며, 자연선택을 통해 치른 대가를 알아내려면 손실된 적합도(fitness)●를 측정할 수 있어야 한다. 개미 군락의 경우, 이것은 유능한 생식 개미(새로운 군락을 찾는 것이 목표인 날개 달린 암개미와 이 암개미와 짝짓기하는 것이 목표인 날개 달린 수개미)를 더 적게 또는 덜 생산하는 것을 의미하지만, 이것은 측정하기 어렵다. 그리고 우리 역시 아직 측정하지 못했다. 우리가 할 수 있는 최선의 방법은 군락 크기를 적합도의 지표로 사용하는 것이다. 왜냐하면 평균적으로 큰 군락일수록 짝짓기를 더 많이 하기 때문이다. 그러나 군락 크기는 디스크 면적을 통해 간접적으로 측정하는데, 이 면적은 군락의 개미 수와 밀접한 상관관계가 있기 때문이다. 만약 적합도 비용이 있다면, 더 자주 움직이는 군락의 디스크 면적은 덜 움직이는 군락에 비해 더 적게 커지거나 심지어 더 많은 면적을 잃어야 한다. 실제로 초기 디스크 면적을 고려하면, 연구 기간인 2년 동안 얼마나 변했을까?

여기서 복잡한 문제는 일개미 수가 약 2500마리 이하인 대부분의 작은 군락은 성장하는 경향이 있는 반면에, 더 큰 군락은 크기가 줄어드는 경향이 있다는 것이다. 따라서 질문을 좀더 세분화해야 한다. 자주 이사하는 군락이 덜 이사하는 군락보다 크기가 더 많이 줄어들까? 정답은 '그렇다'이다. 한 번만 이사하거나 전혀 이사하지 않은 군락은 디스크 면적의 0~50퍼센트를 잃은 반면에, 2~4회 이사한 군락은 약 80퍼센트를 잃었다. 이러한 크기 손실은 군락이 생식 개미를 생산하는 능력, 즉 적합도가 감소했음을 의미한다. 물론 이사의 다른 상관관계가 이러한 크기 손실에 영향을 미쳤을 수도 있다.

이사 과정

이사에 대해 정량적으로 설명하는 것은 매우 간단하긴 하지만, 단 한 명의 과학자가 할 수 있는 것보다 더 많은 시간을 투자해야 한다. 인내심이 강한 내 직원 닐 조지는 계수기를 가지고 일개미의 이동 경로 옆에 앉아서 각 방향으로 이동 경로의 한 지점을 지나가는 일개미 수와 씨앗, 유충 또는 숯을 운반하는 일개미 수를 2분 단위로 세어야 했다. 그는 오전 9시에 둥지가 활동하기 시작할 때부터 오후 6시 또는 7시에 둥지가 활동을 멈출 때까지 한 시간에 여러 차례 이 작업을 수행했다. 그런 다음 더 많은 데이터를 수집하기 위해, 근처에 있는 세 개의 군락을 같이 방문하여 개미들의 이동 경로 활동을 세었다. 이와 동시에 적외선 온도계로 이동 경로의 토양 표면 온도를 측정했다.

그림 5.4 일개미들은 때때로 이사 중에 눈에 띄는 이동 경로를 정리했지만, 대부분의 이사는 그러한 경로 정리 없이 진행되었다. 기존 둥지는 위가 숯으로 덮인 디스크이고, 새 둥지는 갓 파낸 모래 디스크다. 저자 사진, Tschinkel (2014).

그래서 무엇을 알아냈을까? 가장 분명한 사실은 둥지 이사가 빠르고 조직적으로 이루어진다는 것이다. 이제 막 이사하기 시작한 둥지는 둥지 입구 주변의 신선한 모래로 된 작은 디스크와 부모 둥지와 약하게 양방향으로 연결된 이동 경로를 통해 알아볼 수 있었다. 이사는 대부분 채집 개미들에 의해 시작되었다. 우리가 새 둥지를 파는 일개미들을 형광 프린터 잉크로 표시한 결과, 이사가 완료되고 다시 확인했을 때 그들 대부분이 일개미 중 가장 나이가 많은 채집 개미들이었다.

이사가 진행되면서 이동 경로를 따라 통행하는 양이 늘어나고 굴착이 활발하게 진행되면서 디스크가 커졌다. 어떤 경우에는 일개미들이 눈에 띄는 흔적을 지우기도 했다(그림 5.4). 이사는 대부분 4~6일 만에 완료되었으며, 이 기간에 이동 경로 활동은 모두 비슷한 진행 경과를 보였다. 즉, 천천히 시작하여, 중간에 높은 강도에 도달하고, 이사가 끝나갈 무렵 일정 수준으로 유지되었다(그림 5.5). 이사가 끝났을 때 몇 마리의 버림받은 개미들이 길 잃은 영혼처럼 낡은 둥지 주위를 돌아다녔지만, 사실상 모든 둥지 동료들이 떠난 뒤였다.

개미들은 일과 습관을 엄격하게 지키기 때문에, 이동 경로 활동

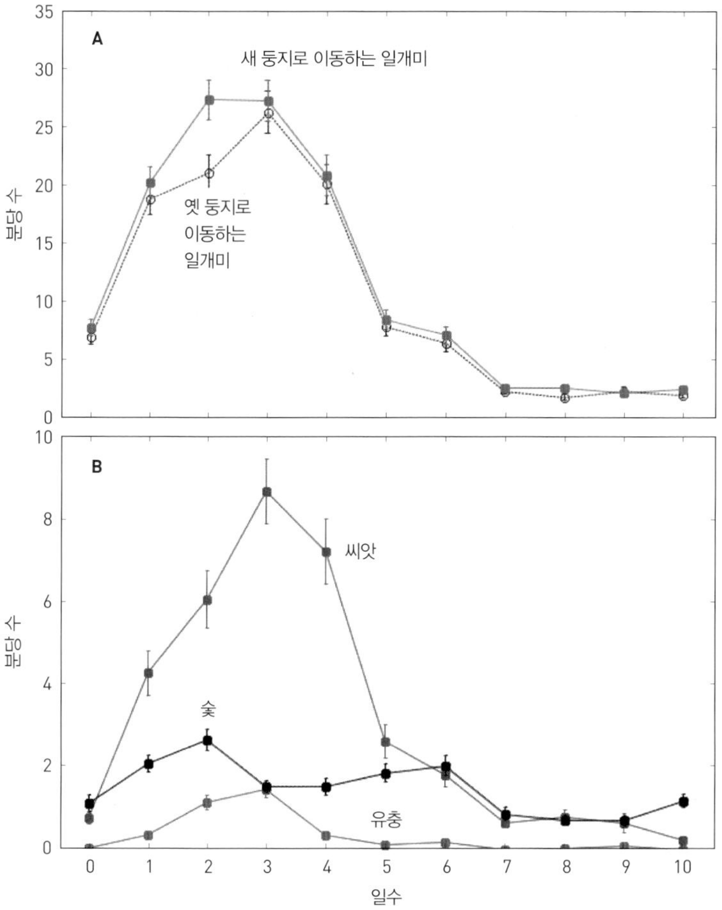

그림 5.5 A: 새 둥지로 이동하는 평균 일개미 수는 그 반대 방향보다 거의 항상 약간 더 많았으므로 군락은 새 둥지에 서서히 많아지게 된다. B: 씨앗과 유충의 운반은 일반적으로 일개미의 이동과 비슷하게 이루어지지만, 숯은 늦게 옮겨지는 경향이 있다. 이 두 그래프에서 Y축 눈금의 차이에 주목하라. Tschinkel (2014)에서 수정.

과 둥지 굴착은 오전 8시 30분부터 시작되어 일개미들이 밤을 보내기 위해 기존 둥지와 새 둥지를 모두 닫는 오후 6시 또는 7시에 중단되었다. 더운 날에는 표면 온도가 섭씨 45~50도, 때로는 65도까지 치명적인 수준으로 올라가기 때문에, 한낮에 몇 시간 동안 이동 경로 통행을 중단하기도 했다. 폭우로 인해 이동 경로가 폐쇄되기도 했지만, 비가 가볍게 오는 경우에는 그렇지 않았다.

이동 경로 활동의 일일 패턴은 계절에 따라 바뀌었다. 매우 맑고 더운 6월에는 이른 아침에 활동이 가장 많았고, 가장 더운 한낮에는 적었으며, 늦은 오후에 다시 늘어나다가 밤에 멈췄다. 흐린 7월에는 한낮의 감소가 두드러지지 않았고, 비가 내리는 8월과 선선한 날씨가 이어지는 10월에는 오전 활동이 주를 이뤘다.

둥지 크기가 커지면서 군락은 점차 새 둥지로 이동한다. 이 과정은 양방향 통행으로 이루어지며, 새 둥지를 향해 가는 일개미 비율이 반대 방향으로 가는 일개미 비율보다 약간 더 높다(그림 5.5). 통행량이 일정 기간 한 방향으로 치우칠 수 있지만, 관찰 결과 분당 평균 12.4마리의 일개미가 새 둥지로 이동하고 반대 방향으로는 11.2마리가 이동했다. 새 둥지로 이동하는 통행량이 평균을 살짝 초과하면서 새 둥지가 커지며 채워지고, 기존 둥지는 서서히 비워졌다. 전체 이동을 합산하면, 일개미는 기존 둥지에서 새 둥지로 평균 3만 2100회 이동했고, 새 둥지에서 기존 둥지로 2만 8400회 이동했다. 이사하는 동안 기존 둥지에서 새 둥지로 3800번의 추가 이동은 대체로 개미 천국의 평균 군락 크기와 일치했다. 평균적인 둥지에는 단지 3000~4000마리의 일개미가 있었기 때문에, 각 일개미는 여러 번 이동한 것이 분명했다.

씨앗·유충·숯은 늘 기존 둥지에서 새 둥지로 옮겨졌으며, 그 반대는 거의 없었고, 항상 일개미의 이동 속도보다 훨씬 느린 속도로 옮겨졌다. 이것은 대부분의 일개미가 무거운 짐 없이 이동했음을 나타낸다(그림 5.5). 유충 운반 추정치는 특히 낮았는데, 이것은 아마도 유충이 한꺼번에 대량으로 운반되어, 우리가 표본 조사에서 종종 놓치기 때문일 것이다.

왜 각 일개미가 기존 둥지에서 새 둥지로 무언가를 운반하면서 한 번 정도만 이동하면 되는 간단한 방식을 선택하지 않는 것일까? 왜 이렇게 많은 노력과 에너지, 시간을 들이면서 거의 80퍼센트의 일개미가 빈손으로 여러 번 이동하는 것일까? 왜 일개미들은 반복적으로 위험에 노출되는 것일까? 결국 일개미들은 씨앗·유충·숯을 기존 둥지에서 새 둥지로 한 방향으로만 운반한다. 왜 일개미들은 한 방향으로, 또는 최소한의 횟수로만 이동하지 않는 것일까? 일개미들은 씨앗을 옮길 때 11회, 숯을 옮길 때 10회, 유충을 옮길 때 39회 이동한다.

양방향 통행이 거의 동일해지면 어떤 이점이 있을까? 우선 이동 속도를 통제하기가 간단해지고, 새 둥지의 크기에 대한 커뮤니케이션이 필요 없어질 수 있다. 기존 둥지에 있던 일개미가 새 둥지에 충분한 공간이 있다는 '정보'를 받은 경우에만 새 둥지로 이동한다고 상상해보자. 이렇게 하려면 일부 일개미들이 새 둥지 전체를 측정한 후 돌아와서 어떻게든 이 정보를 기존 둥지에서 대기 중인 일개미들에게 전달해야 한다. 이론적으로는 일개미가 모든 방과 통로를 돌아다니면서 걸음 수를 세는 방식으로 새 둥지의 공간을 측정하는 것이 가능할 수도 있다. 실제로 빈 구멍에 둥지를 만들고 사는 개미와 집을 찾아다니는 꿀벌은 빈집 후보를 그런 식으로 측정하지만, 수확개미는 상대적으로 훨씬 더 큰 둥지를 확인해야 하며, 일개미들이 흙을 나르거나 서로 부딪히는 등 벌집(미안!) 같은 환경에서 그렇게 해야 한다. 따라서 그렇게 할 가능성은 거의 없어 보인다.

이제 연속적인 양방향 통행을 대체할 수 있는 메커니즘을 상상해 보자. 일개미 한 마리가 새 둥지를 향해 뛰어 들어간다. 아마 그 일개미는 땅을 조금 파거나 모래를 약간 옮길 수도 있지만, 개미들로 붐비는 것을 보고 아직 공간이 충분하지 않다고 판단해 기존 둥지로 돌아갈 수도 있다. 반면에 조금이라도 적당한 공간을 찾으면 새 둥지에 남을 수도 있다. 매시간 새 둥지에 들어오는 일개미들 중 극히 일부만이 이러한 최적의 공간을 발견하고 새 둥지에 남기 때문에, 이동 경로 통행량에 약간의 비대칭이 생긴다. 둥지가 최대 크기로 커지면 점점 더 많은 일개미가 최적의 공간을 찾아 새 둥지에 머물게 되고, 결과적으로 이동 경로 통행량이 느려진다. 이 방식에서는 각 일개미가 자신의 경험에 따라 체류 여부를 결정하므로 커뮤니케이션이 필요하지 않다. 따라서 기존 둥지에서 새 둥지로의 이동은 일개미들의 집단적이고 민주적인 투표를 통해 자체적으로 이루어진다. 결국 대부분의 일개미가 새 둥지에서 공간을 찾게 되고, 기존 둥지에는 개미가 거의 남지 않게 된다.

이 시나리오를 받아들이더라도, 여러 번의 이동이 일개미 전체에 고르게 분산되지 않고, 일부 하위 집단에서는 왕복 횟수가 다를 수 있다. 예를 들어, 채집 개미는 젊은 일개미보다 더 많이 왕복할 수 있으며, 젊은 일개미 중 일부는 기존 둥지에서 새 둥지까지 단 한 번만 이동할 수도 있다. 물건 운반에서도 이와 비슷하게 일부 일개미 계층이 다른 계층보다 더 많이 운반할 수 있다. 예비 증거에 따르면, 일개미 계층은 새 둥지 굴착에 다르게 참여한다. 새 둥지 표면에 모래를 버리는 일개미들에게 형광 잉크로 표시한 결과 이사가 완료된 후 이 일개미들 중 상당수가 채집 개미 집단에서 나타났다.

그리고 몇 주 동안 계속해서 채집 개미 집단으로 진입했다. 이것은 이 모래 일개미들이 평균적인 일개미보다는 나이가 많지만 채집 개미보다는 젊은 경향이 있다는 것을 뜻한다. 아직 처리해야 할 세부 사항이 많이 남아 있지만, 각각의 이사는 세심하게 조율된 이벤트, 즉 개미 발레와 같다는 사실은 이미 분명하다. 각 배역을 누가 맡았는지는 아직 완전히 밝혀지지 않았지만, 안무는 우리가 볼 수 있도록 준비되어 있다.

개미는 자신이 얼마나 깊은 곳에 있는지 어떻게 알까

새 둥지는 크기, 방 간격, 방 모양, 방 공간의 수직 분포 등 모든 면에서 이전 둥지와 매우 유사하다. 유충, 다양한 나이대의 일개미, 씨앗의 수직 분포 역시 유사한데, 어린 일개미는 둥지 깊숙한 곳에, 씨앗은 좁은 중간 영역에, 나이 많은 일개미는 위쪽 영역에, 채집 개미는 둥지 위쪽 20센티미터에만 서식한다. 이러한 수직적 질서는 일개미들이 지표면 아래 어느 정도 깊이에 자신이 있는지 '알기' 때문에, 땅을 파면서 깊이에 따라 그들 자신과 유충, 씨앗을 배치한다는 것을 의미한다. 여기서 흥미로운 질문이 떠오른다. 어떤 단서를 통해 깊이를 알 수 있을까? 그리고 이러한 단서는 매우 신뢰할 수 있고 일정해야 한다. 토양의 수분과 온도는 비 온 뒤 파도처럼 아래로 이동하거나 햇볕에 의해 따뜻해질 수 있기 때문에 단서가 될 가능성이 낮다. 때로는 위쪽이 더 따뜻하거나 더 습할 수도 있고, 때로는 깊은 곳이 더 따뜻하거나 더 습할 수 있기 때문이다. 무리한 생각처럼 보이지만, 나이 많은 일개미가 젊은 일개미에 비해 항상 더 높게 이동한다면, 단서는 순전히 사회적인 것일 수도 있다. 그런 경우라면 다른 일개미의 나이나 위아래에 대한 감각이 단서로 필요할 것이다(이는 개미들이 갖춘 능력 중 하나다).

신뢰할 만한 깊이 단서로 토양의 수분과 온도를 거의 배제하고 나자, 나는 둥지 내에 축적된 이산화탄소 농도에서 차이가 나겠다는 생각이 들었다. 왜냐하면 개미의 대사로 생성된 이산화탄소가 둥지 입구를 통해 대기 중으로 배출되기 때문에 둥지가 깊어질수록 농도는 완만하게 증가할 것이다. 이것이 사실이라면, 플로리다수확개미의 둥지 구조에 관한 내 논문에 이 증감률 그래프를 추가할 수 있을 것이고, 개미들이 이 증감률을 깊이 정보로 활용한다고 시사할 수 있다.

2미터 길이의 주사기가 있다면, 둥지 전체를 방해하지 않고도 각 방에서 가스 표본을 채취할 수 있을 것이다. 우리의 기계 공방에는 지름 2밀리미터, 길이 2미터의 스테인리스 스틸 튜브가 있었기 때문에 이러한 주사기를 만드는 일은 의외로 쉬웠다. 나는 양쪽 끝을 날카롭게 깎아서 주사기로 만들었다.

많은 노력과 비용이 필요한 프로젝트를 시작하기 전에는 항상 예비 조사를 하는 것이 좋다. 그래서 나는 식물 생화학자에게서 사용하지 않는 오래된 적외선 이산화탄소 측정기를 빌렸다. 둥지에서 가스 표본을 수집하기 위해 500밀리리터 삼각 플라스크 12개를 고무마개로 입구를 막고 진공 펌프로 공기를 빼냈다. 이제 현장으로 가져갈 수 있는 진공 플라스크가 12개나 생겼다. 2미터 주사기 바늘을 둥지 안으로 밀어넣으면서, 저항이 감소하는 짧은 순간 바늘의 아래쪽 끝이 방으로 들어갔음을 알 수 있었다. 바로 그 시점에 나는 바늘의 위쪽 끝으로 진공 상태인 플라스크의 마개를 통과시켜서 방 안의 공기를 플라스크 안으로 소리가 날 정도로 빨아들였다. 마치 혈액을 채취하는 것과 같았다. 채혈사는 바늘의 한쪽 끝을 정맥에 찔러넣고 다른 쪽 끝은 진공 시험관 마개에 찔러넣는다. 혈액이 시험관으로 들어가는 것은 볼 수 있지만, 플라스크 안으로 공기가 유입되는 것은 볼 수 없다. 하지만 물리학에 대한 신뢰가 있다면 공기가 유입되고 있다고 확신할 수 있다.

실험실로 돌아와, 이 플라스크에서 빼낸 공기를 적외선 측정기에 주입하니 내 직감이 맞았다는 것을 알 수 있었다. 이산화탄소 농도는 방이 깊어질수록 지수적으로 증가하며, 이것은 방의 크기 및 일개미의 나이와 강한 상관관계(반비례)를 가지고 있었다. 나이 많은 일개미가 젊은 일개미보다 낮은 농도를 선호하고, 따라서 그들이 낮은 농도에서 더 많이 굴착한다면, 그 결과는 나이별 일개미 분포와 방의 상대적 크기로 나타날 것이다. 실제로 깊이에 따른 전체 방의 면적 비율을 보여주는 곡선은 깊이에 따른 이산화탄소 증감률의 거울 이미지였다. 게다가 곤충은 이산화탄소 냄새를 맡을 수 있고 행동으로 반응한다. 곤충은 그럴 목적으로 더듬이에 특정 센서를 가지고 있기 때문에, 이 가설은 당연해 보였다. 남은 것은 개미가 실제로 이 정보를 사용할 만큼 똑똑함을 증명하는 일뿐이었다.

나는 이 가설에 대해 몇 년 동안 확신을 가지고 있었고, 결국 실험을 통해 검증해야겠다고 결심했다. 나는 현장에서 사용할 수 있는 휴대용 배터리 구동식 이산화탄소 측정기에 많은 돈을 투자하고, 살아 있는 둥지에서 표본 추출을 반복했다. 다시 한번 이산화탄소 농도는 방의 깊이에 따라 지수적으로 증가하여 이전 연구를 확인해주었다. 그러나 개미가 전혀 없는 버려진 둥지는 개미 둥지의 흔적이 없는 인근 토양과 마찬가지로 동일한 증감률을 보였다. 분명히 이 증감률은 토양의 특성이었으며, 개미 둥지는 주변 토양과 수동적 균형을 이루고 있었다. 가만히 생각해보니, 지친 개미 몇 마리가 둥지에서 신진대사를 하는 것이 수십억 마리의 토양 미생물이 활발하게 하는 신진대사에 거의 기여하지 못한다는 사실을 알 수 있었다. 내가 토양학자였다면 아마 그 사실을 더 빨리 알았을 것이다. 반면에 이 증감률이 어떻게 만들어졌는지와 상관없이, 깊이에 대한 정보는 제공할 수 있었을 것이다. 따라서 나는 이러한 증감률이 현장, 시간, 토양 유형 및 깊이에 따라 어떻게 달라지는지 특성화해야 했다. 이를 위해 나는 개미 천국 전역과 다른 여러 곳에서 알려진 깊이의 가스를 쉽게 추출할 방법이 필요했다. 빈 공간이 없는 토양에서 가스를 뽑는 것은 느리고 어려웠기 때문에, 나는 로테크 해결책을 선택했다. 뚜껑에 구멍을 뚫고 바닥에 가느다란 수술용 튜브를 붙인 플라스틱 바이알(vial)을 새 토양 오거(auger)● [나는 래칫 핸들(ratchet handle)●●까지 구입했다]로 각 15센티미터, 35센티미터, 75센티미터, 175센티미터 깊이로 만든 구멍에 거꾸로 묻었다. 플라스틱 튜브의 뚫려 있는 끝이 땅 표면 위로 돌출되도록 해, 그 끝에 주사기 바늘을 꽂았다(그림 5.6). 주사기 바늘에 주사기를 연결하면 묻혀 있는 바이알에서 가스를 뽑아 이산화탄소 측정기에 직접 주입할 수 있다.

개미 천국과 평지의 다른 여러 위치에서 수집한 표본들은 증감률의 가파른 정도에 차이가 컸다. 예를 들어, 습지 주변에서 지하수면이 지표면에 가까울 때는 증감률이 훨씬 가파르게 나타났으며, 수면 바로 위에서는 이산화탄소 농도가 때로 4~5퍼센트에 달하기도 했

● '바이알'은 주사약을 넣는 용기이고, '오거'는 흙 속에 구멍을 뚫는 도구로, 주로 토양 조사나 분석을 위한 토양 시료 채취에 사용된다.

●● '래칫'은 한쪽 방향으로만 회전하는 기구이며, '래칫 핸들'은 래칫을 이용하여 나사를 풀거나 죄는 작업을 하는 공구다.

다. 그러나 개미 천국에서는 수심이 매우 깊기 때문에(일부 지역은 5미터 이상), 증감률이 더 완만하게 나타났다. 수심 2미터에서는 이산화탄소 농도가 주변(0.3~0.8퍼센트) 대비 10~20배에 달했지만, 여러 위치에서 2배 이상 차이가 날 정도로 다양했다. 이러한 농도는 모든 위치에서 상대적 깊이에 대한 신뢰할 만한 정보를 제공했다.

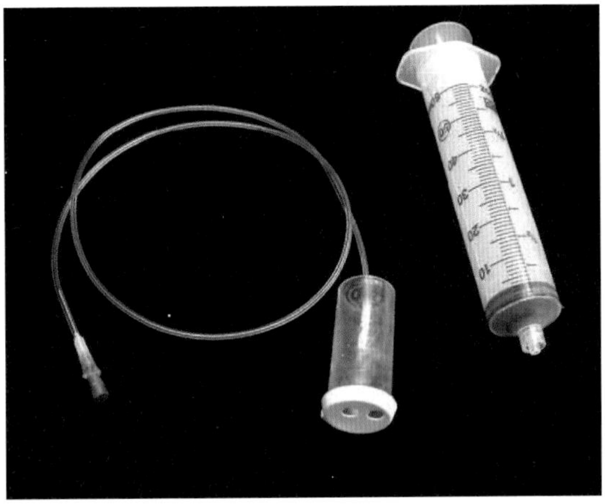

그림 5.6 다양한 깊이의 토양에서 가스 표본을 추출하기 위한 장비. 바이알을 지정된 깊이에 거꾸로 묻고 주사기 바늘이 있는 튜브를 표면에 돌출시켜 묻었다. 바이알의 공기는 주변 토양과 평형을 이룬다. 주사기를 바늘에 연결한 상태에서 토양 가스 표본을 추출하여 분석할 수 있었다. 저자 사진, Tschinkel (2013a).

그러나 이산화탄소 농도 증감률의 보편성을 보여주는 것이 실제로 개미들이 이 정보를 깊이 단서로 사용한다는 것을 증명하지는 못했다. 이를 확인하기 위해서는 한 실험용 군락에서 증감률을 제거하고 다른 한 군락에서는 그대로 두는 실험이 필요하다. 그런데 증감률을 제거할 수 있을까? 개미 천국의 모래 토양은 매우 다공성이므로 포함된 가스가 빠르게 퍼질 것으로 예상했다. 실제로 기존 증감률은 그 자체로 미생물이 생성한 이산화탄소가 지표면에서 대기 중으로 배출되면서 증감률이 만들어졌다는 증거였다. 따라서 대기와 접하는 면적을 늘릴 수 있다면, 이산화탄소도 그 표면을 통해 더 많이 배출될 것이다.

내 멋진 래칫형 토양 채취기 덕분에 이 작업은 그리 어렵지 않았다. 나는 표본 캡슐 세트를 약 2미터까지 여러 깊이로 묻었고, 그런 다음 이렇게 배열한 표본을 중심으로 2미터 깊이의 구멍 7~8개를 뚫었다(그림 5.7). 배출 속도를 높이기 위해 각 구멍에는 바닥 쪽 측

그림 5.7 토양에서 대기로 배출되는 이산화탄소 증감률을 제거하기 위한 설정. 검은색 PVC 파이프는 굴뚝 역할을 하여 2미터 깊이의 구멍 바닥에서 가스를 끌어올린다. 표본들은 구멍 중앙에 위치한다. 저자 사진, Tschinkel (2013a).

면 구멍에 길이 3미터의 PVC 파이프를 연결했다. 이 파이프는 생명체가 구멍에 빠지는 것을 방지하기 위한 스크린 위로 돌출되어 있었고, 돌출된 부분은 검은색으로 칠해서 태양열로 가열되면 굴뚝 효과를 통해 바닥에서 공기를 끌어올릴 수 있도록 했다. 이산화탄소를 측정하기 위해 중앙 배열에서 표본 추출한 결과, 하루 정도 지나면 증감률이 사라져서 이산화탄소 농도가 더 이상 깊이와 관련 없는 것으로 나타났다(그림 5.8 왼쪽).

이제 우리는 다음 단계, 즉 증감률이 없는 상황에서 개미들이 둥지를 파게 할 준비를 했는데, 이 역시 어렵지 않았다. 우리는 개미 군락이 이사하기 시작할 때까지 기다렸다. 그런 다음 새 둥지가 아직 아주 작은 상태일 때, 둥지 주위에 환기 파이프가 달린 6개의 구멍을 만들었다. 하루도 채 지나지 않아 개미들은 이산화탄소 증감률이 없는 흙을 파헤치고 있었고, 증감률이 제공할 수 있는 잠재적인 깊이 정보를 빼앗긴 상태였다. 우리는 둥지를 환기시킨 군락과 이사했지만 환기시키지 않은 군락(대조군)에 대해서 이 과정을 각각 다섯 번 반복했다. 개미들은 무엇을 파고, 어떻게 자신과 씨앗, 유충을 배치할까?

이것을 알아보기 위해, 우리는 10개의 둥지에서 각각의 방을 발굴하고, 지도를 만들고, 개미 수를 조사했다. 이산화탄소 가설에 대해서는 안타까운 일이지만, 이동만 한 둥지와 이동 후 환기시킨 둥

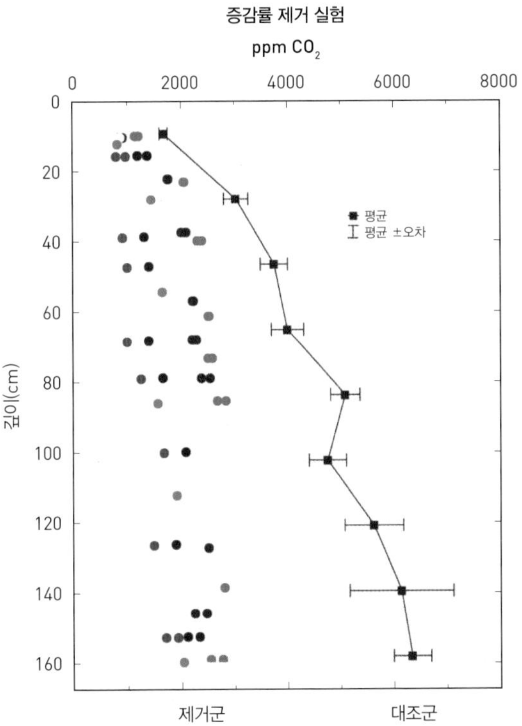

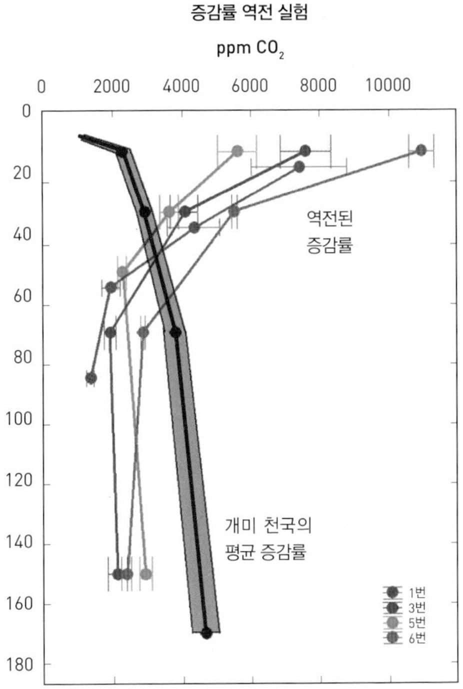

그림 5.8 **왼쪽**: 구멍을 통해 환기하면 환기하지 않은 대조군 둥지(갈색 기호 및 선)와 비교하여 5개의 둥지(파란색 기호)에서 이산화탄소 증감률이 제거되었다. **오른쪽**: 위쪽에 이산화탄소를 추가해 증감률이 역전되었다(본문 참조). Tschinkel (2013a)에서 수정.

지 사이에 어떤 측정치에서도 차이가 없었다. 방 면적의 상대적 수직 분포('둥지 모양')와 짙은 색 일개미와 유아 일개미, 유충, 번데기, 씨앗의 분포는 본질적으로 동일했다. 개미들은 이산화탄소 증감률이 없다는 사실을 알아차리지 못했다.

이것은 증감률을 깊이 단서로 사용한다는 가설에는 좋지 않은 결과지만, 실험이 충분하지 않았거나 너무 늦었거나 개미가 아주 미세한 증감률을 감지할 수 있었다면 어떠했을까? 이산화탄소 증감률과 이러한 측정값의 상관관계가 너무 밀접해서 무언가 다른 이유가 있을 수밖에 없었다. 나는 상관관계가 인과관계를 증명하지 못한다는 고전적인 과학자들의 진리에 직면했고, 첫 번째 실험은 이 인상적인 상관관계가 인과관계는 아니라는 것을 알려줬다.

위대한 가설은 쉽게 없어지지 않는다

훌륭하고 매력적인 가설에 대한 희망은 쉽게 사라지지 않기 때문에, 나는 더 강력한 실험이 필요하다고 생각했다. 증감률을 역전시켜서 개미 군락에 이 증감률이 뒤집힌 토양을 파게 한다면 어떨까? 이를 위해 이전과 마찬가지로 원 모양으로 6개의 구멍을 뚫어 원래의 증감률을 제거하기로 했다. 그런 다음 지표면에서 이산화탄소를 생성해 토양 속으로 확산시켰다. 이산화탄소가 담긴 대형 탱크를 현장으로 가지고 가는 것은 개척 정신이 부족해 보였고, 게다가 탱크를 도난당하거나 누군가 구멍을 뚫을 수도 있었다(여긴 플로리다니까). 그래서 나는 플로리다록(Florida Rock) 사(社)를 방문했을 때 분쇄된 석회석(탄산칼슘)을 한 통 얻었다. 이 석회석에 염산을 떨어뜨리면 이산화탄소가 발생하는데, 염산을 떨어뜨리는 속도를 조절해 이산화탄소량을 조절할 수 있었다. 나는 염산이 담긴 병을 나무에 고정하고 플라스틱 튜브와 핀치콕으로 아래에 놓인 석회석 병에 떨어지는 속도를 조절할 수 있는 장치를 설치했다. 이렇게 생성한 이산화탄소는 플라스틱 튜브를 통해 실험 장소로 전달되었으며, 가스가 대기로 직접 손실되는 것을 막아주는 플라스틱 시트 아래의 다공성 튜브에서 분사되었다(그림 5.9).

이 장치를 테스트한 결과, 하루 정도 지나면 토양의 중앙 기둥에

그림 5.9 이산화탄소 증감률을 역전시키기 위한 준비. A: 구멍과 '굴뚝' 파이프를 통해 환기가 이루어지는 토양의 중심부. B: 이산화탄소를 생성하기 위해 분쇄된 석회석 병에 염산을 떨어뜨린다. C: 환기를 시킨 토양의 중심부 위에 설치한 스크린 바닥의 케이지에 수확개미 군락을 풀어놓았다. 개미들은 스크린의 중앙 구멍을 통해 토양에 접근했다. D: 석회석 반응기에서 배출된 이산화탄소를 환기시킨 토양의 중심 영역 상부까지 유입시키는 다공성 튜브. 저자 사진, Tschinkel (2013a).

서 이산화탄소 농도가 완전히 역전되어(그림 5.8 오른쪽) 지표면 바로 아래 농도가 깊은 곳 농도의 5~10배로 나타났다. 이렇게 증감률이 역전된 상황에 군락을 배치하면, 개미들이 이 증감률에 맞춰 땅을 파고 배열하는지 확인할 수 있었다. 첫 번째 실험과 달리, 이 군락은 내가 준비한 흙을 자발적으로 파지 않았다. 오히려 다른 곳에서 땅을 파서 스크린 바닥으로 된 케이지에 갇혔는데, 거기에서는 스크린 중앙 구멍을 통해서만 둥지를 팔 수 있었다. 개미들이 증감률을 단서로 사용했다면 가장 작은 방은 둥지의 맨 위에, 가장 큰 방은 맨 아래에 있어야 했다. 나는 이 실험을 네 번 반복했고, 그 결과를 일반적인 이산화탄소 증감률이 있는 토양에서 파낸 일반 둥지와 비교했다.

또다시 안타깝게도 대조군과 증감률을 역전시킨 둥지 사이에는 어떤 측정치에서도 차이가 없었다. 둘 다 깊이에 따라 방 면적을 일반적인 방식으로 배치했다. 결국 나는 내 가설이 매력적이긴 했지만, 개미들은 적어도 내가 측정한 방법에서는 이산화탄소 증감률을 깊이 정보의 근거로 사용하지 않는다는 사실을 인정해야 했다. 그래서 최종 점수는 개미 100, 월터 0이었다. 개미가 사용하는 깊이 단서에 대한 수수께끼는 여전히 알 수 없으며, 수직 패턴이 어떻게 생겨났는지 다른 곳에서 찾아야 했다.

또 다른 가설

이산화탄소 증감률 가설이 무산된 지금, 플로리다수확개미의 둥지 구조를 설명할 수 있는 다른 메커니즘은 무엇일까? 깊이에 따라 방 부피가 기하급수적으로 감소하는 것(그림 2.2, 3.11, 5.3)은 일종의 확률적 과정일 수 있다. 이것은 다음과 같이 작동할 수 있다. 일개미가 땅을 팔 장소를 찾기 위해 확장 중인 둥지에서 아래로 이동하는 경우, 이 개미가 무리에서 떨어져 나와 땅을 팔 확률은 일정하다. 따라서 여전히 아래로 이동하는 중인 집단 중 일정 비율은 깊이가 깊어질 때마다 무리에서 떨어져 나와 땅을 파게 된다. 따라서 일개미들이 자신이 얼마나 깊은 곳에 있는지 '알지 못하더라도' 깊이에 따라 땅을 파는 일개미의 수가 감소한다. 예를 들어, 만약 일개미가 굴착 작업을 중단할 확률이 10퍼센트이고 처음에 1000마리의 일개미가 있었다면, 맨 위 둥지 단계에서 100마리가 파고, 다음 단계에서는 90마리(900마리의 10퍼센트), 그다음 단계에서는 81마리, 그다음 단계에서는 73마리가 파게 될 것이다. 이렇게 깊이가 깊어질수록 더 적은 수의 일개미가 땅을 파고, 그들이 파는 양은 일개미 수와 정비례하게 된다. 따라서 결과적으로 가장 많은 양의 흙이 제일 윗부분에서 제거되고 깊이가 깊어질수록 점점 더 적은 양이 제거되어, 수확개미 둥지의 일반적 구조는 상당히 유사한 형태를 띠게 된다. 또한 일개미 나이가 영향을 미칠 수 있다. 젊은 일개미는 더 깊은 곳을 선호하고 덜 파는 반면(이미 알려진 사실이다), 나이 많은 일개미는 더 얕은 곳을 선호하고 더 많이 파는 경향이 있다(이것도 알려진 사실이다). 이것이 부피-깊이 관계 개요를 과장하는 결과를 낳는다.

이전 실험에서도 이러한 메커니즘에 부합하는 결과가 나왔다. 수확개미 둥지의 상부·중간·하부에서 200마리의 일개미를 우리에 가두었을 때, 상부 쪽 일개미가 가장 큰 둥지를, 중간 쪽 일개미가 그다음 큰 둥지를, 하부 쪽 일개미가 가장 작은 둥지를 만들었다. 땅 위에서 다시 포획한 일개미의 수는 같은 순서로 나타났으며, 이것은 일개미의 '굴착 능력'이 나이 들고 둥지에서 위쪽에 있을수록 커진다는 것을 의미한다. 반면에 둥지의 '모양'에는 뚜렷한 차이가 없었으며, 모든 둥지에서 깊이에 따라 부피는 거의 같은 비율로 감소했다. 이것은 모두 둥지 굴착의 확률적 메커니즘에 부합하는 결과였다.

이산화탄소 증감률처럼 또 다른 속임수였을까? 상관관계에 기반한 그럴듯한 설명이 다시 한번 우리에게 제시되었기 때문에, 실험 테스트로만 이를 확인할 수 있었다. 이 가설에 대한 테스트는 포획한 일개미를 구리 튜브를 따라 40센티미터 깊이까지 내려가서 땅을 팔 수 있는 토양과 접촉하도록 하는 것이었다('40센티미터 접근'). 깊이에 대한 정보가 없는 경우, 40센티미터 깊이에서 파낸 방의 크기와 분포는 대조군 둥지의 가장 윗부분('2센티미터 접근')과 유사해야 하는데, 이것은 그곳을 파는 일개미의 수가 아래로 이동하는 동안 이탈로 인해 줄어들지 않을 것이기 때문이다. 즉, 개미는 처음 파고 들어갈 수 있는 파이프 끝에서 흙을 가장 많이 파낼 것이다. 그리고 둥지는 대조군 둥지와 비슷해 보이지만 아래쪽으로 40센티미터 정도 이동해야 한다. 반면에 개미가 깊이 정보를 가지고 있고 이를 방 건설에 적용했다면, 개미는 더 멀리 떨어진 곳에 더 적은 수의 작은 방을 파내야 한다. 설정과 해석을 단순화하기 위해, 나는 50도 각도로 아래쪽으로 기울어진 직선형의 방 없는 통로를 만들었다. 이전 실험에서 개미들은 직선형 통로를 일반 나선형 통로처럼 즐겁게 받아들이고 정상적인 방식으로 방이 있는 직선형 '시작 둥지'를 만들었다.

이 실험 결과는 개미가 깊이 정보를 가지고 있으며 이를 땅 파는 노력에 적용한다는 것을 의미한다(그림 5.10). 첫 번째 토양에 접근하는 깊이가 지하 40센티미터인 실험군은 같은 깊이의 대조군 둥지에서와 마찬가지로 더 적고, 더 작고, 더 넓은 간격의 방을 파냈다. 2센티미터 접근 실험군의 방 총면적은 40센티미터 접근 실험군의 4배 이상이었으며, 일개미당 방 면적은 2.5배 더 컸다. 이 추정치에는 스크린 바로 아래에 파낸 방은 포함하지 않았는데, 스크린을 제거하면 위가 열려 있어 주물에 포함되지 않기 때문이다. 다시 말해, 두 집단 모두 같은 깊이의 일반 둥지에서 파는 것과 유사한 방을 팠

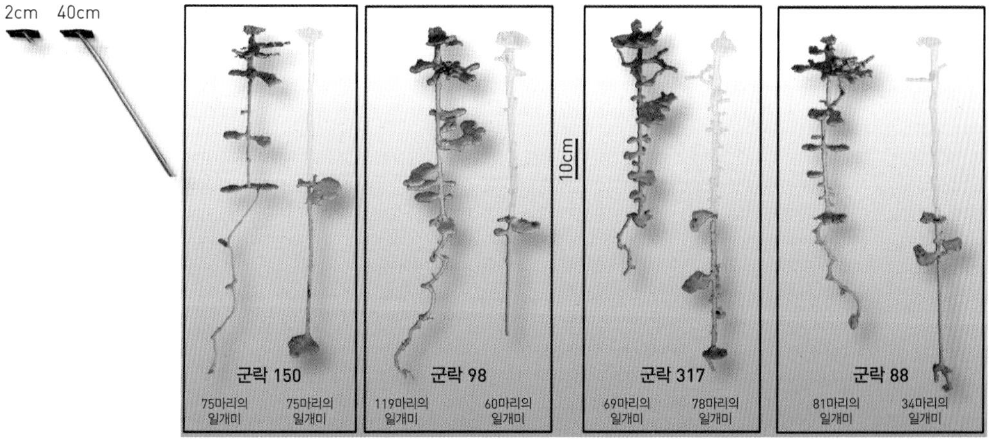

그림 5.10 200마리의 일개미가 2센티미터 깊이 또는 40센티미터 깊이의 토양에 처음 접촉했을 때, 그들은 그 깊이에서 일반 둥지와 비슷한 크기와 분포의 방을 만들었다. 이것은 일개미들이 깊이 정보를 가지고 있으며 이를 굴착하는 데 적용한다는 것을 시사한다. 열흘 후 일개미 수는 실험군이 약 70마리, 대조군이 약 80마리였다. 심층 실험군의 40센티미터 구리 튜브가 희미하게 표시되어 있다. 저자 사진.

다. 이것은 개미가 자신들이 얼마나 깊은 곳에 있는지 알고 있다는 것을 암시하지만, 이 실험은 깊이와 이동 거리를 혼동하고 있다. 즉, 깊이 자체에 반응하기보다는 지하로 이동한 거리를 추정한 것일 수도 있다. 일부 사막개미의 먹이 활동에서 볼 수 있듯이 개미는 걸음 수를 계산할 수도 있다.

40센티미터 구리 튜브를 얕은 각도로 설치하여 아래쪽 출입구가 토양 표면 아래 4~5센티미터에 불과하도록 하면, 깊이 대 이동 거리 가설을 테스트할 수 있다는 것을 깨달았다. 하지만 개미는 이 지점에 도달하기 위해 40센티미터를 걸어야 했다. 대조군은 다시 4센티미터 튜브를 사용하여 동일한 깊이(즉, 4센티미터)에서 토양에 접근할 수 있도록 했지만, 이동 거리는 10퍼센트로 줄였다. 이전 실험에서와 마찬가지로 구리 튜브는 두 실험군 모두에서 50도 각도로 기

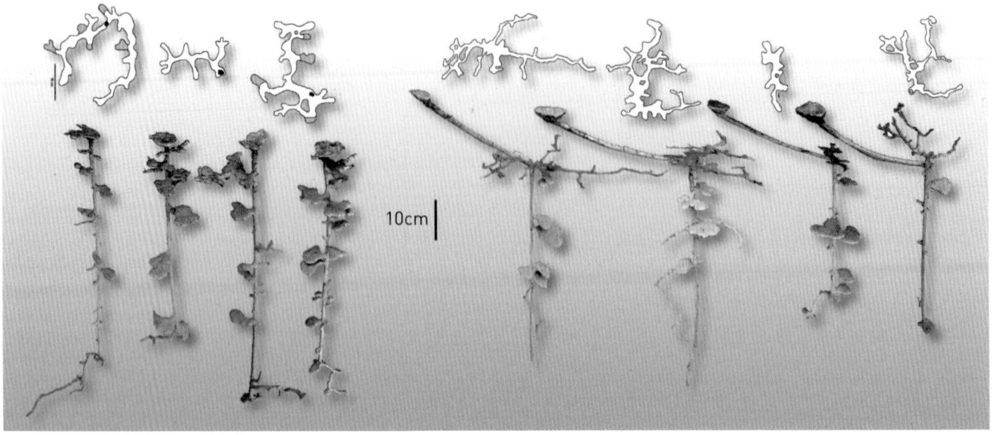

그림 5.11 이 실험에서 두 집단 모두 4센티미터 깊이에서 토양에 접근할 수 있었지만, 이동 거리는 4센티미터(왼쪽) 또는 40센티미터(오른쪽)였다. 왼쪽 집단의 스크린 아래 방은 스크린을 제거할 때 열려 있었기 때문에 주물로 만들어지지 않았지만, 다른 군락의 스크린 아래에 있는 방의 세 가지 대표적인 예는 제시되었다. 40센티미터 접근 집단의 경우, 가장 위쪽 방은 4센티미터 깊이에 묻힌 스크린 아래에 있고 열려 있지 않았기 때문에 주물로 만들어졌다. 저자 사진.

울어진 40센티미터 깊이의 방이 없는 직선형 통로로 이어졌다. 이 실험의 첫 번째 실행에서 개미들은 얕은 40센티미터 튜브의 4센티미터 깊이에서 출발하여 통로와 만나는 교차점에서 위쪽으로 땅을 파 그들의 앨커트래즈 감옥을 탈출했다. 다음 실험에서는 감옥의 보안을 강화하기 위해 그 교차점을 큰 스크린으로 덮어 개미들이 아래쪽 통로에서 일할 수밖에 없도록 했다. 이번에는 탈출한 개미가 없었고, 열흘 뒤에 나는 개미들이 한 작업을 알루미늄 주물로 만들었다(그림 5.11).

더 길게 이동한 집단은 처음 토양에 접근한 곳에 복잡한 방을 만들었으며, 이 방은 4센티미터 깊이에 묻힌 스크린 아래에 있었기 때문에 주물의 일부가 되었다. 첫 번째 실험에서와 마찬가지로, 짧게 이동한 집단에서는 스크린 아래에 있는 방이 주조되지 않았다. 왜냐하면 케이지를 제거하면 천장도 제거되었기 때문이다. 따라서 그림 5.11은 길게 이동한 집단의 스크린 아래 방 윤곽을 보여주지만, 짧게 이동한 집단의 윤곽은 테스트 집단의 것이 아닌 일반적인 윤곽이다. 두 집단 모두 매우 얕은 깊이에서 이러한 복잡한 방을 만들었다는 사실은 그들이 지표면 바로 아래에 있음을 '알았다'는 것을 암시한다. 두 번째 실험만 고려하면 개미가 처음 흙에 닿는 곳마다 복잡한 방을 만든다고 생각할 수 있지만, 두 실험을 종합하면 첫 접촉 깊이가 40센티미터일 때는 개미가 복잡한 방을 만들지 않았기 때문에 그렇지 않다는 것을 확인할 수 있다.

그림 5.11을 보면 길게 이동한 집단의 전체 방 면적이 짧게 이동한 집단보다 작은 것처럼 보이지만, 제일 위쪽 방을 제외하더라도 통계적으로 유의미한 차이는 아니다. 반면, 길게 이동한 집단은 첫 번째 실험에서 깊은 곳에 접근하는 집단과 마찬가지로 더 적은 수의 방을 만들었다. 또한 그들의 가장 깊은 방은 짧게 이동한 집단의 방보다 더 얕았다. 개미들은 지표면 근처에 있다는 것을 '알고' 이를 기준으로 상부 영역의 방 유형을 조절하는 것처럼 보였지만(더 많은 실험 필요), 방을 추가할 때는 이동 거리를 기준으로 삼았다. 다시 한번 개미들은 우리에게 분명하고 명확한 답을 주지 않았다. 개미는 지표면 가까이 있을 때만 자신의 깊이를 알고, 더 깊은 곳에서는 이동 거리를 기준으로 반응하는 것일까? 개미는 일부 역할(예: 유충, 씨앗)에 대해서는 깊이 정보를 가지고 있지만, 다른 역할(방의 수)에 대해서는 깊이 정보를 가지고 있지 않은 것일까? 이것이 실험의 어려움이며, 항상 더 많은 질문이 남는다.

둥지 이전과 건설에 대한 나의 연구는 대부분의 생물학적 연구와 마찬가지로 상관관계에 원인과 결과를 부여하려는 유혹과 '단순한' 상관관계와 인과관계를 구분하는 어려움을 보여준다. 우리 세상에는 인과관계라고 잘못 믿어지는 상관관계가 아주 많다. 골든로드 꽃이 가을에 꽃가루 알레르기를 일으킨다고 믿는다면, 병원에 가면 사람이 죽는다는 사실도 믿어야 한다. 무엇보다 골든로드와 꽃가루 알레르기, 병원과 죽음은 서로 밀접한 상관관계가 있다. 많은 미신은 상관관계가 있는 사건들이 인과관계가 있다고 믿는 데서 생겨난다. 그러나 과학의 핵심 목표는 우리 주변 세계의 무수히 복잡한 패턴과 상관관계를 설명할 수 있는 원인과 결과의 체계를 만드는 것이다. 이를 위한 주요 도구는 실험이다. 실험에서는 추정되는 원인 요인을 변경하고, 추정되는 효과의 변화를 측정한 다음, 이를 원인 요인을 변경하지 않은 대조군과 비교하는 것이다. 때로는 둥지 구조와 토양 이산화탄소 증감률처럼 매우 강력한 상관관계가 인과관계 없는 단순한 상관관계로 판명되기도 한다. 좋은 실험을 설계하고 실행하는 것은 믿을 수 없을 정도로 어렵다. 그 이유는 대조군의 정확한 특성에 따라 실험이 실제로 어떤 추정 원인을 테스트하는지 결정되기 때문이다. 일개미에게 40센티미터와 2센티미터 거리의 토양에 접근하게 했을 때, 나는 40센티미터 실험군이 실제로(적어도) 깊이와 이동 거리를 혼동하게 만들었다. 새롭게 만들어진 둥지 주변의 토양을 환기시켰을 때, 이산화탄소 증감률 이상의 더 많은 변화가 분명히 나타났다. 물론 반복실험 과정에는 항상 무작위적 차이가 있다. 즉, 일개미 집단의 구성 차이, 각 케이지 아래 토양 차이, 햇빛과 그늘에 대한 노출 차이, 다른 개미 종을 포함하여 각 케이지 아래 토양에 있는 다른 생물의 차이 등이 있다. 이러한 통제되지 않은 차이가 있기에 반복실험이 중요한 것이다. 왜냐하면 반복실험은 이러한 무작위적 변동 원인을 어느 정도 상쇄하기 때문이다.

인과관계를 가진 하나의 과학적 사실을 확립하는 데 얼마나 많은 노력과 시간, 그리고 종종 돈이 들어가는지 아는 사람은 거의 없다. TV, 라디오, 잡지, 심지어 이 책과 같은 서적을 통해 소개되는 과학은 일반적으로 흥미로운 사실과 이야기를 제공하지만, 이런 이야기들에서 각각의 작은 요점을 확립하기까지 얼마나 어려웠는지는 거의 드러나지 않는다. 지루함을 참을 수 있는 인내심과 관용을 가진 사람이나 오랜 기간(때로는 몇 년 동안) 보상을 미룰 수 있는 사람은 거의 없을 것이다. 그러나 과학자들은 호기심이 많으며, 자연의 비밀을 밝히는 데서 기쁨을 느낀다. 비록 성공에 대한 약속이 먼 미래에 있더라도, 비록 그 길이 힘들고 지루하고 많은 실패로 가득하더라도 말이다.

개미가 자신이 얼마나 깊은 곳에 있는지 알아**야만 한다**는 사실을 확인한 후, 우리는 개미가 어떤 정보를 사용하지 않**았**는지는 알**았**지만, 어떤 정보를 사용했는지에 대해서는 거의 알지 못한다는 사실을 인정해야 했다. 이제 우리는 개미가 둥지를 팔 때 사용하는 '규칙'이라는 똑같이 어려운 질문으로 넘어갈 수 있다.

06

건축 계획의 다양성

5장에서 설명한 것처럼, 플로리다수확개미 둥지는 군락이 이사할 때 만들어진다. 새 둥지는 소수의 (아마도) 채집 개미 무리에 의해 시작된다. 시간이 지나면서 이전 둥지에서 점점 더 많은 일개미가 합류하는데, 이들 대부분은 채집 개미가 아니다. 종에 따라 일관되고 전형적인 구조가 있기 때문에, 개미에게 건축 계획, 즉 둥지가 형성되는 과정에서 일련의 '굴착 규칙'이 있는지 의문이 생기는 것은 당연하다. 전체 크기, 방 크기, 모양, 간격, 총 부피와 면적, 깊이별 분포, 그리고 우리가 쉽게 알아볼 수 있는 기타 특성 등 둥지의 여러 특징은 어떤 메커니즘을 통해 생겨나는 것일까? 예를 들어, 어떤 규칙에 의해 수확개미 둥지 안에서 잎 모양의 방과 나선형 통로가 만들어지고, 어떤 규칙에 의해 깊어질수록 상대적으로 크기가 작아지고 간격이 좁아지는 것일까? 이러한 질문에 답하는 것은 크고 중요한 프로젝트이며, 성공을 기대하려면 더 작은 질문으로 나눠서 한 번에 하나 또는 몇 가지 특성을 테스트해봐야 한다.

둥지 크기

개미 둥지의 가장 분명한 특성 중 하나는 대규모 군락은 큰 둥지를 파고, 소규모 군락은 작은 둥지를 판다는 것이다. 군락은 어떻게 적절한 크기의 둥지를 만드는 것일까? 수확개미 일개미들은 둥지를 얼마나 크게 만들어야 하는지 어떻게 '알고' 있을까? 만약 정말로 안다면, 소규모 군락의 일개미들은 대규모 군락의 일개미들보다 더 작은 둥지를 만들어야 한다. 이를 확인하기 위해서, 대규모 군락과 소규모 군락의 일개미 400마리를 스크린 바닥이 있는 케이지에 가두고 스크린 중앙에 난 구멍을 통해 새 둥지를 파도록 했다. 이 일개미들이 고향 둥지의 크기를 기억하고 있다면, 그들이 새롭게 파는 둥지도 그 크기를 반영할 것이다. 하지만 그렇지 않았다. 어쩌면 놀라운 일도 아니지만, 이 개미들은 모두 고향 둥지의 크기가 아니라 파는 일개미 수에 적합한 크기의 둥지를 팠다. 이것은 굴착 작업을 안내하는 '기억'이 없다는 것을 의미한다. 크기 정보는 지식이 풍부한 숙련된 건축가 무리가 아니라 전체 일개미 군락에 저장되는 것으로 보인다.

물론 이사를 위해 둥지를 만드는 동안 땅을 파는 일개미 수가 처음부터 고정되어 있지 않고 점차 증가한다는 점에서 이 실험은 비현실적이다. 하지만 두 번째 실험에서는 400마리가 될 때까지 하루에 100마리씩 일개미를 추가하든, 실험을 시작할 때 한꺼번에 400마리를 추가하든 일개미를 추가하는 방식은 중요하지 않았다. 다시 한번 두 집단은 비슷한 둥지를 팠으며, 이것은 둥지 구조를 결정하는 것은 집단 규모의 점진적 증가가 아니라 집단의 최종 규모임을 의미한다. 여러 차례의 실험실 실험에 따르면, 몇몇 피드백이 둥지 크기에 영향을 미쳐서, 결국 일개미 수에 비례하는 크기로 둥지를 파는 작업을 늦추거나 멈추게 하는 것으로 나타났다. 이것은 의심할 여지 없이 군락이 둥지를 옮길 때 일어나는 일이며, 새 둥지의 크기가 이전 둥지와 비슷한 이유이기도 하다. 그러나 이 피드백이 무엇인지는 현재로서는 알 수 없다. 둥지의 상부에서 하부까지 밀집도가 매우 다르기 때문에, 단순히 밀집 때문일 가능성은 거의 없어 보인다. 이것은 미해결 미스터리 목록에 추가할 수 있다.

둥지를 파는 일은 개미가 파는 토양의 속성에 따라 난이도와 속도가 달라져야 하는 작업이다. 수확개미는 모래 토양에 서식하는 생물이다. 그래서 나는 서식지에서 400마리의 일개미를 데려와 절반은 원래의 모래 토양에서, 나머지 절반은 점토가 풍부한 탤러해시 레드힐스(Red Hills)의 토양에서 땅을 파도록 해보았다. 점토는 모래보다 땅을 파기가 훨씬 더 어려우며, 이것은 직접 확인할 수 있다. 점토 토양에서 판 둥지는 모래에서 판 둥지보다 평균 40퍼센트 더 작았다(그림 6.1). 이것은 둥지 크기가 굴착에 필요한 노력 그리고/또는 시간에 비례한다는 의미다. 작은 둥지는 덜 복잡했는데, 이것은 단순히 크기가 작아서일 수도 있다. 어쨌든 이 실험은 토양의 특성이 적어도 둥지 크기에 영향을 미치며, 아마도 구조에도 영향을 미친다는 점을 확인해주었다. 이것은 대부분의 개미 종에 적용될 것으로 보인다.

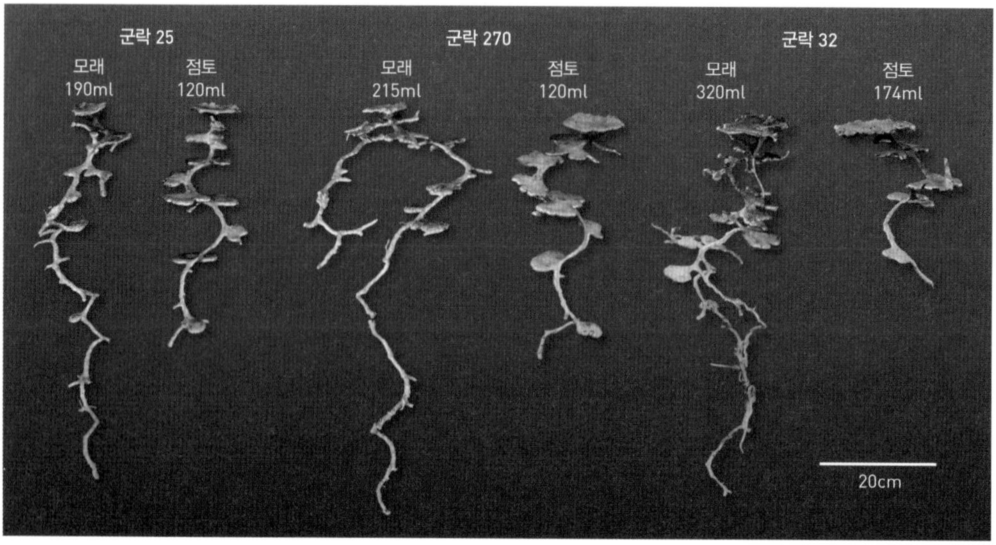

그림 6.1 밀도가 높고 점토가 풍부한 토양에서 판 둥지는 모래 토양에서 판 둥지보다 더 작고 단순하다. 각 쌍의 둥지는 같은 군락 출신인 200마리의 일개미가 만들었다. 따라서 한 쌍의 두 둥지는 직접 비교할 수 있다. 총 둥지 부피는 각 군락의 토양 유형 밑에 적었다. 저자 사진.

개미들의 건축 계획을 밝혀낼 수 있을까

개미가 지하의 어두운 곳에서 어떻게 복잡한 둥지를 만드는지 알아내기는 쉽지 않다. 우리는 개미가 무엇을 하는지 볼 수 없고, 만약 볼 수 있다 해도 각각의 개미가 무엇을 하는지, 다른 개미와 어떻게 상호작용하는지, 건설 중인 둥지에서 나오는 신호에 어떻게 반응하는지를 볼 수 있어야 한다. 내가 했던 대부분의 건축 실험은 수확개미 일개미들을 가두어서 내 의도대로 행동하도록 만드는 데 바탕을 두었다. 개미는 강박적으로 땅을 파기 때문에 이 방법은 효과가 있다. 개미들은 그저 어쩔 수 없이 땅을 파는 것이다. 모래를 주면 모래를 파고, 모래가 축축하면 모래를 뭉쳐 펠릿을 만든다(그림 4.7). 모래가 건조하면, 마치 강아지처럼 앞다리로 파서 뒷다리 사이로 모래를 뒤로 던진다. 개미들은 마른 모래를 머리 아래에 있는 바구니 모양 털에 담아서 운반하기도 한다. 개미들이 땅을 파는 속도가 빠르기 때문에 며칠 안에 답을 얻는 것도 가능하다. 문제는 명확한 답을 얻을 수 있도록 실험을 설계하고 수행하는 것이다.

우리가 개미에게 유리판 사이('모래' 샌드위치)의 모래를 파게 해도, 개미는 즐겁게 그렇게 할 것이다. 그 경우에 우리는 유리를 통해 개미를 볼 수 있기 때문에, 어떤 개미가 무엇을 하는지, 얼마나 일관성 있게 모래를 파는지 알 수 있다. 땅 파는 과정을 관찰하는 것은 분명 흥미로운 일이지만, 내 경험상 개미들이 유리 아래에서 만들어내는 것은 천연 토양에서 만들어내는 것과 아주 다르다. 이처럼 유리판 사이의 모래에서 수확개미는 자연 둥지의 최상부 복잡한 방들과 다소 유사한 불규칙한 방들과 뱀처럼 갈라지는 터널을 파지만, 일반적으로 더 깊은 곳에서 발견되는 단순한 타원형 방은 파지 않는다. 당황스럽게도 뚜렷한 이유 없이 가끔 아주 단순한 방을 만들어내기도 한다. 나는 개미가 자연 둥지에서의 더 깊은 방과 유사한 방을 일관성 있게 파게 하는 조건을 찾지 못했다. 어쨌든 자연 둥지는 깊이에 따라 모양·크기·간격이 달라지는 많은 방으로 구성되어 있다. 따라서 이 작업은 어떤 유형의 방 하나를 파는 것보다 훨씬 더 복잡하다.

하지만 이 도전의 어려움에 절망하기보다는 수확개미에게 수확개미 자연 둥지가 어떤 모습이어야 하는지에 대한 '의견'을 물어볼 수 있다면 어떨까? 개미들에게 우리가 직접 만든 완전한 둥지를 제공한다면, 우리는 개미들에게 이런 질문을 할 수 있을 것이다. 우리가 주물 제작과 발굴을 통해 자연 둥지에서 관찰한 것에서 벗어나도록 둥지의 특징을 다양하게 바꾸고, 그런 다음 이 '프랑켄슈타인 둥지(Franken-nest)'가 자연 둥지와 얼마나 달라야 개미들이 수정하거나 거부하는 반응을 보이는지 확인할 수 있다. 간단하지 않을까? 몇 달 동안 나는 나만의 디자인으로 지하에 빈 공간을 만드는 방법을 고민하다가, 어느 날 문득 물을 틀 안에서 원하는 모양으로 얼릴 수 있다는 생각이 떠올랐다. 이 얼음을 땅에 묻으면 얼음이 녹은 후 얼음 모양의 빈 공간이 생길 것이다. 나는 수확개미의 다양한 유형과 크기의 방 모양으로 구리판에 구리 띠를 납땜했다(그림 6.2 위). 나는 여기에 물을 채우고 얼렸다. 틀에서 얼음을 빼내자 실제 방처럼 두께가 1센티미터인 둥지 방의 모조품이 완성되었다(그림 6.2 아래).

다음 단계는 이 얼음 모조품들을 현장으로 가져가 구덩이를 파고, 가장 아래쪽 방을 바닥에 놓고 그 옆에 플라스틱 튜브를 세우고 얼음이 녹기 전에 빠르게 모래로 덮는 것이다(그림 6.3 왼쪽). 그런 다음 두 번째로 깊은 방의 깊이에 도달할 때까지 모래를 더 채우면서 이 과정을 반복하여, 가장 위쪽 방을 지표면 바로 아래에 묻는다. 플라스틱 튜브를 빼내자, 모든 얼음 팬케이크를 연결하는 통로가 만들어졌고, 얼음이 녹으면서 계획대로 땅속에 빈 공간이 생겼다. 나는 이제 내가 원하는 깊이, 간격, 방 모양 및 크기를 가진 얼음 둥지를 만들 수 있었다. 이 얼음 둥지를 알루미늄으로 주조한 결과 자연 둥지와 거의 구별할 수 없는 (적어도 나에게는) 둥지가 만들어졌다(그림 6.3 오른쪽).

이러한 둥지 모조품을 개미에게 제공함으로써 우리는 개미가 둥지를 수정했는지 여부와 어떻게 수정했는지 확인할 수 있었고, 이를

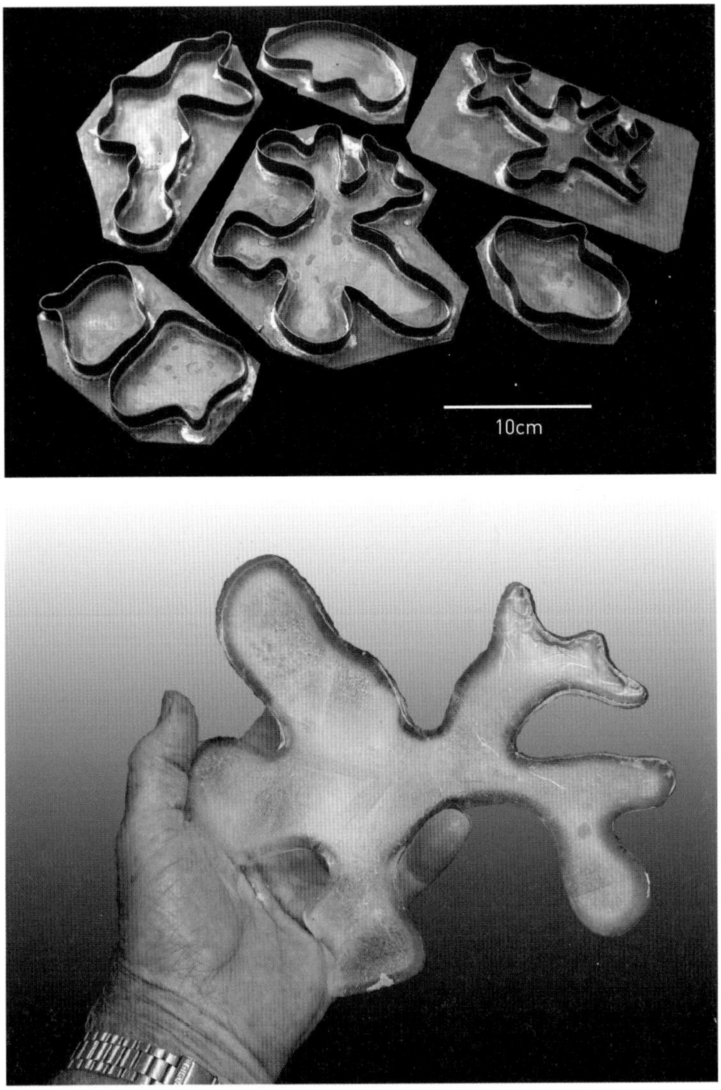

그림 6.2 구리 틀(위)에 물을 얼리면 지하 둥지 방(아래)의 얼음 모조품이 만들어진다. 저자 사진, Tschinkel (2013b).

그림 6.3 **왼쪽:** 방을 순차적으로 연결하는 플라스틱 튜브와 함께 얼음 방들을 묻고 있다. 튜브를 빼내고 얼음이 녹으면 지하 둥지의 모조품이 만들어진다. 저자 사진, Tschinkel (2013b). **오른쪽:** 알루미늄 주물은 인공 둥지가 자연 둥지와 매우 유사하다는 것을 보여준다. 저자 사진.

통해 개미가 우리 부동산을 얼마나 좋아하는지 알 수 있었다. 개미들이 해 질 무렵에 방황하지 않도록 우리 창조물 위에 탈출 방지용으로 스크린 바닥이 있는 케이지를 설치해, 개미들이 테스트용 둥지 입구 위에 놓인 스크린 구멍을 통해서만 지하로 내려갈 수 있도록 했다. 그리고 같은 지역의 자연 둥지에서 발견되는 개미 몇 마리를 추가했다. 개미들은 몇 분 만에 안으로 들어갔고, 한두 시간이 지나자 지표면으로 모래를 가져오느라 바빴다. 3~6일 후, 나는 가능한 모든 개미를 다시 잡아서 그들을 원래 둥지로 돌려보냈다. 그들의 역할이 끝났기 때문에, 나는 테스트용 둥지의 알루미늄 주물을 만들었다. 만약 개미들이 얼음 둥지가 가지고 있는 몇몇 특징을 일관되게 수정하거나, 또는 수정하지 않는다면, 우리는 개미들이 기대하는 자연 둥지의 모습을 그림으로 그릴 수 있다. 하지만 우리가 구하고자 한 '의견'은 개별 개미의 의견이 아니라, 개체가 아닌 군락 수준에서만 존재하는 집단적 기대였다는 점을 분명히 할 필요가 있다.

방의 순서

자연 둥지의 가장 분명한 특징 중 하나는 깊이에 따라 방의 모양과 크기가 변하는 것으로, 여러 곳으로 통하는 가장 큰 방이 제일 위에 있고 가장 작고 단순한 방이 제일 아래에 있다. 이런 구조의 얼음 둥지를 제공했을 때, 개미들은 원래 면적의 몇 퍼센트만 변경할 뿐 상대적으로 거의 수정하지 않았다(그림 6.4 왼쪽). 이것은 개미들이 얼음 둥지를 자신들이 직접 파서 만든 둥지와 크게 다르지 않다고 생각한다는 의미다. 그러나 순서를 뒤바꾸어 여러 곳으로 통하는

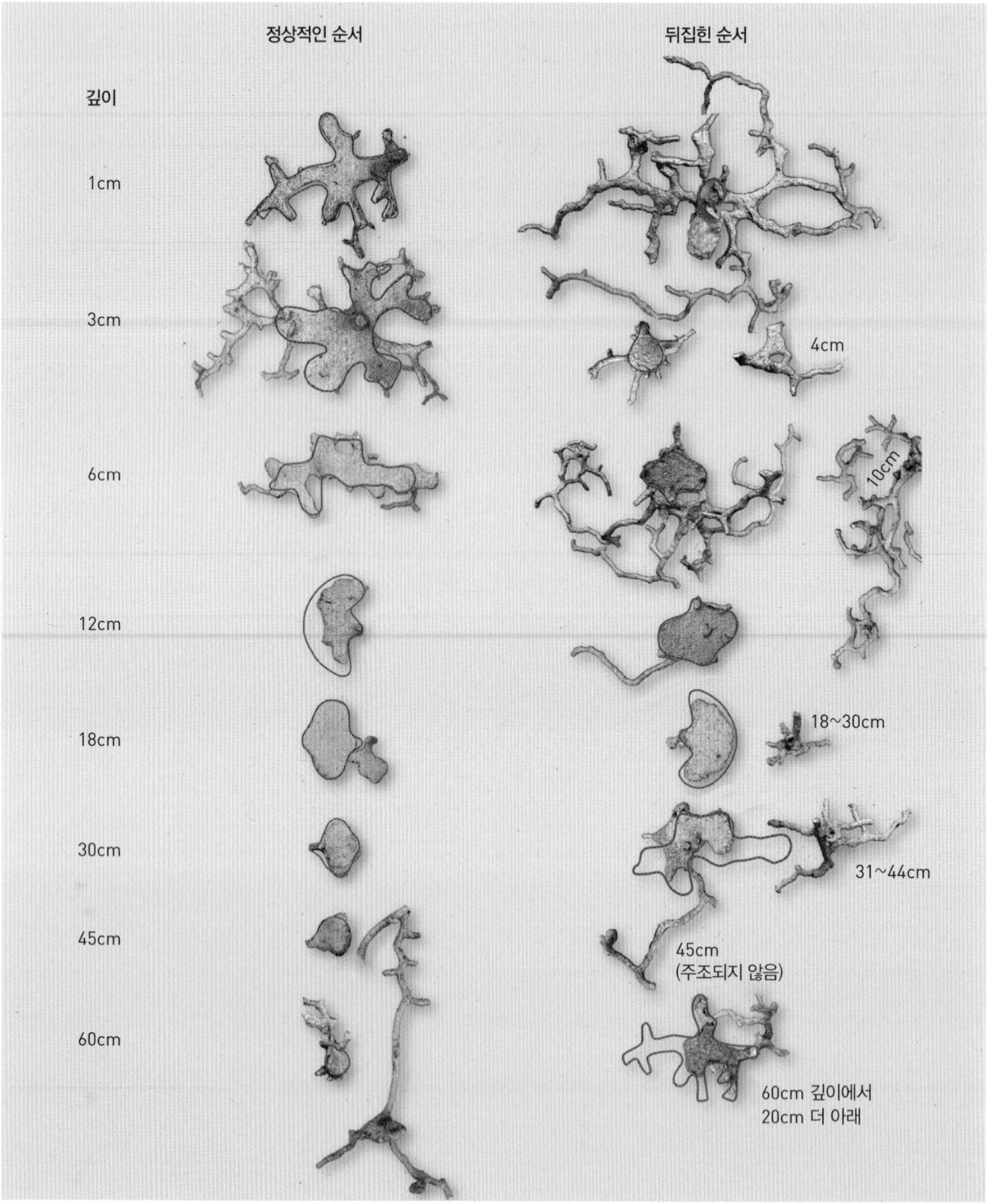

그림 6.4 개미에게 정상적인 방 순서의 얼음 둥지(왼쪽), 또는 방 순서(간격 제외)가 뒤집힌 얼음 둥지를 제공했다. 얼음 방의 윤곽은 분홍색으로 표시했으며, 나흘 뒤 만든 주물 이미지에 겹쳐져 있다. 방의 깊이는 왼쪽에 표시했다. 개미들은 방 순서가 뒤바뀐 얼음 둥지를 크게 수정했다. 여기 있는 것은 세 개의 모조품 중 하나다. 저자 사진.

큰 방이 바닥에 있게 하고 작고 단순한 방을 지표면 바로 아래 있도록 하자, 개미들은 우리가 만들어준 작은 방을 없애고 지표면 바로 아래에 자연 둥지와 비슷하도록 여러 곳으로 통하는 큰 방을 파는 것으로 불만을 표시했다(그림 6.4 오른쪽). 그 결과 둥지 상부 영역에 있는 방 면적이 얼음 방 면적보다 350퍼센트 이상 넓어졌다. 동시에 개미들은 중간과 하부 영역의 큰 방을 부분적으로 채워서 면적을 30~40퍼센트 줄였다. 정상적인 순서의 둥지 상부 영역은 면적의 5퍼센트 미만이 채워졌다. 정상 둥지와 뒤집힌 얼음 둥지를 '판단'하도록 요청받은 일개미들은 모두 동일한 군락 출신이기 때문에, 결과의 차이는 군락의 차이를 반영하는 것이 아니라 제공된 둥지에 대한 반응이었다. 그 결과 뒤집힌 얼음 둥지가 정상 순서 둥지와 더욱 비슷하게 만들어졌다.

순서가 뒤집힌 둥지에서 개미들은 얼음 방을 넓히거나 채우는데 그치지 않았다. 그들은 없었던 방을 추가하여 전체 둥지 면적을 20퍼센트 늘렸다. 이 면적의 85퍼센트는 둥지의 상부 10센티미터 깊이에 있었다. 이와 대조적으로, 정상 순서 둥지의 개미들은 제공된 얼음 방 외에 다른 방을 추가하지 않았다. 이러한 차이는 그림 6.4의 예에서 분명하게 드러난다.

방의 간격

눈에 띄고 테스트 가능한 둥지의 또 다른 특징은 방 사이 간격이다. 가장 위쪽 방은 일반적으로 지상에서 1~2센티미터 아래에 있고, 그 다음 방은 거기서 1~3센티미터 떨어져 있다. 아래쪽 방들 사이 간격은 일반적으로 위쪽 방들 사이 간격보다 몇 배 더 넓다. 그래서 우리는 (일반적인) 가장 위쪽 방이 지하 1센티미터가 아닌 10센티미터에 위치하고, 그다음 방은 그보다 15센티미터 더 아래에 위치하게 하고, 그다음 방도 같은 간격으로 진행하다가 (일반적인) 가장 아래쪽 방의 간격만 1~3센티미터 떨어지게 한 얼음 둥지를 개미들에게 제공했다. 비교 대상은 다시 자연적인 크기·순서·간격을 가진 얼음 둥지들이었다.

세 개의 둥지 중 두 개의 둥지에 있는 개미들은 얼음 방이 없는 지표면 바로 아래에 크고 복잡한 방을 만들었다. 그러나 전체적으로 이 둥지들은 일반 둥지와 크게 다르진 않았는데, 이는 일반적인 가장 큰 방이 10센티미터 깊이에라도 있었기 때문일 것이다. 그럼에도 불구하고 개미들은 지표면 바로 아래에 크고 복잡한 방이 있을 것으로 예상했으며, 이를 찾지 못하면 직접 만드는 경향이 있었다.

방의 수평성

자연 둥지의 또 다른 인상적이고 일관된 특징은 방바닥이 완전한 수평을 이룬다는 것이며(그림 4.11), 이 또한 테스트해볼 수 있었다. 약간 비열해 보이지만, 우리는 크기·모양·순서·간격은 자연스럽지만 모든 방이 수평에서 약 20도 기울어진 얼음 둥지를 개미들에게 제공했다. 놀랍게도 개미들은 바닥이 경사져 있고 가구가 바닥으로 미끄러지는 것에 전혀 신경 쓰지 않는 것 같았다. 며칠 더 시간이 주어졌다면 개미들은 이런 상황을 개선했을지도 모르지만, 일단 처음에는 기울어진 방을 있는 그대로 받아들였다. 우리는 개미들이 파는 새로운 방은 모두 수평 바닥일 것이라고 확실히 기대할 수 있다. 왜냐하면 그것이 그들이 하는 일이기 때문이다.

통로의 변형

그림 4.10은 개미들이 나선형 통로 만들기를 얼마나 좋아하는지 보여준다. 나선형 통로는 수확개미 둥지 건축의 보편적 특징이며, 개미들이 다른 통로 구성은 거부할 것임을 암시한다. 우리는 개미가 나선형 통로(방 없는)와 같은 경사의 직선형 통로(역시 방 없는)에 어떻게 반응하는지 비교함으로써 이를 쉽게 테스트할 수 있었다. 알루미늄 막대를 나선형으로 구부려 땅에 나사로 고정한 다음 나사를 풀어 반지름이 5~7센티미터이고 경사가 53도인 나선형 통로를 만들었다. 직선형 통로는 곧은 알루미늄 막대를 10도, 53도(자연 경사) 또는 90도로 기울여 토양에 밀어넣어 만들었다. 10도 경사인 통로의 아래쪽 끝은 지하 13센티미터에 불과했지만, 50도 경사인 통로는 지하 약 30센티미터, 90도 경사인 통로는 지하 약 50센티미터에 닿아 있었다. 각 통로 입구마다 스크린 바닥으로 된 케이지를 설치하고 150마리의 일개미를 추가했다. 그 후 나흘 동안 개미들에게 이 통로를 받아들이거나 거부하고, 방을 추가하거나 다른 방식으로 수정할 수 있는 시간을 주었다.

놀랍게도 개미들은 대부분 직선형과 나선형 통로 모두를 받아들이고 사용하는 것으로 나타났다(그림 6.5). 나선형 통로는 항상 수용되어 방들로 장식되었다. 53도 기울어진 직선형 통로는 열네 번 중 열세 번 받아들여졌다. 단 한 번만 일개미들이 제공된 통로를 포기

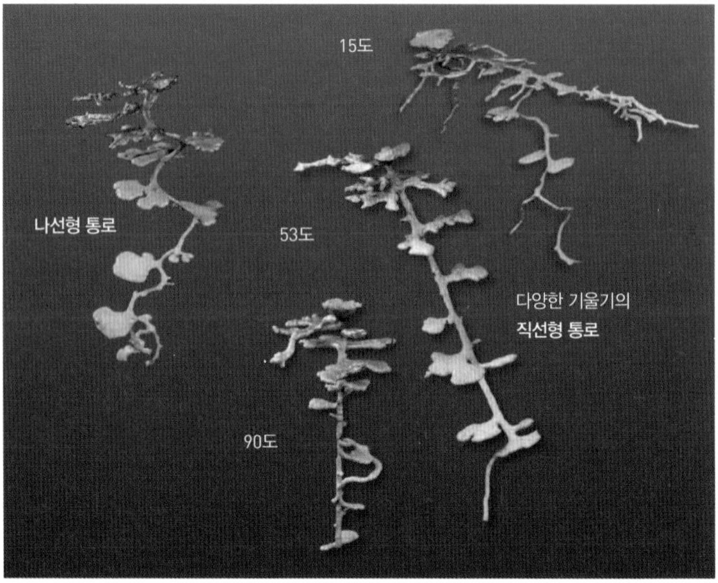

그림 6.5 개미들에게 방이 없는 통로를 제공한 실험. 개미들은 모두 나선형 통로를 받아들여 방으로 장식했는데, 나선과 하강 각도가 거의 같은 직선형 통로도 거의 항상 받아들였다(53도). 하강 각도가 10도인 직선형 통로를 사용할 경우에는 거기에 항상 나선형 통로를 추가했다. 또한 대부분의 경우 직선형 수직 통로를 사용했다. 저자 사진.

하고 나선형 통로를 직접 만들었다. 이와 대조적으로 경사가 10도에 불과한 경우에는 네 집단 모두 이 얕은 통로를 두 개의 하강하는 나선형 통로로 장식했다. 마찬가지로 90도 기울어진 통로를 제공받은 네 집단 중 한 집단은 이를 포기하고 그들만의 나선형 통로를 만들었다. 다소 놀라운 결론은 개미들이 나선의 지속적인 곡률보다 하강 각도에 더 신경 쓰는 것처럼 보였다는 것이다(그림 6.5). 반면에 개미들은 직선형 통로의 바닥에 도달하면 그들 특유의 나선형 통로를 이용해 둥지를 더 깊게 팠다.

방의 배치

개미들은 나선형 통로와 직선형 통로를 비교적 가리지 않고 받아들였지만, 방의 배치는 매우 다양하게 나타났다(그림 6.6). 세 개의 나선형 통로 모두에서 거의 모든 방(25개 중 23개)이 나선형 곡선의 바깥쪽에 있었고, 3개의 방만이 양쪽에 있었으며, 안쪽으로는 방이 없었

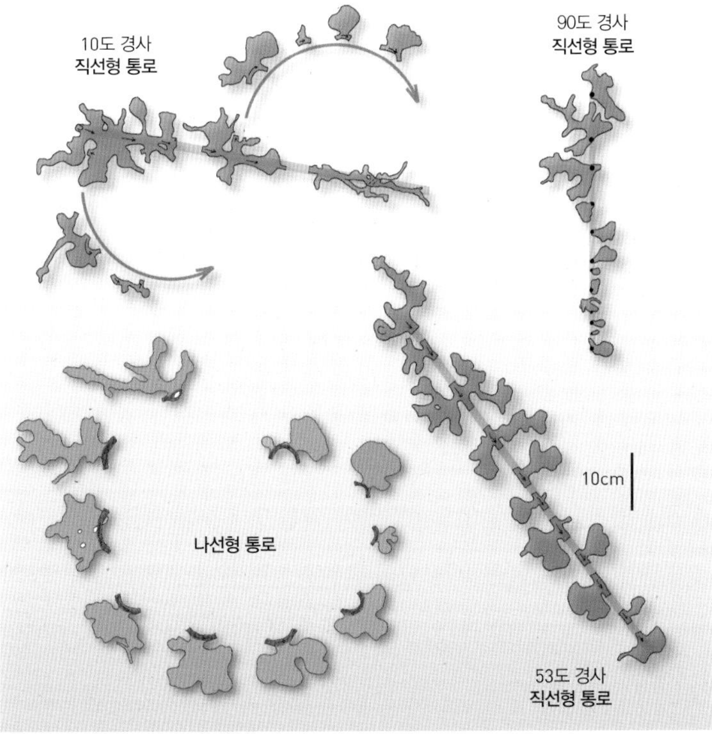

그림 6.6 통로 실험에서의 방 배치. 방은 거의 항상 나선형 곡선의 바깥쪽에 있었지만, 53도 경사 직선형 통로의 경우에는 한쪽 또는 양쪽에 있었다. 수직 통로인 경우, 방은 항상 임의의 나침반 방향으로 통로 한쪽에 있었다. 10도 경사 통로는 양쪽으로 확장되어 방이 불분명하게 형성되는 경우가 많았지만, 항상 그 통로로부터 개미가 만든 나선형 통로가 아래로 뻗어 있었다. 저자 사진.

다. 구불구불한 강처럼, 개미들은 구부러진 곳의 바깥쪽으로 이동하는 경향이 강하다. 이와 대조적으로, 53도 경사 직선형 통로가 있는 14개 둥지에서는 방이 양쪽으로 거의 동일하게 있었으며, 종종 서로 맞은편에 위치하기도 했다(그림 6.6). 이러한 직선형 통로에 있는 109개 방 중에서 55개는 양쪽에, 31개는 오른쪽에, 23개는 왼쪽에 있었는데, 왼쪽은 선호도가 그리 높지 않았다. 10도 경사 통로는 일반적으로 통로가 양쪽으로 확장되었고, 방이 분명하게 없는 경우가 많았다. 90도 경사 통로는 방들의 중심에 있지 않았으며, 방들은 항상 임의의 나침반 방향으로 통로 한쪽에 있었다.

기타 질문

때로 개미들은 독창적인 방식으로 결과에 의문을 제기한다. 예를 들어, 나는 개미들에게 방 모양을 중요하게 생각하는지, 아니면 어떤 모양의 방이든 충분히 크면 괜찮은지 여러 번 물었다. 이런 질문을 하기 위해서, 나는 개미들에게 방이 원형이거나 삼각형(꼭지점이 통로에 있는)인 얼음 둥지를 제공했다. 어떤 경우에 개미들은 이 두 가지 형태의 방을 모두 받아들였다. 그 안에 씨앗 저장실이 있었기 때문에 그랬다는 것을 알고 있다. 어떤 경우에 개미들은 방의 일부를 모래로 채우기도 했다. 그러나 실제로 의구심을 더하는 반응은 개미들이 종종 외부 나뭇가지로 만든 '야생' 통로로 얼음 둥지를 장식하는 것이었다. 이것은 방 공간이 충분하면, 통로를 만드는 데 에너지를 쏟는다는 의미일까? 나는 무엇을 믿어야 할지, 즉 개미들이 원형과

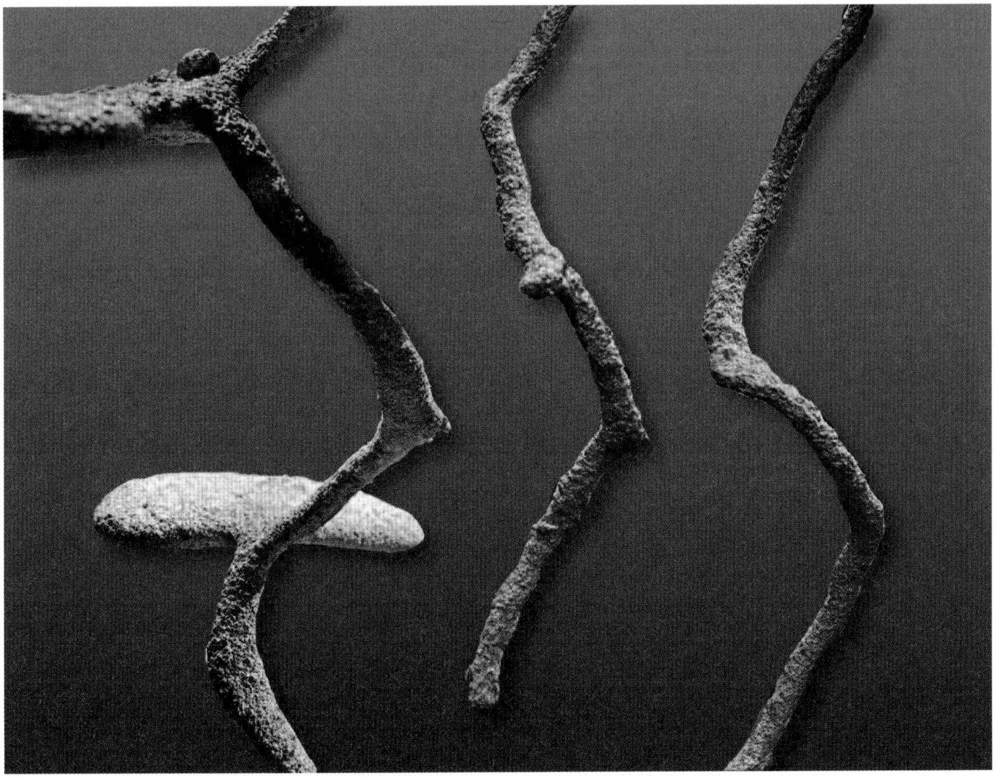

그림 6.7 방들은 일반적으로 나선형 통로에 작은 돌기나 각진 모양으로 형성된다. 이것은 특히 활발하게 굴을 파고 있는 둥지에서 두드러지지만, 더 안정된 둥지의 더 깊은 통로에서도 종종 볼 수 있다. 이러한 돌기 및 각진 모양의 간격은 방 간격과 비슷하며, 둥지가 확장되면서 방이 형성될 위치를 나타낸다. 저자 사진.

삼각형 방을 받아들인다고 판단해야 할지, 아니면 야생 통로를 내가 제공한 이상한 방에 대한 '항의'의 표시로 판단해야 할지 결정해야 하는 상황에 직면했다. 이것이 바로 군락의 마음을 알아보는 데 있어 어려운 점들이다.

자연 둥지뿐만 아니라 '통로 실험'에서도 막 만들기 시작하는 방은 나선형 통로 바깥쪽에 작은 돌기나 각진 모양으로 처음 나타났으며, 방들과 매우 비슷한 간격을 두고 있었다(그림 6.7). 이러한 작은 돌기가 어떤 메커니즘으로 만들어지는지는 중요한 문제다. 왜냐하면 이 돌기가 일종의 자리 표시자 또는 도로 표지판(여기를 파세요!) 역할을 하면서 방 사이의 최종 간격을 결정하기 때문이다. 이곳은 개미들이 거의 일탈하지 않고 지나가는 곳으로 정기적으로 교통 체증을 일으키는 곳일까? 그런데 왜 어떤 것은 커져서 방이 되고 다른 어떤 것은 방이 되지 않는 것일까?

깊이 단서 재검토

수직으로 조직된 둥지를 만들려면 개미는 지표면 아래의 깊이에 대한 정보가 있어야 한다. 우리는 이미 이 정보가 이산화탄소 증감률을 바탕으로 하지 않는다는 것을 알고 있다(5장). 개미가 토양 자체에 내재한 어떤 단서를 통해 자신의 깊이를 '알고' 있다면 어떨까? 분명히 절박하고 가능성이 낮은 가설이긴 하다. 한 무리의 일개미를 스크린이 설치된 케이지에 넣고서 지표면에서부터 둥지를 파게 하고, 다른 무리의 일개미를 50센티미터 구덩이의 바닥에서 둥지를 파도록 해보자. 개미들이 구덩이 바닥의 흙이 '50센티미터 깊이의 흙'이라는 것을 감지한다면, 그들은 지표면에서 파는 개미들보다 둥지 상부에 훨씬 더 단순하고 작은 방을 만들어야 한다. 실제로 개미들은 그 깊이에서 일반적으로 발견되는 것과 비슷한 방을 파야 한다. 안타깝게도 이 실험을 준비하는 데 많은 노력과 땀이 필요했는데도, 개미들이 파낸 둥지에는 차이가 없었다. 이것은 토양에 개미가 사용하는 '고유한' 깊이 정보가 없다는 것을 뜻한다. 때때로 우리는 논리적으로 보이는 것을 시도하지만 개미는 다른 의견을 가지고 있다. 우리는 이러한 부정적 결과에서도 배운다.

수확개미 군락이 어떻게 정교한 둥지를 만드는지 알아내려는 나의 노력은 겨우 표면을 긁어본 정도에 불과하다. 기본적인 미스터리는 대부분 그대로 남아 있다. 다른 연구자들이 더 깊이 파고들어야 할 과제가 남아 있는 것이다. 다음 섹션에서는 답을 기다리는 또 다른 질문으로 넘어가보겠다.

둥지 건축은 군락에 어떤 역할을 할까

일반적으로 둥지는 피난처, 보호소 및 작은 서식지 역할을 한다. 그러나 둥지의 특정 건축 요소의 '디자인'이 다른 디자인보다 특정 군락 기능을 더 잘 수행하는지, 즉 번식 성공을 극대화하는 데 도움이 되는지 여부와 그 방법을 생각해보는 것은 훨씬 더 흥미로울 수 있다. 종에 따른 건축의 엄청난 다양성은 아마도 이와 관련 있을 것으로 보인다. 특정한 구조는 진화를 통해 그 구조를 만든 군락에 가장 잘 맞도록 조정되었을 것이다. 때로는 목적이 꽤 분명하다. 곰팡이재배개미의 알 모양 방은 다른 대부분 종의 팬케이크 모양 방보다 곰팡이를 재배하는 데 더 적합하다. 하지만 길게 늘어진 돌기 모양 방이 단순한 타원형 윤곽을 가진 방보다 각 군락에 어떻게 유리할 수 있는지, 또는 비슷한 방을 더 가깝게 또는 더 멀리 배치하는 것이 다른 방식보다 각 군락에 더 도움이 되는지는 명확하지 않다.

그렇다면 각각의 세부 구조가 **특정한** 적응의 결과라는 믿음은 생물학 전반에 걸쳐 모든 것이 자연선택의 최적 산물이어야 한다는 믿음을 적용한 것일 뿐일까? 이러한 믿음(이른바 '적응론')이 과학적 탐구를 자극할 정도로 반드시 항상 진실은 아니며, 적어도 이를 뒷받침하는 증거를 확보하는 것은 어렵거나 불가능할 수도 있다. 앞 장에서 나는 수확개미가 일부 건설 규칙에 대해서는 매우 분명한 의견 표현을 하지만, 다른 규칙에 대해서는 강한 의견이 없다는 것을 확인했다. 수확개미들은 지표면 바로 아래에 복잡하고 갈라지는 방과 구부러진 나선형 통로의 바깥쪽에 방을 고집하지만, 통로가 직선인 경우에는 측면을 선호하지 않았다. 수확개미들은 비나선형 통로를 제공해도 받아들이지만, 자체적으로 나선형 통로를 만들기도 한다. 가파른 하강 각도의 통로를 선호하지만 열광하는 정도는 아니며, 너무 얕은 하강 각도를 싫어한다는 것도 알게 되었다. 수직 통로는 종종 받아들이지만 거부하기도 하는데, 이는 일종의 '우리가 이대로 살 수 있을까'라는 고민의 순간이 있음을 암시한다. 이 실험 결과는 개미들이 **어떻게** 아름다운 둥지를 만드는지에 대해 몇 가지를 알려주지만, 개미들이 **왜** 그런 세부 특징을 가진 둥지를 만드는지에 대해서는 거의 알려주지 않는다. 둥지 건설에 적용되는 규칙을 조금씩 알아내는 것과 그 결과가 군락의 적합도에 어떻게 도움이 되는지 알아내는 것은 완전히 별개 일이며, 후자가 더 어렵다.

왜라는 질문에 답하기 위해서는 건축적 **세부** 특징이 개별적으로 또는 함께 군락 적합도에 미치는 영향, 즉 한 군락이 딸 군락 생산에 성공하는 데 미치는 영향을 파악해야 한다. 이러한 실험은 이론적으로 어렵지 않지만 실제로 실행하기는 매우 어렵다. 예를 들어 자연 둥지의 눈에 띄는 특징 중 하나인 나선형 통로가 군락 적합도에 영향을 미치는지 알아보고 싶다고 가정해보자. 군락 적합도를 측정하는 데 알맞은 대리 지표로 우리는 나선형(자연) 통로가 있는 둥지와 하강 각도가 같지만 통로가 직선인 둥지에서 군락이 생산하는 생식 개미의 수와 질을 비교해볼 수 있다. 우리는 군락에 대해 둥지를 개조하지 않고 일 년 내내 이 둥지를 사용하도록 강제해야만 개조된 둥지에서 생산되는 생식 개체를 자연 구조의 둥지에서 생산되는 생식 개체와 대조할 수 있다. 이와 유사한 조건은 다른 특징들을 수정할 때에도 적용된다. 예를 들어, 방들, 전체 면적, 둥지 깊이, 방 크기의 분포 및 깊이에 따른 방의 분포 등과 같은 다른 특징을 수정할 때에도 마찬가지다. 이 중 일부는 실험실에서 수행할 수 있지만, 이 경우에는 자연적 폐사율과 먹이 활동에 드는 비용이 없어 적합도 측정에 미치는 영향을 확인할 수 없다. 그러나 실험실에서도 군락을 오랫동안 건강하고 행복하게 유지하기는 쉽지 않다. 어떤 기준으로 보더라도, 이러한 실험은 불가능할 정도로 어렵다.

건축 특징에 대한 테스트

그럼에도 불구하고 일부 기능은 다른 기능보다 테스트하기가 더 쉬울 수 있으며, 특히 짧은 실험으로 만족할 수 있는 경우 더욱 그렇다. 나는 건축 특징에 대한 이러한 테스트를 완료했지만, 그 실험 대상은 플로리다수확개미보다 훨씬 덜 까다로운 개미, 즉 이국적인 붉은열마디개미인 솔레놉시스 인빅타였다. 1964년에 유명한 꿀

벌 생물학자 찰스 미치너(Charles Michener)는 여러 종류의 벌·말벌·개미의 군락 구성을 표본 추출하고, 군락이 클수록 새끼를 기르는 데 효율적이지 않다는 내용의 논문을 발표했다. 즉, 군락이 커질수록 성체 한 마리당 새끼 수가 감소했다. 미치너는 곤충의 사회성 진화가 결과적으로 번식 성공률 감소를 의미한다면 왜 사회성을 진화시켰는지 궁금해했다. 이후 이것은 '미치너 역설(Michener Paradox)'로 알려지게 되었다. 그러나 나를 포함한 곤충학자들은 이 질문을 검증해야 할 가설로 보는 대신 이러한 결과를 수십 년 동안 일종의 '사실'로 받아들였다. 실제로 샌퍼드 포터는 내 연구실에서 박사 학위를 받는 과정에서 3000마리의 일개미로 이루어진 군락이 750마리의 일개미로 이루어진 군락보다 한 달에 일개미 한 마리당 사육하는 새로운 일개미 수가 더 적다는 사실을 확인했다. 이 결과는 미치너의 보고서와 일치하는 것처럼 보였다.

1990년대 초, 나는 1년 동안 90개(90개다!)의 붉은열마디개미 군락을 발굴하고 조사했다. 이 조사를 통해 계절별로 다양한 군락 크기별로 일개미, 유충, 번데기, 생식 개미의 수를 파악할 수 있었다. 새로운 개미의 출생률은 일개미와 번데기 수로 추정했으며, 둥지 주변 온도를 고려하여 조정했다. 이 작업은 다음과 같이 진행되었다. 예를 들어, 번데기 발육 기간이 10일이고 번데기 수가 1000마리인 경우, 출생률은 하루에 100마리다. 이 둥지에 1000마리의 일개미가 있다면, 특정 출생률은 일개미 한 마리당 하루에 0.1마리의 새로운 일개미가 태어나는 것이다. 수백 마리의 일개미에서 25만 마리의 일개미까지 다양한 크기의 자연 붉은열마디개미 군락에 대해 계산해본 결과, 이 출생률(또는 생산율 또는 번식 효율)은 군락 크기에 따라 변하지 않으며, 계절에 따라 변한다는 것을 알 수 있었다.

여러 해 동안 나는 현장 연구 결과와 이전의 실험실 결과, 그리고 미치너의 논문 사이의 이러한 모순에 대해 고민했다. 이 모순을 설명할 수 있는 차이점을 찾기 위해 노력한 결과, 연구 초기에 실험실에서는 수천 마리의 일개미가 하나의 큰 방에서 사육되는 반면, 자연에서는 평균 200마리의 개미가 들어갈 수 있는 수백 개의 작은 방으로 구성된 둥지를 사용한다는 사실에 그 해답이 있을 것 같았다. 우리는 이미 실험실에서 군락이 더 작을수록 효율성이나 출생률이 높아진다는 것을 확인했기 때문에, 자연 군락이 수백 개의 작고 효율적인 '작업 집단'으로 나뉘어 있어서 일정한 효율성을 유지하는지 묻는 것이 합리적으로 보였다. 평균적인 방 크기는 군락 크기에 따라 변하지 않기 때문에, 큰 군락이 작은 군락만큼 효율적인 이유가 여기에 있을 수 있다.

이것은 둥지 구조가 군락 기능에 어떤 영향을 미칠 수 있는지에 대한 검증 가능한 가설이었다. 내가 해야 할 일은 (말처럼 쉽지는 않았지만) 두 가지 유형의 실험실 둥지에 같은 크기의 군락을 배치하는 것이었다. 하나는 대형 방 한 개로 이루어진 둥지, 다른 하나는 대형 방과 총면적이 같은 48개의 작은 방들이 연결된 둥지였다. 수년 동안 두세 명의 학부생이 이 실험을 시도했지만, 결과는 모호했다. 그래서 마지막 연구비 중 하나를 이용하여 마지막 시도로 조교 니콜라스 핸리와 함께 이 실험을 준비하고 두 번 실행했다.

나는 라우터를 사용하여 평평한 석고 블록에 큰 방과 작은 방을 조각했다. 다만 2만 5000rpm으로 회전하는 뾰족한 공구로 마른 석고를 파서는 안 된다는 것을 다시 한번 확인했다. 몇 개의 둥지를

그림 6.8 둥지 세분화가 유충 사육 효율성에 미치는 영향을 테스트하기 위한 실험. 두 가지 둥지 유형은 전체 방 면적이 같고, 한 마리의 여왕개미, 그리고 같은 수의 일개미와 유충으로 시작했다. 저자 사진, Tschinkel (2017c).

만든 뒤 내 작업실은 완전히 흰색으로 뒤덮였다. 완성된 둥지를 트레이에 놓고 물에 적셔서 유리로 덮은 다음 3000마리의 일개미와 3000마리의 유충을 넣었다(그림 6.8). 한 번의 번식 주기(약 한 달) 동안 자유롭게 먹이를 준 후, 각 둥지를 열어 원래 일개미들이 얼마나 많은 유충을 키웠는지 확인했다. 그런 다음 이와 반대로, 방이 하나인 둥지에 있던 군락을 여러 개의 방이 있는 둥지에 수용하거나 그 반대로도 해보았다. 전체 실험은 다른 번식 주기 동안 실행하고 마지막에 최종 개체 수를 조사했다.

긍정적인 결과, 즉 방이 나뉘어 있는 둥지가 유충을 키우는 데 더 효율적이라는 결과를 발견하고 싶었지만, 두 실험 모두 만족스러운 결과를 얻지 못했다. 측정 방식과 상관없이 방이 여러 개로 나뉜 둥지와 단일 방 둥지의 유충 사육 효율은 비슷했다. 둥지를 세분화해도 실험실 결과와 현장 결과 사이의 차이를 해결할 수 없었다.

비슷한 시기에 위스콘신 대학의 동료 밥 진(Bob Jeanne)은 다른 두 명의 동료와 함께 미치너가 1964년 논문의 근거로 삼은 데이터를 재분석했다. 이들은 붉은열마디개미에 대한 현장 연구를 포함하여 1964년 이후 발표된 여러 실증 연구에 자극받았는데, 군락이 커져도 번식 효율이 감소하지 않는다는 사실을 발견한 연구였다. 진과 그의 동료들은 수명 주기, 계절에 따른 사멸률 변화, 기타 여러 자연사 요인을 고려하면 소위 미치너 역설이 사라진다는 것을 보여주었다. 그러니까 나는 허구로 판명된 가설을 테스트하는 헛된 실험을 한 셈이었다. 돌이켜보면 붉은열마디개미 유충 무리가 항상 일개미로 뒤덮여 있다는 것을 보여준 대학원생 데비 캐실(Deby Cassill)의 연구에서 강력한 경고를 보았어야 했다. 즉, 유충보다 일개미가 훨씬 많든 적든, 유충이 작은 탁아소에 있든 거대한 사육장에 있든 상관없이 유충은 동일한 보살핌을 받았다는 것이다. 유충 사육의 효율성은 유충을 돌보는 일개미와 돌봄이 필요한 유충의 비율에 달려 있었고, 이 비율은 늘 동일했다.

이 이야기는 발표된 논문에 자극을 받아 프로젝트를 시작하기 전에 그 논문을 비판적 시각으로 읽기보다는 일반적 신념으로 받아들이는 것의 위험성을 경고한다. 둥지 건축의 관점에서 볼 때, 이 결과는 약간 안타까웠다. 둥지 세분화는 둥지 건축의 기능에 대해 실제로 수행할 수 있는 몇 안 되는 실험 중 하나였기 때문이다. 습도나 수분과 같이 둥지가 제공하는 일부 조건은 유충 사육 및 기타 군락 기능에 영향을 미치지만, 그 자체가 건축물은 아니다. 누군가 건축물 그 자체의 원인과 결과 기능을 직접적으로 테스트할 수 있는 방법을 생각해낼 때까지, 우리는 (거기서 많이 나타나는) 패턴과 상관관계에 만족해야 할 것이다.

건축 특징의 기능을 설명하지 못한다고 해서 다른 연구 방향을 찾지 못하는 것은 아니다. 다음 장에서는 둥지를 파는 것이 개미가 사는 토양에 미치는 중요한 영향에 대해 다룰 것이다.

07

개미와 토양

땅속에는 완전히 낯선 세계가 펼쳐져 있다. 땅속은 지상 세계와 달리 밀도가 높고 입자로 이루어져 있어서 특별한 적응력을 많이 필요로 한다. 하지만 세계의 토양에는 다양하고 풍부한 동물상과 식물상이 서식하고 있다. 그중 많은 동식물이 지상과 지하를 오가고, 일부는 지상과 지하 모두에 서식하며, 일부는 경계를 넘어서지 않는다. 자연 과정은 용해된 미네랄을 끊임없이 아래로 이동시켜 토양 내에 뚜렷한 영역(지층)을 형성하지만, 토양에 굴을 파는 동물은 이러한 영양소 손실을 늦추고 파낸 토양을 표면으로 가져와 표토를 형성하거나〔생물 맨틀링(biomantling)〕, 용해성 미네랄을 지하에서 더 높은 곳으로 이동시켜 재분배한다〔생물 교란(bioturbation)〕. 따라서 토양 구조는 이러한 생물들이 살아가는 동안 끊임없이 변화하고 재생된다. 이들의 활동은 식물이 영양분을 더 많이 흡수하게 하고, 물의 침투에 영향을 미치며, 통기성을 높이고, 토양 다공성을 변화시킨다. 수천 년 동안 많은 토양은 점성이 있는 액체가 천천히 끓고 있는 냄비와 같아서, 높이 솟아올라 퍼지거나 떨어지면서 혼란스럽게 혼합되는 현상이 일어났다.

이렇게 토양을 휘저을 때 나타나는 효과 중 하나는 지표면의 물체들이 서서히 지하로 가라앉아서, 만약 썩지 않는다면 매우 오랜 기간 보존된다는 것이다. 내 동생이 튀니지 카르타고에 살았을 때, 꽃 한 송이를 심으려고 구덩이를 파면 종종 로마 동전 한두 개가 나오곤 했다고 한다. 고고학자들은 생계를 위해 이 매장 현상에 의존하고 있으며, 정원사들은 깔끔한 산책로를 만들어줄 포장용 돌이 점차 땅속으로 사라지기 때문에 이 매장 현상에 저주를 퍼붓기도 한다. 찰스 다윈은 이 매장 과정에 대한 최초의 연구 중 하나를 발표했는데, 대부분 지렁이 때문이라고 주장했다. 다윈의 동시대 사람들 일부는 다윈과 같이 광범위한 개념으로 사유하는 인물에게는 비교적 사소한 주제라고 생각했지만, 자연선택에 의한 진화와 마찬가지로 이 현상은 오랜 시간에 걸쳐 작은 행동이 큰 영향을 미치는 사례다.

다윈은 개미에게 대규모 토양 이동의 역할을 부여하지 않았는데, 아마도 영국에는 개미의 동물상이 빈약했기 때문일 것이다. 그러나 전 세계 대부분의 따뜻한 지역에서 개미가 매장과 생물 교란의 주요 주체라는 사실을 사람들이 인식하는 데는 그리 오래 걸리지 않았다. 매장과 생물 교란의 대부분은 개미가 지하에서 둥지를 파낸 결과다. 굴착 과정에서 나오는 퇴적물이 토양 표면을 덮는 속도는 둥지와 파낸 토양의 부피 및 밀도에 따라 분명히 달라진다. 열대 아메리카 잎꾼개미의 거대한 둥지들은 많은 입방미터 단위의 토양으로 광활한 풍경을 묻어버린다. 넓게 퍼져 있는 흙무더기와 둥지 입구를 보는 사람은 이 개미가 생물 교란의 주요 주체라는 사실을 인식하지 못할 수가 없다. 그러나 매장 속도가 빠르다고 해서 반드시 둥지가 크고 눈에 띄어야 하는 것은 아니다. 작은 둥지를 가진 개미들도 밀도가 높으면 놀라운 속도로 정원을 파묻을 수 있다.

개미 천국의 토양 역학

아직까지 어떤 서식지에서도 개미의 전체 동물상이 토양의 교란과 매장에 미치는 영향을 세밀히 연구한 사례는 없다. 나는 이 주제에 대한 대부분의 연구를 개미 천국에서 진행했는데, 거기에는 플로리다수확개미인 포고노미르멕스 바디우스 외에도 수십 종의 다른 개미 종들이 땅속에서 둥지를 파고 있다. 각 군락은 둥지를 파는 동안 둥지가 커지면 점점 더 많은 양의 흙을 지표면으로 가져오고, 아마 지하에도 다양한 양의 흙을 쌓아둘 것이다. P. 바디우스처럼 이 군락들이 때때로 새로운 장소로 이사한다면, 이사 빈도, 둥지 밀도, 둥지의 부피와 깊이에 비례하여 전체적으로 교란하는 흙의 양이 증가하게 된다. 개미 천국에서도, 따뜻한 지역의 많은 생태계와 마찬가지로, 토양 역학에 대한 이러한 영향은 클 것이다. 개미들(그리고 다른 땅속 동물들)은 수십만 년에 걸쳐 천천히 토양을 교란하며, 흙을 표면으로 가져와 다시 묻고, 다시 파고, 지하에 가져다 놓고, 다시 표면으로 가져오는 등의 작업을 무한 반복한다. 물론 개미가 토양 역학에 영향을 미치는 유일한 생물은 아니지만, 아마도 가장 중요한 생물일 것이다.

토양 역학에 대한 나의 모험은 고고학자 짐 던바(Jim Dunbar)와 모래 연대기학자 잭 링크(Jack Rink)한테 연락이 오면서 시작되었다. 그들은 개미 둥지 건축에 대한 내 연구를 보고 내가 한 가지 난제를 해결하는 데 도움이 되리라 생각했다. 탤러해시 남쪽의 와쿨라 스프링스(Wakulla Springs)에서 고고학 발굴 작업을 하던 중, 그들은 약 1미터 깊이에서 부싯돌 조각(아메리카대륙 최초 인류의 확실한 증거)을 발견했다. 일반적으로 이러한 부싯돌 조각을 발견하면 기뻤겠지만, 한 가지 문제가 있었다. 광학자극발광법(OSL)으로 토양 연대를 측정한 결과, 이 토양이 3만~4만 년 전에 형성된 것으로 나타났던 것이다. 이것은 신대륙에서 인류의 출현을 시사하는 다른 모든 증거보다 훨씬 이전 시기다. OSL은 주변 방사선이 석영 입자가 어두운 곳에 묻혀 있는 경우와 같이 어두운 곳에 오래 보관될수록 점점 더 많은 고에너지 전자를 석영 입자에 가둔다는 사실에 기초한다. 실험실에서 빛을 비추면 이 갇힌 에너지는 자외선으로 방출된다. 일반적으로 곡물이 더 깊게 묻혀 있을수록, 이 곡물은 더 오래 묻혀 있었고 더 많은 자외선을 방출한다. 던바와 링크는 생물 교란이 깊은 곳에 있는 오래된 토양과 얕은 곳에 있는 덜 오래된 토양을 뒤섞어 연대 측정이 허위로 이루어졌다고 의심했다. 이 조작의 가장 유력한 용의자는 개미였기 때문에, 내가 여기에 참여하게 된 것이다. 우리가 이 지역에서 개미들이 일으키는 생물 교란과 생물 맨틀링을 정량화하기 위한 실험을 함께할 수 있을까?

문제는 수확개미가 상당한 양의 토양을 더 깊은 곳에서 더 높은 곳으로 옮기면서도 빛에 노출하지 않고 지하에 쌓아놓는지 여부였다. 이렇게 옮겨진 모래는 OSL에서 토양의 빛을 방출하는 양을 변화시켜 연대 측정 결과에 오류를 일으킬 수 있다. 이런 일이 얼마나 일어났는지 알 수 있다면, 고고학자들은 개미의 활동을 조정하고 정확한 OSL 연대 측정을 할 수 있을 것이다. 땅 위에 퇴적된 토양은 빛에 노출되면 즉시 자외선을 방출하는 능력이 사라지거나, 잭의 표현을 빌리자면 제로화되기 때문에 거의 관심을 두지 않았다.

잭은 열한 가지 색상의 모래 2000파운드를 주문하여, 펜서콜라에서 개미 천국까지 트럭으로 배달시켰다. 공급업체는 이미 모래만 가득한 숲 한가운데로 모래를 배달하는 것이 무슨 짓이냐고 생각했을 것이다. 우리는 각각 깊이 2미터, 가로 1미터, 세로 1미터 크기의 구덩이 두 개를 파서 파낸 모래를 방수포 위에 쌓았다. 굴착 작업을 하는 상당 기간 동안(내가 없는 동안에도) 성인 남자 세 명과 여자 한 명이 구덩이에서 모래를 퍼냈다. 키가 157센티미터인 크리스티나는 구덩이를 자신의 키보다 더 깊이 파는 바람에 다른 사람의 도움 없이는 빠져나올 수 없을 정도였다.

구덩이를 완성하고 정사각형으로 만든 후 합판으로 세 개의 벽을 세워 깊이 2미터, 가로 1미터, 세로 1미터인 공간을 만든 다음, 바닥에서부터 두 개의 층을 각 50센티미터 두께로 모래를 채우고, 그 위에서부터는 10센티미터 두께로 서로 다른 색 모래를 층층이 채웠다(그림 7.1). 각각의 색 모래는 대여한 시멘트 믹서를 사용하여 천연 모래와 1 대 3 비율로 섞었다. 바로 옆에 있는 1미터×1미터×2미터 구덩이는 작업 공간으로 썼으며, 우리가 색색의 모래를 쌓으면서 천연 모래로 채웠다. 이제 우리는 각 색 모래로 깊이를 알 수 있는 두 개의 지층 케이크를 만들었다.

크리스티나와 나는 대규모 수확개미 군락을 파내, 이들에 한 번

● 물체가 그 질량에 비례하여 가속도를 받는 현상. 관성력은 물체가 운동하는 데 필요한 힘을 제공하며, 물체가 운동 상태에서 일직선으로 움직이거나 곡선을 그리는 데 영향을 미친다.

씩 2000마리의 일개미와 마지막에 여왕개미를 지층 케이크 위에 올려둔 스크린 바닥이 있는 케이지에 넣었다. 이렇게 군락은 갇히게 되었고, 스크린 바닥 중앙에 있는 구멍을 통해 둥지를 파내야 했다. 개미들이 먹이를 찾아 돌아다닐 수 없었기 때문에, 우리는 잘게 썬 밀웜, 씨앗, 설탕물, 피칸 샌디즈(Pecan Sandies) 쿠키를 정기적으로 개미들에게 먹였다. 개미들은 자신의 운명에 체념한 듯 지층 케이크에 열심히 둥지를 팠다. 개미들이 둥지 입구에 밝은색 모래 알갱이를 쌓아올리는 모습은 정말 아름다운 광경이었다(그림 7.2 위).

펠릿에 대한 분석과 매일 쌓이는 색색의 모래는 눈에 보이지 않는 지하 둥지의 생성에 대해 대략적으로 알게 해주었다. 벽돌을 한 장 한 장 더해 집을 짓듯이, 개미 둥지는 펠릿을 하나하나 빼면서 만들어졌다. 개미의 크기와 토양 입자의 크기는 그리 큰 차이가 나지 않기 때문에 개미는 모래를 운반하는 데 관성력●을 이용할 수 없

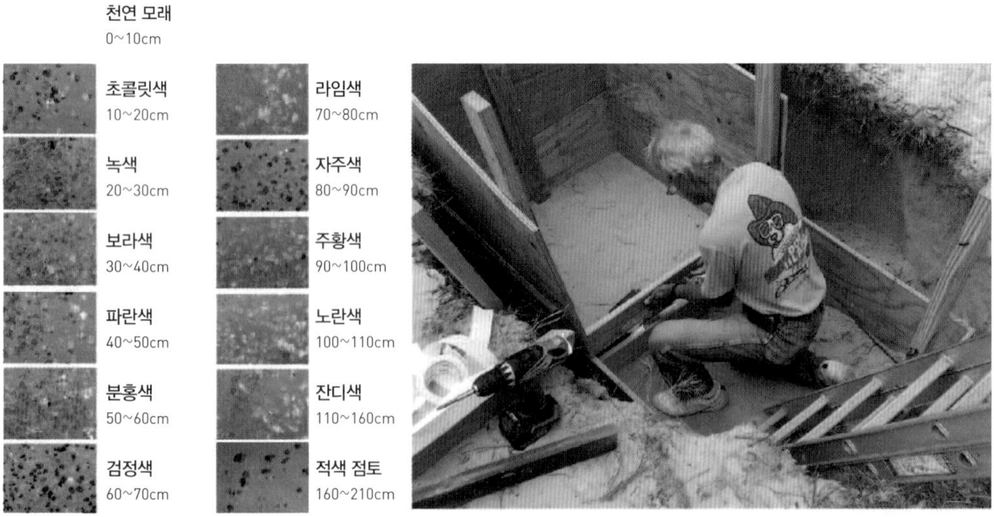

그림 7.1 지층 케이크 실험의 구성. 벽에 합판을 댄 구덩이에 왼쪽에 표시한 색깔의 모래를 층층이 쌓았다. 그런 다음 수확개미 군락이 이 색색의 지층 케이크에 둥지를 파도록 유도했다. Rink et al. (2013).

다. 개미와 모래의 상호작용은 우리의 상호작용보다 훨씬 더 가깝고 개인적이며, 우리는 개미가 극복해야 하는 힘들에 대해 거의 알지 못한다. 여기에는 접착력, 표면 장력, 얇은 물막이나 미네랄의 접합과 관련된 응집력이 포함된다. 개미의 규모에서 물은 강력한 접착

그림 7.2 위: 스크린 바닥이 있는 케이지(왼쪽)에 풀어놓은 수확개미 군락이 스크린 중앙 구멍을 통해 아래쪽 지층 케이크에 둥지를 파는 모습(오른쪽). 삽입된 작은 사진은 색색의 모래가 뒤섞인 모습을 자세히 보여준다. 개미들이 파낸 모래의 색상과 그 양을 통해 굴착 활동의 깊이와 양을 알 수 있다. 각 색상의 알갱이 수가 그것을 알려준다. 아래: 오른쪽 위 사진의 둔덕에서 채취한 모래를 확대한 모습. 무게를 잰, 파낸 모래 표본의 알갱이를 세어보면 개미들이 어디를 얼마나 빨리 파고 있었는지 알 수 있다. 저자 사진. Tschinkel et al. (2015b).

● 실험실에서 사용되는 도구 중 하나로, 여러 개의 작은 구멍(웰)이 있는 플라스틱판이다. 이 구멍에 시료를 넣어 분석하거나 실험 결과를 확인하는 데 사용한다.

제다. 각 펠릿은 커지고 있는 방이나 통로의 '채석면'에서 절단, 긁기, 썰기, 들어올리기, 포장 등을 통해 하나씩 떼내진다(그림 4.7). 펠릿의 형성을 방해하는 힘은 또한 펠릿을 안정적으로 만들어 아래턱으로 나르고 둥지 디스크에 온전하게 던질 수 있게 한다. 둥지 디스크에 있는 펠릿을 아주 조심스럽게 가벼운 핀셋으로 집어들어 플라스틱 웰플레이트(well plate)●의 구멍에 떨어뜨려 보았다. 바람과 개미에 의해 거칠게 다루어진 펠릿들은 서로 흩어지고 건조되어 매일 모래로 쌓이게 된다. 우리는 매일 약 50개의 온전한 모래 펠릿을 수집하고, 이전 표본 이후에 쌓인 모래를 모두 수집했다. 몇 밀리그램의 펠릿 또는 표본을 웰플레이트의 구멍에 떨어뜨린 후 디지털 현미경으로 촬영했고, 이 사진들은 나중에 입자 수를 세어 분석하는 데 사용되었다(그림 7.2 아래).

지표면에 처음 나타나는 색은 그날의 최대 둥지 깊이를 알려주었다. 모래의 부피 밀도(1.5g/ml), 밀리리터당 평균 알갱이 수(1만 3000±3000), 색 모래가 각 층에서 차지하는 평균 비율(25퍼센트. 비용 절감을 위해 색 모래에 천연 모래를 섞었다는 것을 기억하라), 각 색상의 모래 알갱이 비율(그림 7.3)을 통해 각 색상 층의 상대적인 굴착 속도와 매일 생성되는 방의 부피 및 시간에 따른 누적 부피를 계산했다. 이 모든 과정을 통해 여러 학부생을 포함하여 우리는 수백 장의 색 모래 이미지에서 모래 입자를 세고 이 숫자를 컴퓨터 파일에 입력했다. 이 데이터는 지하의 보이지 않는 곳에서 일어나는 일을 총천연색의 슬로모션 영화로 보여주었다(그림 7.3).

7개월 후, 우리는 지층 케이크 군락을 조심스럽게 발굴하고 지도에 표시하여 둥지 구조를 단계별로 드러냈다. 서로 다르게 배치

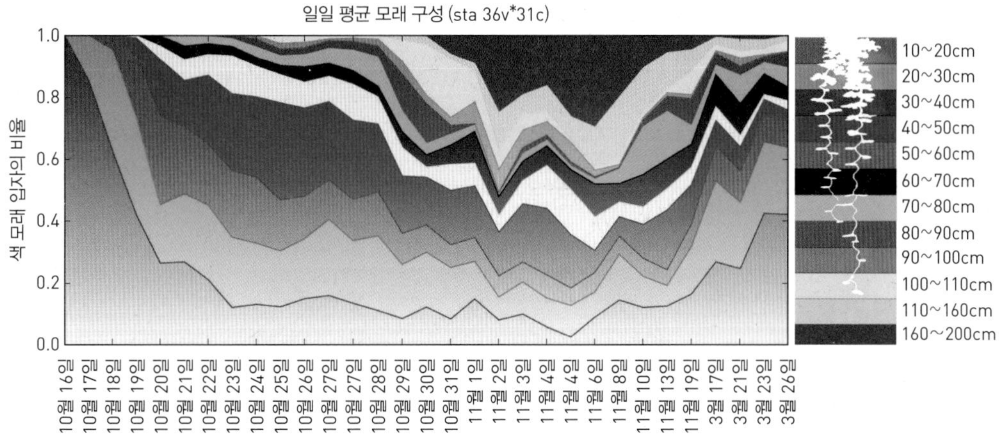

그림 7.3 **왼쪽**: 개미가 각 층에 도달했을 때 매일 모래 표본에 나타난 각 색 모래 비율과 개미가 각 층에서 파낸 방의 상대적 부피. 상층부에서 나온 모래의 부피가 훨씬 더 크고, 더 깊은 층에서 나온 모래보다 더 일찍 나타난다. **오른쪽**: 깊이에 따른 색상의 순서. 알기 쉽도록, 도식화된 둥지를 각 층에 포개서 표현했다. Tschinkel et al. (2015)에서 수정.

했던 기존 색 모래층에 남아 있는 색 모래들을 확인함으로써, 개미들이 빛에 노출하지 않고 지하에 모래를 퇴적하여 OSL에 의해 결정된 날짜를 왜곡시켰는지 여부를 판단하고, 이를 통해 둥지 형성 역학에 대한 지식을 추가했다. 또한 모래 퇴적물의 색상을 분석하여 모래의 원래 층, 이동한 거리, 이동량 및 퇴적량을 추정할 수 있었다.

결과는 분명했다. 개미들은 더 깊은 층에서 더 얕은 층으로 꽤 많은 양의 모래를 가져와 쌓았고, 일부는 심지어 아래쪽으로 쌓기도 했다. 많은 방의 바닥과 벽이 무지개색 모래로 뒤덮였고, 많은 통로의 벽도 마찬가지였으며, 그중 일부는 완전히 되메워져 있었다(그림 7.4). 둥지 상부 70센티미터까지는 외래 색상 모래 중 90~98퍼센트가 아래에서 왔다. 이런 퇴적은 특히 둥지 상부 30센티미터에서 심했는데, 많은 방이 되메워져 있었다. 최상부 10센티미터에서는 원래

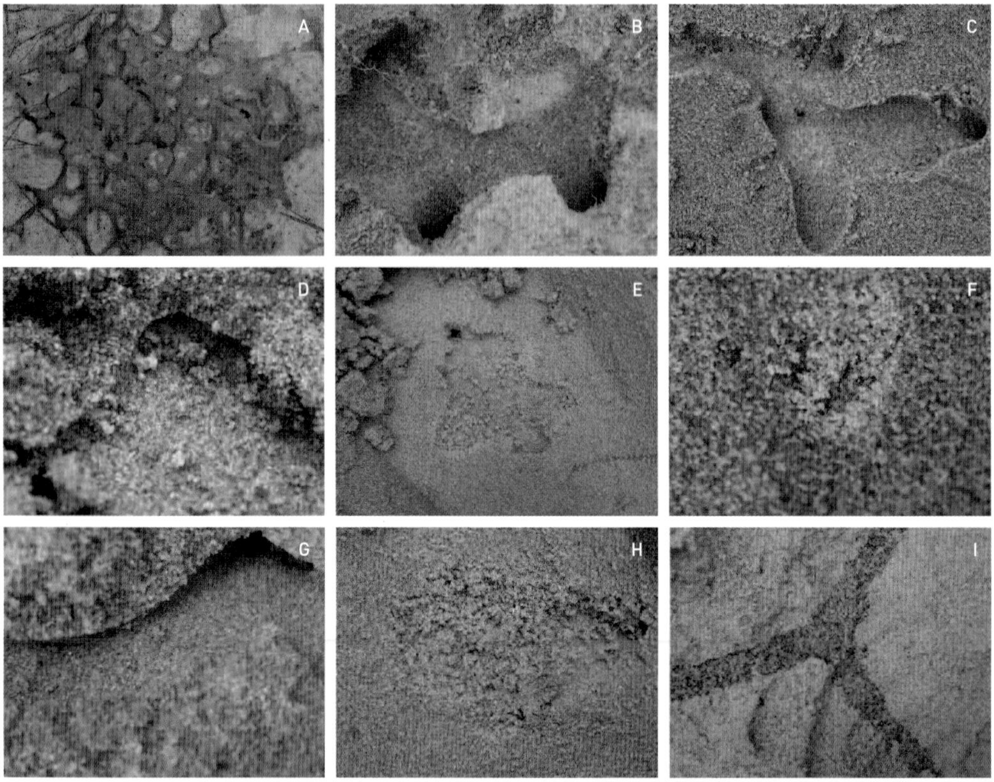

그림 7.4 단일 색상 모래층에서 다른 색 모래층으로 모래가 아래쪽으로 옮겨져 쌓인 예. 이 모래로 방의 바닥과 벽을 부드럽게 하는 평탄화 작업을 했으며, 통로나 방을 다시 채우고 펠릿을 풀어놓기도 했다. 저자 사진, Tschinkel et al. (2015b).

층에 있던 209그램의 색상 모래 중 약 절반이 되메워진 형태였다. 전체적으로 되메움이 평탄화 작업보다 더 큰 비중을 차지했다. 다른 층에서 가져와 쌓은 모래를 모두 합치면, 파낸 모래 13킬로그램 중 약 2.5퍼센트가 더 아래층에 쌓였으며, 약 75퍼센트는 둥지 상부 30센티미터에 쌓였다. 만약 이 모래가 둥지 상부 30센티미터 토양에 균일하게 섞였다면, 이 층에 있는 1000개의 모래 알갱이 중 4개의 알갱이가 다른 층 모래일 것이다. 이러한 다른 층 색 모래가 이 퇴적물에서 차지하는 비율은 이 층의 방 부피에 정비례하며, 공급원과 퇴적물의 수직 거리에 반비례한다. 흥미롭게도 70센티미터 아래에서는 최대 29퍼센트의 퇴적물이 위에서 내려온 것으로 나타났다(하지만 그 양은 적었다).

쌓인 모래의 연대 측정을 위해 OSL을 사용하는 과학자들에게, 우리의 연구 결과는 굴을 파는 동물이 매장 후 연대 신호를 뒤섞는다는 것을 확인시켜주며, 이러한 뒤섞임을 데이터 해석에 반드시 포함해야 한다는 것을 보여준다. 내가 아는 한 간단한 해결책은 없다. 한 가지 접근 방식은 개별 모래 알갱이의 연대 측정 후 가장 어린 연대를 정확한 연대로 받아들이는 것이다. 이것은 아래쪽의 오래된 모래가 더 최근에 형성된 모래 위로 올라가서 섞일 때 합리적으로 보인다. 과학의 많은 분야와 마찬가지로 OSL 방법도 여전히 개선 중이다.

지하 모래 운송

개별 모래 펠릿을 분석한 결과 개미가 어떻게 땅속에서 펠릿을 만들어 지표면으로 운반하는지에 대한 중요한 사실이 밝혀졌다. 펠릿을 만들어 그대로 곧바로 지표면으로 운반한다면, 펠릿은 처음 만들어진 층의 색상만 가지고 있을 것이다. 그러나 펠릿의 상당 부분은 여러 가지 색상을 포함하고 있었는데, 이는 펠릿이 다른 색상의 모래층에 쌓였다가 그곳 모래를 포함하여 새로운 펠릿으로 다시 만들어졌음을 의미한다. 펠릿의 색상 수는 0~10개로 다양했으며, 평균

4.4개였다. 펠릿에는 평균 162개의 알갱이(50~400개 범위)가 포함되었으며, 그중 60개는 색 모래 알갱이였다.

색상 혼합 정도는 펠릿을 위로 올리는 과정에서 발생하는 사건에 대해서도 알려준다. 다른 색 알갱이가 한두 개만 포함된 펠릿은 퇴적되거나 재형성되기보다는 운송 중 가끔 개미의 실수로 단순히 오염된 결과일 수 있다. 두 번째 색상이 펠릿의 상당 부분을 차지하는 경우, 펠릿이 다른 색상의 모래층에서 다시 만들어졌을 가능성이 훨씬 더 커지며, 펠릿에서 추가된 색상의 비중이 클수록 그 가능성이 점점 더 커진다. 이러한 경향은 이탈리아 경제학자 코라도 지니(Corrado Gini)가 경제에서 소득 분배의 균등성을 설명하기 위해 고안한 통계인 지니 계수로 설명할 수 있다. 펠릿의 색상 알갱이에 지니 계수를 적용하면 지니 계수 0은 모든 색상 알갱이가 단일 색상임을 의미하며, 반대로 계수 1.0은 여러 색상이 모두 같은 수의 알갱이로 나타날 때, 즉 완전한 균등성을 의미한다.

펠릿에 더 많은 색상이 포함될수록, 지니 계수가 높아지고 색상이 더 고르게 나타났다. 가장 일반적인 계수는 0.1에서 0.2 사이(상당히 고르지 않음)였지만, 절반 이상의 펠릿은 계수가 더 높았으며, 일부는 0.6에서 0.8(매우 고른 편)까지 높았다. 펠릿 분석과 함께 다른 모래층 색상의 지하 퇴적은 모래 펠릿의 상당 부분이 지표면으로 직접 운반되지 않고 도중에 여러 번 퇴적되어 펠릿으로 형성되며, 그로 인해 여러 색상의 펠릿이 고르게 섞이고 자주 관찰되는 결과를 초래했다. 다시 말해, 모래 운반은 수많은 일개미에 의해 일련의 개별적 단계들로 이루어진다.

지층 케이크 둥지를 발굴하는 동안, 우리는 때로 방에서 온전한 펠릿을 발견했지만(그림 7.4), 대부분의 퇴적된 펠릿은 둥지의 바닥과 벽을 매끄럽게 만드는 데 쓰였다. 이러한 위치에서 형성된 펠릿은 분명히 점점 더 혼합될 테지만, 대부분의 혼합이 어디에서 일어나는지 확실하게 알 수는 없다. 분명한 것은 수확개미의 지하 둥지는 한 번 건설되면 고정되지 않고 지속적으로 리모델링된다는 것이다. 이러한 역동적 특성은 특히 맨 위쪽 방에서 분명하게 드러나는데, 이 방에서는 되메우기와 다시 파기가 매우 큰 역할을 하는 것으로 보인다. 이러한 지속적인 리모델링은 '완벽한' 둥지를 만드는 데 직접적인 적응 가치●가 있을 수도 있고 없을 수도 있다(어차피 존재하지 않을 수도 있다). 이것은 일개미가 주변 신호와 경과 시간에 직접 반응한 결과일 수 있으며, 둥지가 모양을 갖추면서 관련된 행동의 빈도가 감소하긴 하지만 완전히 멈추지는 않는다. 여기저기 조금만 밀어보거나, 펠릿을 4밀리미터만 옮기거나, 이 정도면 충분하다고 판단하거나, 충분하지 않다고 판단하는 것이다.

● 생물학에서 특정한 특성 또는 행동이 생존과 번식에 어떤 이점을 제공하는지를 나타내는 개념. 즉, 어떤 특성이나 행동이 환경에 더 잘 적응되어 생물체의 생존과 번식 성공에 기여할 수 있는지를 의미한다.

더 짧은 시간 내에 섞기

하지만 이 과정은 실제로 짧은 기간에 얼마나 역동적으로 진행될까? 지층 케이크 둥지에서 우리가 관찰한 퇴적물은 7개월에 걸쳐 형성되었다. 이보다 짧은 기간에 이러한 비율을 추산할 수 있을까? 군락이 갑자기 색상 모래층을 파내도록 유도하고 그들이 언제 그렇게 하는지를 알 수 있다면 가능할 것이다. 우리는 아무런 낌새도 알아채지 못하는 둥지 옆에 0.5미터 깊이의 구덩이를 판 다음 둥지의 방에 살짝 흠집이 날 때까지 옆으로 파는 좀더 소박한 방법을 선택했다. 그런 다음 분홍색 형광 모래 몇 순가락을 둥지의 방에 주입하여 개미들이 치우지 않을 수 없는 난장판을 만들었다. 하루에서 사흘이 지난 뒤, 둥지 디스크에 분홍색 모래가 나타났고, 일곱 개 둥지를 한 방씩 발굴한 결과 총 42개 방 중 27개 방에서 흩어진 알갱이부터 온전한 알갱이까지 분홍색 모래가 발견되었다. 가장 상부의 방 하나는 분홍색 모래로 다시 채워져 있었다. 분홍색 모래가 없는 대부분의 방은 중간 깊이에 있었다.

이 과정을 좀더 생각해보면, 일개미가 양방향으로 오가는 구불구불한 통로를 따라 부서지기 쉬운 약한 펠릿을 위로 운반하면서 발생하는 우발적 오염이 많을 것으로 보인다. 나는 이것을 바닥에서 2센티미터는 형광 분홍색 모래이고 나머지는 천연 모래로 된 작은 수직 유리 '모래' 샌드위치에서 실험해보았다. 개미들이 분홍색 모래를 파고 들어가면 위로 운반한 모래 알갱이 대부분은 분홍색이었다. 이 펠릿에서 우발적으로 손실된 알갱이 하나도 자외선 아래에서 감지할 수 있었다(그림 7.5). 또한 개미는 종종 펠릿을 외부가 아닌 위로 올라가는 도중에 쌓아두었다. 따라서 자연 모래의 '오염'은 명백히 '고의적'이면서 우발적이기도 했다.

이 실험은 둥지의 더 깊은 곳에서 위로 운반한 모래의 퇴적은 둥지 건설과 리모델링 과정에서 정상적인 부분이며, 그 속도는 달라질 수 있지만 지속적이고 역동적으로 이루어지는 과정임을 보여준다. 만약 우리가 지층 케이크 둥지를 다른 시기에 파냈다면, 다른 색상 모래층 퇴적물이 여전히 존재하지만 위치와 구성이 다름을 발견했을 것이다. 따라서 둥지 주물을 만든다면, 그것은 어느 정도 그 시

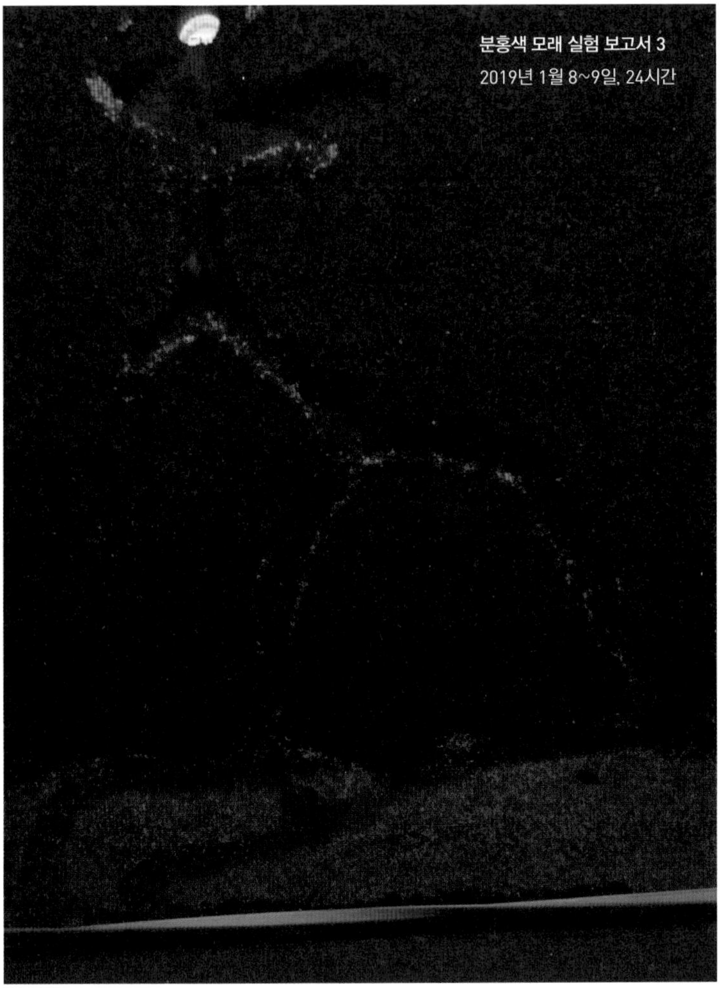

그림 7.5 모래 펠릿은 부서지기 쉬워서 제일 아래에 있는 형광 모래를 위로 운반하는 동안 알갱이 손실이 많다. 또한 일개미는 종종 펠릿을 지표면에 도달하기 전에 내려놓기도 한다. 이러한 '오염'은 둥지 굴착 기간에 지속적으로 나타난다. 저자 사진.

점의 스냅사진이라고 할 수 있다.

개미 천국에서 수확개미의 집단적 토양 이동

이제 각 수확개미 군락이 둥지를 짓는 동안 많은 양의 흙을 이동시킨다는 것은 분명해졌다. 하지만 면적이 23헥타르에 달하는 개미 천국에서 430개 군락이 생태학적 또는 지질학적 시간 단위로 얼마나 많은 흙을 집단적으로 이동시켰을까? 우리는 실제로 이 움직임을 계산할 수 있는 충분한 정보를 가지고 있다. 1985년에 실시한 수많은 발굴 작업, 둥지 이사 연구, 그리고 지층 케이크를 통해 우리는 숯으로 덮인 둥지 디스크의 크기로 둥지의 부피, 깊이, 수직 방의 크기 분포를 예측할 수 있었다. 또한 땅속에 얼마나 많은 토양이 퇴적되어 있는지도 안다. 개미 천국에서의 반복 조사를 통해 개미 서식지의 밀도와 간격, 둥지 디스크의 면적, 이사 거리와 빈도, 마지막으로 개미의 수명도 안다(4장 참조).

조사에서 디스크 면적을 측정하면 이 모든 데이터를 연결할 수 있다. 왜냐하면 이를 통해 우리는 개미 둥지를 파헤치지 않고도 최대 깊이, 둥지 부피, 수직 분포 등 개미들이 지하에서 어떤 일을 했는지 추산할 수 있고, 또한 세월이 흘러도 계속 그렇게 추산할 수 있기 때문이다. 개미 천국의 추정 둥지 부피는 0.5리터(약 0.75킬로그램의 모래) 미만에서 12리터(18킬로그램)까지 다양했으며, 평균은 약 3리터(4.5킬로그램)였다. 이렇게 파낸 모래는 대부분 둥지 디스크 위에 던져지며, 바람·비·동물에 의해 빠르게 흩어지고 몇 년 지나면 고르게 퍼져 균일한 층을 형성한다.

이제 각 군락이 차지하는 평균 공간(670제곱미터)의 임의 지점에 있는 초기 가상 '군락'에서 시작해 시간이 지남에 따라 개미들이 하는 일에 대한 컴퓨터 시뮬레이션에 데이터를 반영해보겠다. 이 군락은 1년에 한 번씩 3.9미터 떨어진 임의의 다른 지점(±3.15미터)으로 '이사'한다. 20년(±4년) 후, 이 군락은 '죽고' 그들의 영토는 이 공간 내 임의의 지점에 '세워진' 새로운 작은 군락이 차지한다. 새 군락은 6년(±2년)이 지나면 3.3리터(±0.6리터)의 '성숙한 크기'로 성장하고, 첫 번째 군락과 마찬가지로 매년 이사하여 실제 부피와 디스크 면적으로 추산한 크기의 둥지를 판다. 방 부피의 수직 분포는 깊이 50센티미터마다 파낸 모래의 양을 나타낸다.

1000년이 지나고 나면, 각 '군락'은 약 2660리터의 토양을 지표면으로 가져와, 면적의 21퍼센트를 디스크로 덮게 될 것이다. 이 모래의 대부분은 둥지 부피의 가장 얕은 깊이(0~50센티미터)에서 나왔을 것이다. 1000년 동안 각 헥타르를 차지하는 16개 군락은 64미터톤의 모래를 지표면에 쌓게 될 것이며, 그중 1.2톤(2퍼센트)은 2미터 이상 깊이에서 나왔을 것이다. 이 토양을 고르게 펴면, 0.43센티미터(±0.05센티미터) 두께의 층을 형성할 것이다.

이 시뮬레이션 결과는 일정 횟수의 이사(햇수와 비슷) 후 군락의 위치와 크기를 보여주는 일련의 이미지로 시각화할 수 있다. 디스크를 형성한 토양의 깊이 출처는 색상으로 구분되며, 얕은 곳에서 나온 토양은 파란색으로 표시되고 더 깊은 곳에서 나온 토양의 양이 증가함에 따라 녹색과 주황색을 거쳐 빨간색으로 바뀐다(그림 7.6).

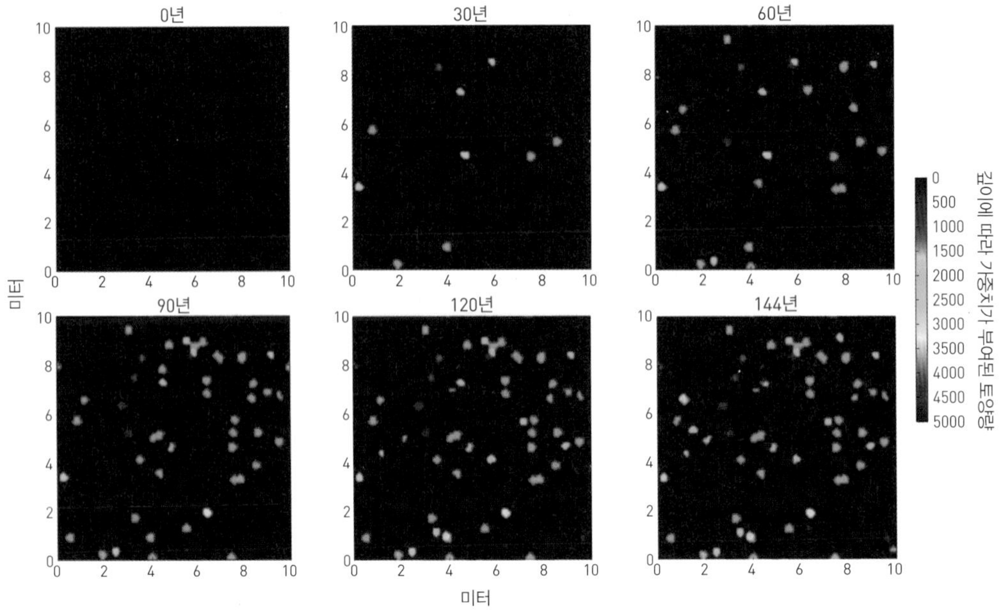

그림 7.6 144년에 걸쳐 100제곱미터 지역에서 하나의 군락과 그 후손들의 둥지 디스크에 의한 생물 맨틀링 시뮬레이션 예. 더 깊은 곳에서 나온 토양 혼합물은 색상으로 구분되며, 파란색은 주로 얕은 깊이를 나타내고 빨간색은 깊은 토양의 혼합물을 나타낸다. Tschinkel (2015b).

생물 교란의 더 큰 주역

따라서 포고노미르멕스 바디우스는 생물 맨틀링과 생물 교란의 중요한 매개체지만, 이 과정에서 개미가 유일한 행위자는 아니다. 대서양과 멕시코만 연안 평원에는 땅에 둥지를 만들어 사는 개미들의 풍부한 동물군이 서식하고 있으며, 그중 일부는 겨울개미인 프레놀레피스 임파리스(*Prenolepis imparis*)와 같이 P. 바디우스보다 훨씬 깊은 둥지를 만드는 반면, 다른 개미는 더 얕지만 훨씬 더 많은 둥지를 만들기도 한다. 모래언덕 서식지에서 눈에 띄게 많은 개미는 북부 결절성곰팡이재배개미인 트라키미르멕스 셉텐트리오날리스로,

이 군락의 개미 수는 1000마리 넘는 경우가 거의 없지만, 둥지 밀도는 헥타르당 1000마리 이상이거나 P. 바디우스 밀도의 60배 이상이다. 따라서 작은 군락과 둥지 크기에도 불구하고, 이 개미들은 매년 1.0미터톤을 지표면으로 가져와, 1000년마다 6센티미터의 굴착한 토양으로 이곳 풍경을 묻어버린다. 이 속도는 훨씬 더 큰 군락보다 15배나 높은 수치로, 개미 군락의 규모가 작아도 풍부함이 이를 완전히 보완할 수 있음을 보여준다. 반면에 P. 바디우스는 훨씬 더 깊은 둥지를 파고 1미터 이상의 깊은 곳에서 흙을 옮긴다. 이 서식지에서 다른 개미들의 기여도는 현재 알려지지 않았지만, 각 종들은 둥지 밀도·부피·깊이·재배치 빈도·수명에 비례해 기여한다.

지금까지는 주로 생물 맨틀링에 초점을 맞춰왔지만, P. 바디우스의 지층 케이크 실험에서 알 수 있듯이 파낸 토양의 약 2.5퍼센트가 지하에 쌓였으며, 이 토양 대부분은 둥지 상부 30센티미터에 쌓였다(앞의 내용 참조). 이것은 1000년당 1.6미터톤에 달하며, 실제로는 그다지 인상적이지 않은데, 그 이유는 둥지 밀도가 낮기 때문이다. 그러나 T. 셉텐트리오날리스의 생물 맨틀링 속도는 P. 바디우스의 15배다. 이 토양의 일부가 지하에 퇴적되면 T. 셉텐트리오날리스가 P. 바디우스보다 생물 교란에서 훨씬 더 큰 역할을 할 수 있다. P. 바디우스의 지층 케이크 실험과 유사한 실험을 T. 셉텐트리오날리스로 진행하기로 했다. 나의 학생이었던 존 실(Jon Seal)과 나는 특히 늦여름 이후로 방에서 되메우기가 느슨해지는 것을 이미 관찰했다. 게다가 둥지에는 곰팡이 정원을 수용할 수 있는 달걀 모양 방이 몇 개밖에 없었으며, 이 방들은 매우 분리된 곳에 위치해 있어서, 되메움을 연구하기에 이상적이었다(그림 7.7). 1미터보다 더 깊은 둥지는 거의 없었고, 이 둥지를 파내는 것은 P. 바디우스 둥지를 파내는 것보다 훨씬 덜 힘들었다.

이번에는 깊이 1미터, 지름 50센티미터의 구덩이에 두께 20센티미터인 다섯 가지 색상의 모래층을 사용했다. 토양을 층층이 쌓기 전, 구덩이 안쪽에 폴리에스테르 천을 깔아 개미들이 색 모래 기둥 바깥으로 나가서 파내지 못하도록 했다(시범 실험에서 개미들이 그렇게 한 적이 있다). 4월 중순, 군락이 곰팡이 정원을 막 만들기 시작하고 아직 유충이 없는 시기에 여왕개미를 포함하여 T. 셉텐트리오날리스 개미 열 마리를 뽑아서 중앙에 구멍이 뚫린 스크린 바닥 케이지에 풀어놓았는데, 하루 만에 지층 케이크 안에서 둥지를 하나 파냈다. 군락이 먹이를 구할 수 없었기 때문에, 니콜라스 핸리와 나는 매주 두세 번 곰팡이 정원에 기질(基質)을 추가하고 동시에 스크린 케이지에 쌓인 흙을 수거했다. 색 모래 알갱이의 상대적인 대표색은 P. 바디우스 지층 케이크에서 했던 것처럼 그 표본들의 사진으로 결정했다.

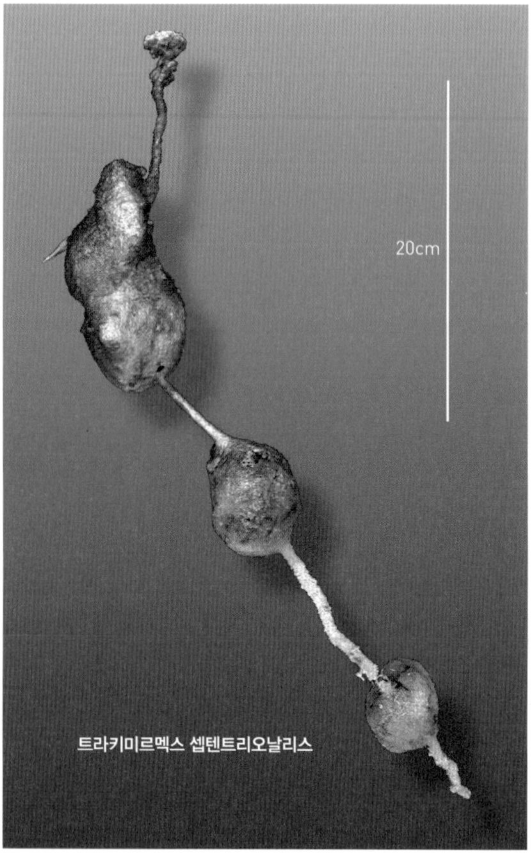

그림 7.7 결절성곰팡이재배개미인 트라키미르멕스 셉텐트리오날리스 둥지의 알루미늄 주물로, 곰팡이 정원을 담은 달걀 모양 방이 있다. 저자 사진, Tschinkel (2015a).

실험이 진행되는 6개월 동안, 각 군락은 평균 760그램(범위 460~1000그램)의 모래를 표면으로 가져왔으며, 그중 82퍼센트는 색 모래

층에서 가져온 것이었다. 5월 말까지 이 모래를 통해 군락들이 대부분 지하 30~70센티미터 깊이에서 200~650밀리리터의 방을 판 것을 알 수 있었다. 그 후 늦여름까지는 굴착 작업을 거의 하지 않았으며, 개미들은 더 깊은 방을 파고 파낸 토양 대부분을 더 얕은 방에 쌓아두었다. 이에 대해서는 뒤에서 자세히 살펴볼 것이다.

2015년 11월 말, 우리는 지층 케이크를 조심스럽게 파내 조사하면서 개미, 곰팡이 정원, 되메운 모래를 포함하여 방의 모든 내용물을 수집했다(그림 7.8). 되메운 모래 색상을 분석한 결과, 군락은 한 색상의 층에서 다른 색상의 층으로 평균 150그램(범위 46~330그램)의 모래를 옮긴 것으로 나타났다. 이 150그램의 지하 퇴적물과 지표면에 쌓아둔 760그램을 합치면 전체 모래의 약 17퍼센트가 지하로 이동되어 쌓인 것을 알 수 있다. 이동 방향은 무작위적이지 않고 대부분 위쪽을 향했으며, 되메우기는 대부분 지하 70센티미터 미만 깊이에서 이루어졌다. 모든 층은 위쪽보다 아래쪽에서 더 많은 퇴적물을 받았으며, 대부분 한두 개 층 아래에서 온 퇴적물이었다. 각 둥지(n = 9개 둥지)에 있는 3~6개 방 중 다수는 일반적으로 하나 이상의 원 모래층에서 나온 모래로 부분적으로 또는 완전히 다시 채워졌다(그림 7.9). 다시 채워진 통로, 평탄화 작업을 한 방바닥이나 벽, 단일 색상의 모래층, 완전히 다시 채워진 방이 있었다. 층마다 쌓인 퇴적물은 개미들이 각각의 원 모래층을 한동안 파고 나서 다른 층으로 이동했다는 것을 시사하며, 이는 아래에서 위로 다른 색으로 채워진 방에 의해서도 뒷받침되는 결론이다(그림 7.9).

T. 셉텐트리오날리스가 지표면과 지하 양쪽에 많은 토양을 쌓는 것은 분명하지만, 이 퇴적물의 운명은 아마도 매우 다를 것이다. 지

그림 7.8 트라키미르멕스 셉텐트리오날리스 지층 케이크 둥지 발굴. 구덩이 앞쪽에 개미들이 둥지를 판 색색의 모래층이 보인다. 주위로 발굴을 기다리는 둥지도 볼 수 있다. 저자 사진, Tschinkel et al. (2016).

표면의 퇴적물은 비·바람·동물에 의해 수년에 걸쳐 퍼져서 어느 정도 균일한 층을 형성하게 될 것이다. 하지만 지하 퇴적물은 아마도 빨리 섞여 퍼지지는 않을 것이다. 이 작은 둥지의 건설은 지름 50센티미터 이하의 원통형 토양에 국한되기 때문에, 군락이 매년

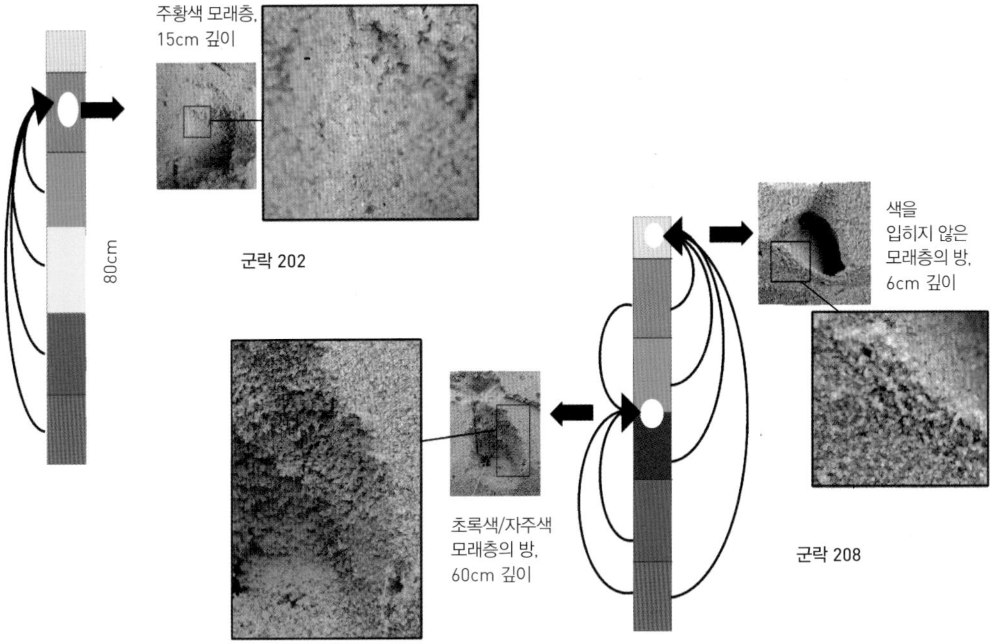

그림 7.9 하나의 원 모래층에서 다른 색상의 모래층에 있는 방으로 색 모래가 퇴적되는 세 가지 예. 색 모래층의 순서는 막대에 표시되어 있다. 화살표는 원 모래층에서 방으로 옮겨진 색 모래의 출처와 퇴적을 나타낸다. 사진들은 모래를 옮긴 방과 함께 쌓인 모래를 확대하여 보여준다. 저자 사진.

새 둥지로 이사하더라도, 1000년 동안 약 200제곱미터(1헥타르의 2퍼센트) 토양에서만 생물 교란을 일으킬 것이다. 토양은 삽을 든 사람에게는 매우 균질한 매체로 보일 수 있지만, 작은 생명체와 식물에게는 아주 다양한 패치로 이루어진 모자이크일 수 있다.

사랑스러운 작은 다윗인 T. 셉텐트리오날리스에 의한 생물 교란과 거대한 골리앗인 P. 바디우스에 의한 생물 교란을 비교해보면, 양적 풍부함이 작은 크기를 상쇄할 수 있음을 다시 한번 알 수 있다. P. 바디우스는 파낸 토양의 약 2.5퍼센트를 지하에 퇴적하고, T. 셉텐트리오날리스는 약 17퍼센트를 퇴적한다. 개별 둥지를 기준으로 하면, 이 양은 평균 크기의 P. 바디우스가 약 110그램, T. 셉텐트리오날리스가 153그램이다. 그러나 헥타르당 1000개 이상의 둥지를 가진 이 작은 곰팡이 정원사(T. 셉텐트리오날리스)는 1헥타르당 1000년에 걸쳐 약 153미터톤을 생물 교란한다. 이는 씨앗 수확개미보다 96배나 많은 양이다. T. 셉텐트리오날리스는 또한 파낸 토양의 거의 15배에 달하는 양으로 지표면을 생물 맨틀링하지만, P. 바디우스와는 달리 이 토양은 1미터 이상 깊은 곳에서 나온 것이 거의 없다.

마지막 노트

P. 바디우스 군락의 둥지 건축은 크기가 크고 미적 매력이 있지만, 군락의 연간 주기 중 짧은 순간에 해마다 반복해서 만들어진다. 이 둥지는 작은 기초 둥지가 서서히 커진 결과가 아니다. P. 바디우스는 많은 양의 토양을 이동시키지만, T. 셉텐트리오날리스의 사례는 크기만으로 결과를 판단해서는 안 됨을 알려준다. P. 바디우스와 T. 셉텐트리오날리스는 이 개미 공동체를 구성하는 30~50마리의 평범한 땅굴 개미들이 토양을 어느 깊이까지 어느 정도로 휘젓고 다니는지, 그리고 희미하게만 보이는 생태학적 효과가 어떻게 나타나는지 알려준다. 전 세계 몇몇 서식지에서 선택된 일부 개미 종의 생물 교란 연구가 이미 이루어지긴 했지만, 지상과 지하에 미치는 집단적 영향은 거의 밝혀지지 않았다. 하지만 개미가 전 세계 토양에 둥지를 파고 가끔 새로운 둥지로 이사하는 한, 개미는 계속해서 전 세계 토양을 재생하는 데 중요한 역할을 할 것이다. 아주 오랜 시간 동안

개입 없이 그대로 방치된 토양은 풍부하던 미네랄이 풍화되고 침출되어 강과 하천을 통해 바다로 운반되기 때문에 식물에 제공할 것이 거의 남지 않고, 결국 천천히 죽어간다. 바다에서 떠밀려온 영양분이나 비에 쌓인 먼지가 이 과정을 늦출 수는 있지만 멈출 수는 없다. 식물에 제때 포집되지 않고 용해된 필수 영양소는 식물 뿌리에 닿지 않을 때까지 계속 아래로 이동하여 하천으로 스며들고 결국 바다로 운반된다. 수천 종의 개미들은 둥지를 짓는 과정에서 토양을 휘저어 토양과 그 영양분을 식물이 접근할 수 있는 곳으로 다시 끌어올리는 등 이러한 손실을 늦춘다. 따라서 전 세계 개미는 전 세계 대부분의 따뜻한 지역에서 토양의 비옥도를 유지하는 데 반드시 필요한 생태학적 역할을 하고 있다.

08

노동 분업과 초유기체

생물학적 복잡성의 진화

개미 군락에는 '전체성'이 있다. 개미 군락은 뚜렷한 경계와 '개인적 특성'을 가진 독립체이며, 3차원 둥지 안에 명확한 내부 구조를 가지고 있다. 최근 진화론의 발전과 함께 개미 군락의 많은 유기체적 특성은 '초유기체'라는 은유에 새로운 생명을 불어넣었다.

이 은유의 기원과 통찰을 이해하려면, 지구상의 생명체가 따뜻한 신생 바다의 원시 수프에서 자기복제 분자로 시작했던 시대로 거슬러올라가야 하는데, 그 시대에 대해 우리는 거의 알지 못한다. 지난 30억 년 동안 생명의 복잡성이 증가했다고 말하는 것은 지나치게 절제된 표현이다. 이 생명의 복잡성 중 일부는 자연선택을 통해 점진적으로 증가했지만, 복잡성에 있어서 중대한 도약('양자 도약'●)은 당시 가장 복잡한 생명 형태들의 공생적 결합을 통해 발생했다. 30억 년에서 40억 년 전, 다양한 분자들이 협력하여 현재 우리가 박

● 원자 등 양자가 에너지를 흡수해 다른 상태로 변화할 때 서서히 변하는 것이 아니라 일정 수준에서 급속도로 변하는 것을 의미한다. 경제에서는 대약진·대도약의 의미에서 혁신경영으로 기존 환경의 틀을 깨고 도약하는 기업을 비유하는 말로 사용된다.

테리아라고 부르는 단위로 결합했으며, 이전에는 독립적이었던 분자들이 세포벽과 막으로 둘러싸인 일종의 분자 수프가 되어 훨씬 더 복잡한 새로운 개체의 하위 단위가 되었다. 그 후 15억 년에서 20억 년 전에 여러 종류의 박테리아가 공생적으로 결합하여 훨씬 더 복잡한 생명체, 즉 진핵(유핵)세포의 하위 단위가 되었다. 이전에는 독립적이었던 박테리아는 막으로 둘러싸인 세포 소기관이 되었으며, 일부는 자체 DNA를 보유하기도 했다. 10억 년에서 15억 년 전, 진핵세포는 공생적으로 결합하여 다세포 식물과 동물이 되었고, 그 후손이 바로 우리 인간이다. 이전의 전환에서와 마찬가지로, 이전에 독립적이었던 단일 세포들이 급격하게 더 복잡하고 통합된 개체의 하위 단위가 되었다.

이러한 복잡성에서의 전환에는 몇 가지 공통점이 있다. 각각의 전환에서 이전에는 독립적이었던 각각의 개체는 새로운 개체의 하위 단위가 되었으며, 각 하위 단위는 다른 생명 기능을 전문으로 하지만 전체 개체의 번식이라는 목표를 공유했다. 각각의 경우, 하위 단위의 번식은 대부분 새로운 개체를 만들어냈으며, 결정적인 번식은 개체 전체로 한 단계 올라갔다. 분자, 소기관, 세포는 각각 박테리아, 진핵세포, 다세포 유기체의 범위 내에서 번식(또는 복제)하며, 그들의 미래는 그들이 속한 개체와 아주 밀접하게 연결된다. 복잡성이 높아질 때마다 이전에는 독립적이었던 부분들을 통합하고 조정하는 메커니즘이 진화해야 했고, 생명 형태가 더 복잡해짐에 따라 점점 더 복잡하고 높은 수준으로 발전했다.

동물과 같은 다세포 유기체의 출현은 번식에 근본적 변화를 가져왔다. 단세포 박테리아와 진핵생물의 경우, 모든 세포 이하의 구성요소와 세포 소기관은 세포 분열 중에 단순히 복제되어 딸세포들 사이에서 분배되었다. 하지만 수천에서 수조 개의 세포로 구성된 동물에서는 이런 일이 더 이상 불가능해졌다. 흥미롭게도 동물의 생식은 단일 세포 조상 상태로의 회귀, 즉 단일 세포인 생식세포(난자와 정자)를 생성함으로써 이루어진다. 이들은 수정 과정에서 결합하고, 그 후 반복적인 세포 분열과 분화를 통해 새로운 유기체를 만들어 낸다. 이러한 세포들이 증식하면서 구조와 기능이 변화하여 유전자 활성화 및 억제, 세포 이동, 세포 사멸의 복잡한 연쇄 반응을 통해 다양한 세포 및 기관으로 발전한다. 최종 결과물은 분화된 세포, 조직 및 기관을 통해 다양한 생명 기능을 수행하는 동물이다. 이때에도 생식세포는 복권처럼 무작위로 선택된 세포가 아니라, 발달 초기에 따로 분리되어 발달 중인 동물의 신체 형성에 참여하지 않았던 세포계(생식세포계)에 의해 만들어진다. 생식세포계 세포만이 난자와 정자를 생산하여 다음 세대에 유전자를 전달할 수 있다. 신체의 나머지 모든 세포(체세포)는 생식세포계 세포의 생식 성공을 보장하는 것 외에는 번식에 대한 미래가 없다. 그러나 물론 모든 세포는 유사분열을 통해 만들어져서 유전적으로 매우 비슷하기 때문에, 모두 자신이 속한 동물의 성공에 이해관계가 있다.

복잡성이 한 단계 높아질 때마다, 자연선택의 주요 대상은 새로운 결합으로 한 단계 올라갔다. 즉, 분자에서 박테리아로, 박테리아에서 진핵세포로, 진핵세포에서 다세포 유기체로 말이다. 하위 단위의 전문화와 조정을 통해 새로운 수준의 조직 출현은 새로운 신체 계획을 바탕으로 하는 다양성을 폭발적으로 증가시켰다. 이러한 각 수준의 현대 대표자들이 매우 긴밀하게 통합되고 연마되었기 때문에 독립된 개체로서의 기원은 더 이상 분명하지가 않다.

초유기체 발생

이렇게 복잡성이 증대되는 마지막 단계는 덜 분명하다. 부분적으로는 덜 완전하고 부분적으로는 이전 도약과 유사하게 만든 특징을 인식하는 데 더 오래 걸렸기 때문이다. 1억~2억 년 전, 이전에는 단서성이었던 곤충이 사회성을 진화시켰고, 생물 세계에서 더 수준 높고 근본적으로 더 복잡한 생물, 즉 유기체 중의 유기체인 **초유기체**로 진화했다. 개미 군락(또는 다른 사회적 곤충 군락)과 같은 초유기체와 유기체 사이에는 많은 유사점이 있다. 유기체의 세포가 생식세포의 자손 생산을 돕는 것 외에는 유전적 미래가 없는 것처럼, 개미 군락의 일개미도 마찬가지다. 일개미들은 여왕개미와 그녀의 생식세포가 더 많은 자손 군락을 생산하는 것을 돕는 것 외에는 유전적 미래가 없다. 동물은 단일 세포 조상 상태(난자와 정자)로 되돌아가 번식한다. 이와 비슷한 방식으로 대부분의 개미도 조상의 독립적 상태(암컷과 수컷)로 되돌아간다. 그런 다음 자손 동물이 체세포의 증식을 통해 생산되는 것처럼, 딸 군락은 비생식 일개미의 추가를 통해 발생한다. 유전자가 동물의 생식세포를 통해서만 다음 세대로 전달되는 것처럼, 개미 군락의 유전자 역시 단지 생식 개미와 그들의 생식세포를 통해서만 전달된다. 동물의 특수한 기관과 조직이 생명의 필수 기능을 수행하는 것처럼, 개미 군락에서도 특수한 개미 집단이 이러한 기능을 수행한다. 동물과 초유기체 모두 전체의 조화롭고 원활한 작동을 보장하기 위한 복잡한 조정 메커니즘을 가지고 있으며, 둘 다 성장하는 동안 전문화된 부분으로 분화한다. 모든 수준에서 이러한 분화는 활성화와 억제(새로 개발된 요소가 다른 요소의 발달을 활성화하거나 억제), 피드백(긍정적 또는 부정적), 이동을 통해 이루어진다. 성체 동물이 수정란과 같지 않은 것처럼, 최종적 초유기체는 초기 상태와는 전혀 다르다(과장된 표현일 수도 있지만, 요점은 전달될 것이다).

유사성의 인식을 지연시킨 초유기체의 특징 중 하나는 유기체의 부분과 달리 초유기체의 부분(예를 들어, 개미)은 하나의 조각으로 뭉쳐 있지 않고 환경 안에서 자유롭게 움직인다는 점이다. 심지어 둥지 안에서도 개미는 방 안팎을 돌아다니며 유충을 핥거나 먹이를 나르거나 멍한 듯 서 있기도 한다. 겉으로 보이는 이러한 독립성은 비생식 일개미가 훨씬 더 큰 자가생식 개체의 작은 부분에 불과하며 스스로 생식할 미래가 없다는 사실을 다소 모호하게 만든다. 일개미를 문자 그대로 초유기체의 세포로 간주하거나 일개미 집단을 그 기관으로 간주해서는 안 된다는 점에 주의할 필요가 있다. 이러한 특성들은 20세기 초에 나온 초유기체에 대한 초기 논문을 인기 없게 만들었다.

개미의 분업

유기체의 부분들이 특정 기능을 위해 전문화되는 것은 모든 단계에서 생물학적 조직의 핵심이다. 초유기체에서 이러한 기능의 분담 및 전문화는 일반적으로 분업의 형태를 취한다. 이와 유사한 기능의 분담 및 전문화는 기업, 군대, 종교 단체, 다세포 또는 단세포 유기체, 사회적 곤충 군락 등 대부분 조직에서 중요한 요소다. 물건을 만드는 인간 조직(공장)과 비교해보면 도움이 되는데, 곤충 군락에서도 물건을 만들기 때문이다. 공장에서 최종 제품을 만드는 데 필요한 다양한 작업은 여러 노동자 및 노동자 집단에 할당되며, 이들은 각자의 공정에서 매우 뛰어난 능력을 발휘하여 전체 공장의 효율성을 높인다. 만약 개별 노동자가 제품 생산의 모든 단계를 담당한다면, 제품 생산의 효율성은 훨씬 떨어질 것이다. 헨리 포드(Henry Ford)는 오래전에 이 사실을 알아챘다.

사회적 곤충 군락은 식량이라는 원료를 일개미로 변환하는 공장으로, 일개미들은 다시 딸 군락을 생산한다. 이를 위해 사회적 곤충 군락은 인간의 공장과 마찬가지로 전체 사업의 다양한 부분에 전문화된 각기 다른 개체 또는 개체 집단이 보편적으로 조직되어 있다. 이를 '분업'이라고 부르는 것은 행동의 차이, 즉 일의 차이만을 나타내는 것처럼 보이기 때문에 부적절하고 다소 오해의 소지가 있다. 실제로 곤충의 사회성을 정의하는 '노동'의 가장 기본적인 분업(생식 및 비생식. 그림 8.1)조차도 실제로는 대부분 생리학적 측면이다. 개미 군락의 하나 또는 몇 마리의 개체(여왕개미 또는 여왕개미들)는 수정란 생산 및 산란(난소·지방체·정자), 교미(수정낭), 분산(날개 및 날개 근육), 군락 형성(지방 및 단백질 저장)에 필요한 모든 기관과 생리를 갖추고 있다. 반면 일개미는 이러한 기능을 대부분 갖추지 못하고 대부분 불임인 단순화된 개미이며, 군락 기능의 대부분을 수행한다. 여왕개미가 알을 낳는 것은 분명 행동이지만, 이것은 길고 복잡한 일련의 발달 및 생리적 단계의 마지막 단계에 불과하다. 이 기능의 일

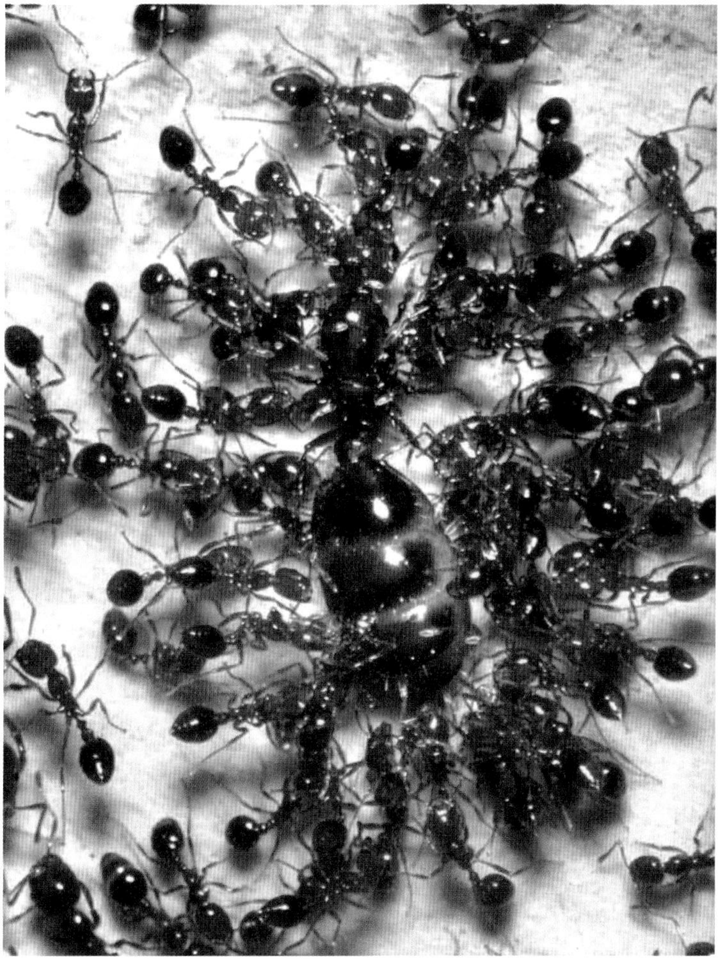

그림 8.1 여왕개미를 둘러싸고 있는 일개미(붉은열마디개미). Tschinkel (2006)의 사진.

환으로 여왕개미는 일개미에게 영향을 미치는 페로몬 및 기타 물질을 분비하여 군락을 규제하는 일도 담당한다. 다시 말하지만, 이것은 육체노동이 아니다.

개미학자들은 점점 더 많은 개미 종의 생식 생물학을 탐구하면서 이 단순하고 기본적인 기능 구분에서 변종과 예외를 발견했다. 이 변형에는 일개미들이 수정 없이 알을 낳거나 번식하는 경우(단위 생식)부터 여왕개미가 여럿인 경우, 여왕개미가 없는 경우, 일개미 없이 사회적으로 기생하는 경우에 이르기까지 다양하다. 이러한 사례들은 이 책의 요지에서 벗어나지만, 어쨌든 개미의 생활사 중 극히 일부분이며, 대부분은 앞에서 설명한 것처럼 '일반적인' 여왕-일개미 이분법으로 나타난다.

사회적 곤충 연구에서 '일꾼의 일'은 많은 관심을 받아왔다. 이 연구의 대부분은 일꾼이 다양한 일을 수행하는 방법과 노동이 어떻게 자기조직되는지, 그리고 일꾼의 다양한 행동을 활성화하는 자극과 일꾼이 하는 일의 효율성에 초점을 맞춰왔다. 이것은 먹이를 모으고 처리하며 분배하거나, 먹이를 에너지로 전환하고 지방으로 저장하거나, 둥지를 파고 유지하거나, 영역과 자원을 방어하거나, 유충과 여왕을 돌보는 등의 활동을 포함한다. 그렇다고 해서 일개미들이 하는 모든 일이 행동적인 것은 아니다. 개미의 종에 따라 지방을 저장하거나 다른 먹이를 저장하는 일을 전문으로 할 수도 있고, 동료 개미와 함께 식량의 소화를 담당할 수도 있고, 다른 대사 과정을 담당할 수도 있고, 단순히 더 나중의 기능을 맡기 위해 대기하는 집단일 수도 있기 때문이다. 이러한 기능은 행동으로 드러나지는 않지만, 군락 기능의 중요한 부분이다.

다수의 개미 종을 연구한 결과, 일개미는 일반적으로 나이에 따라 일과 역할이 나뉘는 것으로 나타났다. 어린 일개미는 주로 유충 돌보는 역할을 하고 나이가 들수록 더욱 다양한 둥지 업무를 수행하며, 생애의 마지막 단계에 둥지 밖에서 먹이 활동을 하는 것이다. 먹이 활동을 하는 채집 개미는 적어도 자연에서 오래 살지 못한다.

먹이 활동은 포식자, 건조한 기후, 과도한 열기, 천적들, 길을 잃을 가능성에 노출되는 위험한 일이기 때문이다. 이처럼 일개미가 하는 일의 변화는 생리학, 호르몬, 신경계 변화와 관련이 있다. 일개미가 난소를 가지고 있는 경우라면, 이것은 일반적으로 나이가 들어감에 따라 청소년 호르몬과 지방 저장량과 마찬가지로 퇴행한다. 나이와 경험을 통해 행동 레퍼토리가 증가하고 관련된 뇌 부분의 크기와 연결성도 증가한다. 세상 밖에서 무수한 도전과 위험에 직면하는 채집 개미가 습기 찬 둥지 안의 보호된 공간에서 유충을 돌보는 개미들보다 훨씬 더 많은 두뇌 능력을 필요로 한다는 것은 어쩌면 놀라운 일이 아니다. 간단히 말해, 먹이를 찾는 일꾼은 더 똑똑해야 하며, 나이가 들수록 더 똑똑해진다. 지금 다루고자 하는 질문은 이처럼 나이와 관련된 행동 변화가 얼마나 유연한지(또는 경직되었는지)다. 극단적인 관점으로는 이러한 전환이 유연하고 군락 수요에 반응한다는 견해와 인구통계학적으로, 즉 주로 일개미 나이에 의해 결정되므로 군락 수요에 상대적으로 반응하지 않는다는 견해가 있다. 이에 대해서는 나중에 더 자세히 설명하겠다.

노동 분업의 한 가지 추가적 근거는 일개미의 크기다(그림 8.1). 개미 종의 약 15퍼센트는 크기가 매우 다른 일개미를 진화시켜왔다. 크기가 작은 일개미에서 큰 일개미까지 연속적으로 크기가 다르거나, 두 가지(때로는 세 가지) 뚜렷하고 겹치지 않는 크기의 일개미(소형 일개미와 대형 일개미)가 있다. 대형 일개미와 소형 일개미는 서로 다른 작업에 전문화되어 있다. 소형 일개미는 일반적으로 일개미 개체군에서 더 큰 비율을 차지하며 더 다양한 행동을 한다. 반대로 대형 일개미는 일반적으로 더 드물게 발생하는 작업에 더 전문화되어 있다. 예를 들어, 페이돌리 속(屬)의 개미들 및 포고노미르멕스 바디우스의 경우 대형 일개미는 머리와 아래턱이 불균형적으로 커서 부수고, 씹고, 방어적으로 물어뜯는 기능을 하는 것으로 추정된다. 많은 저자가 이러한 대형 일개미를 무심코 '병정개미'라고 부르지만, 대부분의 경우 이 개미들의 군사적 전문성은 확고하게 증명되지 않았다. 반면에 많은 종에서 이러한 대형 일개미는 유충 돌보는 일에 거의 또는 전혀 참여하지 않는다. 예를 들어, 붉은열마디개미 군락에서 가장 큰 대형 일개미가 유충 키우는 일을 맡으면 유충은 방치되어 죽게 된다. 반면에 이 대형 일개미들은 상대적으로 먹이 활동에 더 적극적이다.

모든 일개미는 나이가 들면서 이러한 '노동 단계'를 거친다. 그러나 이러한 전환을 하게 되는 나이는 종이나 계절에 따라 크게 다르며, 각 단계에서 보내는 생애 비율 또한 다르다. 자연선택은 이러한 전환을 주변 조건과 군락의 생활 습관에 맞게 조정한다. 예를 들어, 자연환경이 채집 개미를 더 많이 필요로 하고, 유충 돌보는 일개미를 덜 필요로 할 때, 채집 개미로의 전환은 더 어린 나이에 이루어진다.

노동 분업의 마지막 형태는 똑같이 전문화되고 상대적으로 드문 작업을 장기간 수행하는 소수의 일개미에게만 적용된다. 이들은 때로 '직업 일개미'로 불린다. 여기에는 잎꾼개미 중 쓰레기 일개미, 단물을 수확하는 개미 중 '탱커(tanker)' 개미, 여러 종에서 볼 수 있는 장의사 개미, 그리고 유충의 생식 자극 물질을 모아 여왕에게 먹이는 붉은열마디개미 중 '셔틀' 개미 등이 포함된다.

상대적으로 연구가 덜 이루어진 분야는 군락이 성장함에 따라 분업이 변화하는지 여부와 그 방식이다. 분업이 부분적으로 일개미 크기에 따라 이루어지는 경우, 대규모 군락이 대형 일개미를 더 큰 비율로 생산하면 군락의 노동력은 주로 유충 돌보기와 일반적인 둥지 업무에서 먹이 활동으로 전환된다. 두 가지 주요한 노동 분업은 모두 군락이 성장함에 따라 발전하며, 군락이 작을 때 가장 빠른 변화가 발생한다. 특정 크기의 일개미도 군락 규모가 커지면 작업 전문성이 증가한다. 따라서 분업 패턴은 개미 종뿐만 아니라 군락의 크기와 아마도 나이에 따라 달라진다고 예상할 수 있다.

분업은 초유기체의 특징이다. 따라서 둥지 만드는 과정, 특히 둥지 위치 선정, 굴착 시작, 굴착 자체, 토양 운반, 심지어 일개미가 굴착하고 운반하는 깊이와 관련하여 분업이 이루어진다고 예상할 수 있다. 이러한 공간적·행동적 분업을 통해 초유기체는 자신이 사는 공간, 자기 '몸'(초유기체가 몸을 가지고 있는 한)과 유사한 공간을 만들어낸다. 중요한 것은, 한 종의 특정 구조는 주로 분업의 세부적 차이에 기인한다는 것이다.

'나무'라기보다 '숲'인 초유기체

모든 생물학 연구와 마찬가지로, 유기체로서의 동물 연구는 묘사로 시작된다. 1990년대 초, 나는 가장 많이 연구되던 개미에 대한 기본적인 묘사 지식이 부족하다고 확신했다. 복잡하고 정교한 가설을 검증하던 개미 연구가들이 군락의 크기, 군락 또는 일개미의 수명, 계절적 패턴, 군락의 성장과 발달 등 기본적 속성을 보고하는 경우는 거의 없었다. 렘브란트가 1632년에 그린 〈툴프 박사의 해부학 강의〉를 사회적 곤충 군락에 빗대어 재현했다고 생각해보자. 이 그림에서 툴프 박사는 시체의 팔을 부분적으로 해부하고, 학생들이 주의 깊게 지켜보는 가운데 해부학적으로 중요한 특징을 가리킨다. (툴프 박사가 해부한 인간을 포함하여) 동물의 각 부위는 특징적인 크기와 모양을 가지고 있는데, 이것은 발달 중에 나타나서, 진화에 의해 형성되고, 종종 생애 단계와 계절에 따라 변화한다. 이 모든 것은 생존에 필요한 요구, 즉 단세포 동물과 초유기체 모두가 충족해야 하는 요구를 해결하기 위한 적응 과정이다. 동물이 어떻게 움직이는지에 대한 모든 추가적 통찰은 해부학적 설명에서 시작된다. 따라서 우리는 다음과 같은 질문을 던져야 한다. 초유기체에서 이러한 기능적 해부학에 해당하는 것은 무엇인가? 그 '크기와 형태'는 어떠한가? 초유기체의 발달 중에 어떻게 형성되는가? 진화에 의해 어떻게 형성되는가? 생애 단계와 계절에 따라 어떻게 변화하는가? 비유적으로 말하면, 문제는 생쥐의 간이 어떻게 조직적으로 일을 수행하는지가 아니라, 생쥐의 총 자원 중 얼마나 많은 자원이 간에 할당되는지, 그리고 이 할당에 영향을 미치는 요인은 무엇인지다. 초유기체에 적용하면, 문제는 채집 개미나 유충 돌보기 일개미가 어떻게 자신의 일을 수행하는지가 아니라, 군락의 총 자원 중 얼마나 많은 자원이 채집 개미나 유충 돌보기 일개미에게 할당되는지, 그리고 이러한 할당에 영향을 미치는 요인이 무엇인지다. 따라서 초점은 개체나 개체의 능력보다 더 높은 차원에 맞춰져 있다. 바로 군락의 노동력과 자원의 어느 정도가 어떤 종류의 일에 할당되는지, 군락의 크기, 서식지, 계절에 따라 이러한 할당이 어떻게 변화하는지, 군락 적합도에 어떻게 기여하는지에 초점을 맞춘다.

초유기체에서 자원 할당

이 접근 방식이 유기체와 초유기체 모두를 이해하는 유용한 방법인 이유는 경제적 사고에서 비롯된다. 모든 유기체와 초유기체에게 자원은 제한적이기 때문에, 하나의 기관이나 노동 집단에 할당된 자원은 다른 기관이나 노동 집단에 할당할 수 없으며, 돈을 투자할 때와 마찬가지로 생식(또는 금전적) 성공을 극대화하는 최적의 할당 패턴이 존재한다. 따라서 자연선택이 간의 크기를 최적의 상태로 조정하는 것처럼, 각 초유기체 기능에 노동·시간·에너지의 양을 최적의 상태에 도달하도록 조정해서 할당해야 한다. 이 원리는 분자·소기관·세포·조직·기관 등 모든 수준에서 적용된다. 생물학에서 이 최적은 반드시 일정하지 않으며, 생애 단계, 환경, 계절 및 기타 요인에 따라 달라질 수 있다. 크게 보면, 유기체와 초유기체의 다양성은 다양한 할당 패턴에서 비롯된다.

이러한 배경을 바탕으로, 이제 초유기체를 설명하기 위해 군락 내에서 주요 생명 기능을 수행하는 다양한 집단을 식별해야 한다. 단일체 동물과 달리, 개미는 무게를 측정할 수 있는 핏덩어리 같은 간도 없고, 팽팽한 폐도 없으며, 고동치는 심장과 속이 빈 동맥도 없다. 개미 군락의 분화된 부분들은 서로 붙어 있지 않은 채로 다양한 기능을 수행한다. 이러한 기능적 분화의 대부분은 행동적 분업이지만, 앞에서 언급했듯이 행동 그 이상을 포함한다. 초유기체 내의 주요 노동 집단을 파악한 후에, 우리는 각 집단에 어느 정도의 자원이 투자되는지 밝힐 필요가 있다. 왜냐하면 이러한 투자 패턴은 단일체 동물의 기관에 대한 투자 패턴과 유사하기 때문이다. 이 할당 패턴은 생애 단계, 생태학적 서식지, 계절 등에 따라 달라질 것으로 예상되며, 경제적 측면에서 검토될 수 있다.

두 번째 주요 과제는 이 책의 범위를 벗어나지만, 초유기체도 그것을 구성하는 유기체와 마찬가지로 수정란/생성, 성장, 성숙, 번식, 죽음과 같은 생애 주기를 가진다는 것을 인식하는 것이다. 즉, 초유기체는 각 종마다 특유의 성숙한 크기, 수명 및 번식력을 가지고 있다. 더욱이 단일체 동물이 개체 발생을 통해 발달하는 것처럼, 초유기체는 '사회 발생'의 규칙과 상호작용을 통해 생성에서 성숙까지 발달한다. 둘 다 그 특징들은 발달 단계에 따라 변화한다. 개미 군락에서 변화의 대부분은 노동 부문 간의 상대적 규모에서 이루어지지만, 일개미의 형태와 생리학적 특성에서도 중대한 변화가 발생한다. 이 주제에 대해 알려진 바는 상대적으로 거의 없으며, 진지한 연구는 향후 관련 책이 나올 때까지 기다려야 할 것이다.

공간에서의 노동 조직

3장에서 살펴본 것처럼, 개미 군락은 개미들이 무작위로 분포되어 있지 않은 3차원 공간에 존재한다. 최적의 효율성을 위해서 노동력을 가장 적절하게 할당해야 할 뿐만 아니라, 제품 조립에 필요한 순서에 따라 작업이 진행될 수 있도록 작업 공간을 조직해야 한다. 헨리 포드는 카시트를 설치하는 작업자를 엔진 블록의 헤드 볼트를 조이는 작업자 옆에 절대로 배치하지 않을 것이다. 작업 전문화와 공간 조직화는 공장 조립라인에서 분명히 밀접하게 연결되어 있으며, 곤충 군락에서도 마찬가지다. 이 공간적 구성요소가 중요하다는 사실은 사회적 곤충 연구자들 사이에서는 거의 알려지지 않았지만, 이것이 바로 둥지 건축과 노동 분업이 교차하는 지점이다. 이 교차점이 거의 인식되지 않은 것은 이상하다. 하지만 아마 개미의 분업에 대한 거의 모든 연구가 자연 둥지와 전혀 닮지 않은 단순한 실험실 둥지에서 진행되어왔기 때문일 것이다. 그래서 질문조차 전혀 제기되지 않았던 것이다. 편의상의 이유 때문인지, 개미 연구자들은 이로 인해 분업에서 중요한 사실을 놓치는 것은 아닌지 거의 의문을 제기하지 않았다. 돌이켜보면 반려 개미 군락을 키워본 사람이라면 누구나 개미가 주어진 공간을 매우 빠르게 조직화한다는 것을 경험했을 것이다. 번데기나 먹이를 먹지 않는 유충은 한 영역에 모아두고, 먹이를 먹는 유충은 가까운 곳에 나란히 배치하며, 여왕개미는 제3의 영역에서 수행원들에 둘러싸여 있고, 둥지로 돌아오는 채집 개미로부터 먹이를 받는 일개미는 둥지 입구 근처에 모여 있다.

개별 일개미를 표시하고 추적하면 이렇게 자체적으로 조직된 영역 간에 일개미들의 교류가 제한적이라는 것이 밝혀져, 실험실 둥지라는 인위적 환경에서도 공간적 조직화는 분업의 일관된 요소임을 알 수 있다. 예를 들어, 렙토토락스 우니파스키아투스(*Leptothorax unifasciatus*)의 작은 군락은 돌 사이 좁은 공간에 둥지를 만든다. 실험실의 유리판 사이에 설치했을 때, 개별 표시된 일개미들은 각각 다른 종류의 노동과 관련된 일정한 동심원 영역 내에서만 움직였다.

중앙 영역의 일개미는 새끼 돌보는 일을, 주변 영역의 일개미는 먹이 찾는 일을 하는 경우가 많았다. 중요한 점은 이사를 가거나 둥지를 옮겨야 할 때, 개미들은 새로운 둥지에서 정확하게 똑같은 배열을 다시 만들었다는 것이다. 개미에게 공간과 일은 밀접한 관련이 있다.

초유기체 모델로서 플로리다수확개미

개미 노동이 실험실 둥지의 비좁은 환경에서도 공간적으로 조직된다면, 수직으로 2~3미터 깊이로 뻗어 있는 플로리다수확개미의 자연 둥지 내에서는 훨씬 더 세분화되리라 예상해야 한다. 이에 대한 초기 증거는 빌 맥케이(Bill MacKay)와 샌퍼드 포터의 자연 둥지에 대한 여러 현장 연구에서 나왔다. 그들은 여러 종의 포고노미르멕스 둥지 깊숙한 곳에서 채집된 일개미들이 대부분 더 연한 색을 띠며, 이런 색상을 통해 더 젊다는 사실을 발견했다(3장 참조). 일본의 곤도 마사키(近藤正樹)는 포르미카 자포니카(*Formica japonica*) 군락의 매우 깊은 둥지들을 파헤친 결과, 젊고 뚱뚱한 일개미들은 대부분 둥지 깊은 부분에만 있다는 사실을 발견했다. 나는 겨울개미인 프레놀레피스 임파리스의 4미터 깊이 둥지에서도 젊고 뚱뚱한 일개미들이 매우 유사하게 분포해 있는 것을 발견했다. 젊은 일개미와 유충 돌보는 일의 연관성은 잘 알려져 있기 때문에, 자연 서식지의 둥지 깊은 곳에 있는 젊은 일개미들도 유충 돌보는 일에 관여하고 있을 가능성이 높다.

내가 플로리다수확개미 군락을 두고 초유기체로 기술하기 시작한 것은 1989년이었다. 그 한 해 동안 나는 네 번의 계절별 단계마다 여섯 개의 완전한 군락(작은 군락 둘, 중간 군락 둘, 큰 군락 둘)을 발굴하고 포획하고 조사하는 기이한 프로젝트에 착수했다. 군락 깊이는 보통 2~3미터에 달했고, 한여름(또는 심지어 5월이나 10월)에 발굴하는 작업은 나와 조수인 나탈리 퍼먼을 현기증 나게 만들기에 충분했다. 벽돌 흙손으로 모래를 걷어 올려서 각 방이 드러나면 그 위에 투명한 아세테이트 필름을 올려놓고 마킹 펜으로 윤곽을 그렸다(3장 참조). 결국 우리는 31개 군락을 발굴했다.

이렇게 땅을 파고 수집한 결과, 죽어서 말라버린 일개미, 유충, 번데기(방별로)와 씨앗(역시 방별로)이 담긴 시험관, 봉지, 병, 접시가 산더미처럼 쌓였다. 우리는 일개미를 색깔별로 구분하고(짙은 색 = 나이 든 개미, 옅은 색 = 어린 개미), 그 수와 유충의 수를 셌다. 100마리의 일개미 표본에 포함된 각 개미의 무게를 개별적으로 측정한 다음, 머리를 제거하고 몸 크기와 상관관계가 있는 개미의 너비를 측정했다. 각 방에서 나온 씨앗을 열 가지 크기의 체로 쳐서 각각의 평균 무게를 측정했다. 그 결과 방대한 양의 데이터가 쌓였고, 이를 대형 컴퓨터로 1년 넘게 분석하여 둥지 공간 내에서 그리고 계절별로 둥지 내용물의 분포 패턴을 파악했다. 3장에서와 마찬가지로, 방을 추적하는 분석을 통해 깊이, 군락 크기 및 계절에 따른 방의 크기와 모양의 분포, 각 군락의 전체 방 면적, 전체 부피, 최대 깊이 등 둥지 건축에 대해 많은 것을 알 수 있었다.

이 작업을 수행할 당시에는 컴퓨터로 이러한 데이터를 방별로 분석할 수 있었지만, 이러한 패턴은 종종 불규칙한 변동이나 잡음이 많았기 때문에, 둥지 깊이를 10분의 1, 3분의 1, 4분의 1로 구분하거나, 군락 크기별로(소형, 중형, 대형), 계절별로(1월, 5월, 7월, 9~10월) 나누는 등 여러 가지 방법으로 데이터를 집계하여 평균 패턴을 파악했다. 이 방대한 데이터 세트를 통해 3장에서 이미 살펴본 것에 상세하고 세밀한 내용을 더할 수 있었는데, 그것은 일개미들이 둥지 안에서 나이대별로 강력하게 분류된다는 것이었다. 이 연구는 그 밖에도 다양한 특징을 보여주었지만, 이는 현재의 논의와는 관련이 적다.

유아 일개미는 5월을 제외한 모든 계절에 나타났으며, 이것은 군락이 겨울에는 새로운 일개미를 생산하지 않는다는 의미다. 실제로 1월에는 유충이 없었다. 유아 일개미는 대부분의 개미와 마찬가지로 둥지 낮은 영역에서 크게 우세했는데, 아마도 유충 돌보는 일에 종사하는 것으로 추정된다(그림 8.2). 실제로 대부분의 유아 일개미는 유충 및 번데기와 같은 둥지 영역(하부 3분의 1)에서 주로 나타났다(3장에서 살펴본 바와 같다). 우리는 둥지에서 이처럼 낮은 영역을 충분히 군락의 탁아소라고 지칭할 수 있으며, 어린 일개미들은 자매 유충들의 보모 역할을 한다. 번데기를 때때로 가장 위쪽 방으로 옮겨 따뜻하게 하고 발육을 촉진하는 경우도 있지만, 이것은 전체 유충의 극히 일부를 대상으로 하며, 대부분은 둥지 깊은 곳에 머문다.

주어진 몸 크기(머리 너비로 추정)에 비해, 유아 일개미들은 늙은 일개미보다 눈에 띄게 더 무거웠으며, 일개미들의 지방을 에테르•로 추출한 결과 대부분의 체중 차이가 지방 때문인 것으로 나타났다. 어떤 층에서 유아 일개미를 포획하든 '지방량'은 거의 차이 나지 않았으며(33퍼센트에서 26퍼센트로), 이것은 유아 일개미의 지방량이 둥지 내 위치가 아니라 대부분 젊음과 관련 있음을 의미한다(그림 8.2). 둥

• 유기 화합물 중 하나인 에테르는 흔히 용매로 사용되며, 화합물을 추출하거나 분리하는 용도로 화합물 연구나 실험에서 사용될 수 있다.

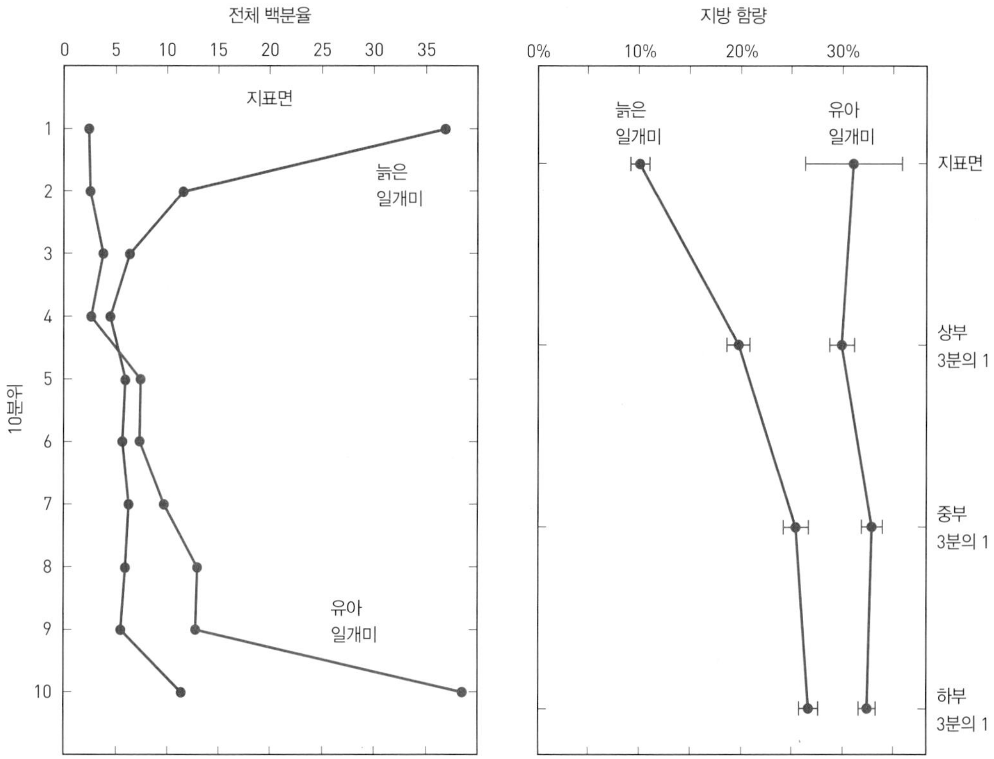

그림 8.2 일개미는 어릴 때 더 뚱뚱하고 나이가 들면서 지방이 감소한다. 어린 일개미들은 주로 둥지의 낮은 영역에서 나타난다.

지의 하부 3분의 1에 있는 개미들은 점차 색이 짙어지고 노화되어도, 지방량(각각 30퍼센트와 33퍼센트)은 유아 일개미와 비슷하게 유지되었다. 반면, 성숙한 늙은 일개미는 둥지의 더 높은 층으로 이동하면서 지방을 모두 소모하여 체중이 감소했고, 결국 초기 30퍼센트의 지방에서 12~13퍼센트로 지방이 줄어든 채 둥지 밖으로 나와 채집 개미로 생을 끝냈다(그림 8.2). 따라서 개미 둥지는 가장 위험한 작업인 먹이 활동을 가장 '소모된' 일개미에게 할당하여 일개미의 불가피한 죽음으로 인한 집단의 자원 손실을 최소화했다. 즉, 개미는 늙은 일개미에게 위험한 일을 맡기는 것이다.

이러한 나이별 수직 분포는 개미가 둥지의 낮은 영역에서 태어나 위로 올라가는 의미 없는 현상이라고 생각할 수도 있지만, 사실은 그렇지 않다. 나는 1미터 높이의 중앙 통로에 여러 개의 방이 있는 '개미 호텔'을 만들었는데, 주요 수직 통로 내에 있는 마개를 돌려서 개미들의 접근을 허용하거나 막을 수 있었다. 마개를 닫은 상태에서 1미터 높이 호텔의 각 방에는 표시해둔 일개미(절반은 어린 개미, 절반은 늙은 개미)와 유충 몇 마리를 넣고 땅속에 끝까지 묻었다. 하루 동안 적응한 뒤 개미들이 마음대로 분류할 수 있도록 마개를 열었고, 그 후 마개를 닫고 호텔을 땅에서 꺼내 방 안의 개미 수를 세 보았다. 어린 일개미들은 거의 움직이지 않았지만, 늙은 일개미들은 대부분 더 위쪽 방으로 올라갔다. 따라서 나이별 수직적 사회 구조는 '의도적'일 뿐만 아니라, 개미들은 수직 공간에서 자신이 어디에 있는지 '알고' 있다. 이 점은 5장과 6장에서 다루었다.

따라서 개미 분업에는 두 가지 나이대가 존재하는데, 어린 일개미들은 둥지 깊숙한 곳에서 유충을 돌보고, 가장 나이 많은 일개미들은 둥지를 떠나 먹이 구하는 일을 한다. 이 두 끝 사이에서 개미는 평균적으로 나이가 들면서 위쪽으로 이동하고, 그에 따라 역할도 바뀌는 것으로 보인다. 이러한 역할 변화는 뒤에서 설명하겠지만, 먼저 둥지를 방해하지 않고 직접 관찰할 수 있는 유일한 노동력인 채집 개미의 일을 좀더 자세히 살펴보겠다. 둥지 입구에서 일정 거리를 이동하여 먹이를 주워 다시 둥지로 가져오는 일개미는 채집 개미라고 명확하게 정의할 수 있는 유일한 노동 집단이다. 채집 개미를 이렇게 명확하게 구분함으로써, 우리는 인내심을 발휘할 수 있는 만큼, 그리고 군락이 수용할 수 있는 만큼 포획할 수 있고, 따라서 이 독특한 하위 집단의 다양한 측면을 연구할 수 있다.

'표시-재포획'을 통한 개체군 추정

우리의 목표는 대표적인 초유기체를 정량적으로 설명하는 것이기 때문에, 가장 명백한 질문은 다음과 같다. (1) 채집 개미는 얼마나 많으며, 군락에서 채집 개미가 차지하는 비율은 얼마인가? (2) 채집 개미의 개체 수는 군락 크기와 어떤 관련이 있는가? (3) 채집 개미의 개체 수는 계절에 따라 어떻게 변하는가? (4) 채집 개미는 둥지 내에 어떻게 분포하는가? 1996년부터 2005년까지 나는 붉은열마디개미를 대상으로 이러한 유형의 연구를 매우 성공적으로 수행했고, 제자인 크리스티나 콰피치에게 다른 개미 종에 대해서도 비슷한 연구를 해보라고 제안했다.

크리스티나가 이러한 질문들에 어떻게 대답했는지 이해하기 위해서는 개체군 크기를 추정하는 방법, 이른바 표시-방출-재포획 방법에 대해 간략히 설명할 필요가 있다. 어떤 이유로 당신이 한 집단에 몇 마리의 동물이 있는지 알아야 한다고 가정해보자. 물론 모든 동물을 한 번에 볼 수 있다면 간단히 세볼 수 있겠지만, 그럴 가능성이 얼마나 될까? 당신이 '관심 있는 동물'은 아마도 세볼 수 있는 곳에 한데 모여 있지 않고 상당한 지역에 흩어져 있을 것이다. 좋다. 각 동물을 처음 볼 때마다 표시하고, 표시가 없는 동물이 더 이상 보이지 않을 때까지 계속 표시한 동물을 추적할 수는 있겠다. 과연 얼마나 실용적일까? 하지만 미래에 더 가치가 있을 수 있는 한 가지 변형된 방법을 제안하고자 한다. 만약 한 구역에서 최대한 많은 동물을 포획하여 표시하고 다시 풀어준 다음, 하루나 이틀 뒤 또 다른 무리를 최대한 많이 포획하여 그중 표시가 있는 동물의 비율을 계산하는 것은 어떨까? 이 경우 처음에 표시하고 풀어준 개체군과 다시 포획한 개체군에서 표시한 개체 수가 전체 개체군에서 차지하는 비율이 같다고 가정하면 된다. 예를 들어, 100마리의 동물을 포획하여 표시하고 풀어주었는데, 다음 날 다시 포획한 표본 중 10퍼센트에서 이전 표시를 발견했다고 가정해보자. 그럼 100마리는 전체 개체군의 10퍼센트이고, 따라서 전체 동물은 1000마리라는 의미가 된다.

간단하지 않은가? 하지만 물론 그렇게 간단한 것은 없다. (1) 개체군의 경계가 정해져 있어, 즉 동물이 정해진 지역 내에서 돌아다니는 경우, (2) 표시된 동물이 나머지 개체군과 무작위로 섞여 있는 경우, (3) 이주나 이동이 없는 경우, (4) 표시와 재포획 사이 기간에 눈에 띄는 사망이나 출생이 없는 경우, (5) 표시한 동물과 표시하지 않은 동물이 똑같이 포획될 가능성이 있는 경우, (6) 표시가 동물의 생존에 영향을 주지 않는 경우, (7) 표시가 중요한 비율로 손실되지 않는 경우, (8) 개체군 상당수가 표시된 경우라면 그럴 수도 있다. 이러한 문제 중 일부는 더 복잡한 절차를 통해 부분적으로 해결할 수 있지만, 대부분의 경우 일반적인 이동성 동물 연구에서는 이러한 문제들이 발생한다.

이것은 좋은 징조가 아니다. 결국 동물은 한정된 지역에 머무르지 않고 원하는 곳을 돌아다니거나 죽거나 새로운 동물이 태어나기 때문에, 표시는 영구적이지 않다. 1970년대 초, 친구 존과 나는 애리조나 사막에서 검은 딱정벌레에 표시를 하고 풀어준 다음 재포획하는 프로젝트를 수행했다. 매일 밤 커다란 검은 딱정벌레를 잔뜩 포획하여 개별적으로 번호를 매기고 표시한 다음 다시 놓아주었다. 재포획률은 5퍼센트에도 미치지 못했다. 풀려난 딱정벌레들은 우리에게 정보를 제공했어야 했다. 하지만 딱정벌레들은 각자 아무 방향이나 선택해서 곧장 지평선으로 달려가 다시는 돌아오지 않았다. 이 딱정벌레 서식지는 사막만큼이나 넓었기 때문에 경계가 없었다. 이동성 동물에 대한 많은 연구에서 포획률은 이 경우와 비슷하게 낮기 때문에, 포획된 표본을 기준으로 개체 수를 추정하는 것은 매우 불확실하다. 예를 들어, 재포획한 표본을 기반으로 하면 개체 수가 150에서 1만 987 사이에 있을 확률이 95퍼센트라고 할 수 있다. 이것은 분명히 정확하지 않다! 직관적으로 볼 때 개체군에서 우리가 표시하는 비율이 높을수록 우리의 추정이 더 정확해진다고 짐작할 수 있다. 100퍼센트를 표시했을 때, 우리가 가지게 된 것은 더 이상 추정이 아니라 간단하고 정확한 수치다.

그러나 표시-재포획 연구에 매우 적합한 동물 집단이 있으니, 바로 개미다. 좀더 정확하게 말하면, 지표면을 돌아다니는 채집 개미다. 그 이유는 각 군락의 채집 개미는 한정된 영역에서 활동하며, 이웃 군락의 채집 개미 집단과 섞이지 않는 폐쇄적이고 제한된 개체군을 형성하기 때문이다. 채집 개미들은 둥지 안에서 자신의 군락 구성원들과도 거의 섞이지 않는다. 이러한 조건은 충분한 연구가 이루어진 거의 모든 개미에 적용되는 것으로 나타났으며, 모든 개미 군락에 내부 개미와 외부 개미(채집 개미)가 있었다. 사실 채집 개미들은 전체 군락의 일부에 불과하지만, 군락에서 뚜렷하게 분리되어 있고 접근 가능한 집단이다. 미끼로 개미를 유인하면, 채집 개미를 명확하게 식별할 수 있다. 이들은 별도의 영역을 가진 개체군이고 이민이나 이주를 하지 않기 때문에, 만약 표시 손실을 최소화할 수 있다면 여러 번의 표시를 통해 채집 개미의 '탄생'과 죽음을 다룰 수도 있다.

나는 알 수 없는 수의 흰색 콩과 정해진 수의 검은색 콩이 섞인 병을 사용하여 학생들에게 표시-재포획의 원리를 시연하곤 했다. 나는 학생들에게 병에서 콩을 무작위로 꺼내 검은색 콩의 비율을 계산해보라고 했다. 8개 내지 10개의 표본을 통해서, 우리는 콩 개체군(두 가지 색을 모두 포함)에 얼마나 많은 콩이 있는지 계산했다. 추정치는 대개 실제 수치에 매우 가까웠다. 동물의 표시-재포획에서와 마찬가지로, 여기서도 희석의 원리가 적용된다. 알 수 없는 양의 액체 부피를 알기 위해서 알려진 양의 용질(염료가 잘 섞일 것이다)을 섞은 다음 완전히 섞인 뒤 용질 농도를 측정하는 것과 같은 원리다. 사실상 두 번째 표본에서 회수된 분자의 수를 세는 셈이다. 수영장에 있는 물의 양을 알아야 한다고 가정해보자. 염료인 로다민 B 1그램을 녹이고, 다음 날 분광 광도계로 농도를 측정한다. 농도가 리터당 0.000005그램이라고 가정하면, 답은 농도의 역수인 20만 리터다. 수영장을 비우는 데 5리터짜리 양동이 몇 개가 필요한지 세는 것보다 훨씬 정확하고 덜 수고스럽다. 그리고 작업이 끝나면 멋진 분홍색 수영장이 완성될 것이다.

다시 채집 개미 개체 수 추정으로 돌아가서, 개미들에게 집단 구성원 여부만 표시하면 되므로 집단당 한 가지 색상만 있으면 된다.

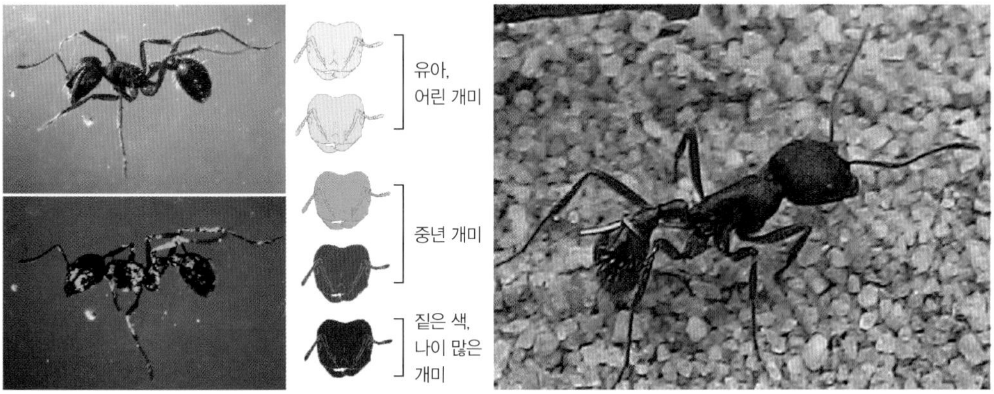

그림 8.3 **왼쪽**: 가시광선 및 자외선 아래 있는 포고노미르멕스 바디우스의 표시된 일개미. **가운데**: 큐티클 색상으로 판단한 일개미 나이. **오른쪽**: 구리선 허리띠를 한 일개미. 저자 사진.

채집 개미에 대한 표시-재포획 연구에서는 각 표시를 할 때마다 다른 색상을 원할 수도 있지만, 현실적 한계로 인해 네 가지 색상을 넘기지 않는 것이 좋다. 1980년대 초, 석사 과정 학생이었던 샌퍼드 포터는 인쇄용 형광 잉크를 에테르에 녹여 수확개미에 표시하는 방법을 개발했다. 박사 과정 학생으로 내 연구실에 합류할 때, 그는 1파운드짜리 프린터 잉크 두 캔을 가져왔는데, 수년 동안 수백만 마리의 개미를 표시할 수 있는 양이었다. 이 잉크는 병 안에서 딱딱한 막을 형성했는데, 막에 구멍을 뚫어 액체 잉크를 추출할 수 있었다. 내가 간스 잉크 회사(Gans Ink Co.)의 여러 가지 형광색 잉크 캔을 몇 개 더 구입한 것은 15년이 지나서였다.

잉크는 에테르에 녹여 향수 분무기로 뿌렸는데, 에테르는 개미 위에 끈적끈적하고 미세한 작은 점들을 남기고 이동 중에 대부분 증발했다. 이 점들은 페인트처럼 굳어 자외선 아래에서 마치 신호등처럼 빛났다(그림 8.3). 무극성(nonpolar)인 잉크와 에테르는 잉크가 개미의 밀랍성 큐티클에 잘 달라붙도록 했다. 크리스티나는 나이에 따른 큐티클 색상을 기준으로 수천 마리의 포고노미르멕스 바디우스 일개미 허리에 가는 구리선을 묶고(그림 8.3), 형광 잉크를 뿌린 다음 그들 군락으로 돌려보내는 방식으로 이 표시의 내구성을 테스트했다. 구리선 허리띠(그림 8.3)로 식별할 수 있는 이 일개미들은 최대 6개월 후 채집 개미로 지표면에 나타났고, 형광 잉크 자국을 여전히 모두 가지고 있었다. 잉크는 구리만큼이나 선명했고 필요한 작업은 훨씬 적었다. 이를 통해 잉크만으로 표시해도 몇 주, 몇 달, 심지어 몇 년 동안 진행되는 실험에 적합하다는 확신을 얻었다. 우리의 최우선 과제는 초유기체가 먹이 활동 노동 집단에 일개미를 어떻게 할당하는지, 그리고 이 할당 방식이 군락의 크기와 계절에 따라 어떻게 달라지는지를 알아내는 것이었다. 초유기체 비유를 확장하자면, 우리는 초유기체의 '기관들' 중 하나의 크기 및 그 크기 변화를 파악하고자 했다. 다른 '기관들'은 나중에 살펴볼 수 있다. 다시 한 번 강조하지만, '기관'이라는 용어는 문자 그대로의 의미가 아니라, 유기체 내에서 주요 생명 기능의 세분화와 초유기체 사이의 유사성을 강조하기 위한 단축어다.

초유기체의 '기관'

도전 과제는 다음과 같다. 군락의 총 자원 중 얼마나 많은 부분이 군락을 위해 식량을 찾고 모으는 데 할당되는가, 그리고 이것은 계절과 군락 규모에 따라 어떻게 달라지는가? 크리스티나는 몇몇 지역 개미 종을 대상으로 이 질문에 답하기 위해 노력했다. 대부분의 종은 어떤 이유로든 문제가 있었지만, P. 바디우스는 개미학자에게 꿈과도 같았다. 몸집이 큰 이 종은 군락 크기가 중간 정도였으며, 둥지 디스크를 숯으로 덮어서 둥지를 알리기 때문에 찾기가 쉬웠다. 게다가 1989년과 1990년에 내가 연구한 결과와 더 이른 시기에 사우스캐롤라이나에서 프랭크 골리(Frank Golley)와 존 젠트리(John Gentry)가 연구했던 결과 덕분에 이 종의 자연사에 대해 이미 많은 것이 알려져 있었다.

크리스티나는 3년 동안 매달 개미 천국을 정기적으로 방문하여 개미 군락이 먹이 활동에 할당하는 일개미 비율을 알아냈다. 호기심 많은 흑곰이 50미터 떨어진 곳에서 인내심을 가지고 크리스티나를 지켜보는 경우도 있었고, 어느 여름에는 회색여우가 근처에 웅크리고 앉아 크리스티나가 일하는 모습을 지켜보거나 개미 미끼로 사용하는 쿠키 부스러기를 핥아먹기도 했다.

매번 일개미 비율을 알아내는 데 3일이 걸렸다. 첫째 날, 크리스티나는 둥지 입구에서 약 1.5미터 떨어진 곳에 새 모이를 뿌려 채집 개미들이 일을 하도록 유도했다. 새 모이를 주워 둥지로 돌아가는 개미는 모두 채집 개미로 간주하여 포획했다. 3시간에서 6시간에 걸쳐 그녀는 적극적으로 먹이를 찾는 개미들을 최대 93퍼센트에서 최소 35퍼센트 이상 포획했다. 개체 수를 세고 나서 형광색 프린터 잉크를 뿌린 뒤 둥지로 돌려보냈고, 개미들은 평소와 다름없이 일을 했다. 다음 날에는 새 모이 대신 으깬 쿠키를 사용했다. 왜냐하면 개미들이 첫날 새 모이를 충분히 먹어서 더 이상 새 모이 수집에 흥분하지 않았기 때문이다. 다시 한번 크리스티나는 채집 개미들의 표본을 채집했고, 이번에는 자외선 아래에서 형광색 표시가 있는 채집 개미들을 세어보았다. 군락 내 채집 개미 수는 표시된 비율을 통해 추정할 수 있었다. 왜냐하면 첫째 날에 표시하여 돌려보낸 개체 수는 둘째 날 표본에 있던 표시된 개체 수 비율과 전체 채집 개미 개체 수에서 차지하는 비율이 같았기 때문이다. 첫째 날에 표시한 채집 개미 중 약 60퍼센트가 둘째 날에 다시 포획되어 개체 수 추정치에 큰 신뢰도를 부여했다.

채집 개미는 얼마나 오래 살까

우리는 먼저 이 방법을 사용하여 채집 개미의 생존 기간과 이 개체군이 얼마나 빨리 교체되는지 확인했다. 첫째 날에 풀어준 채집 개미들은 점차 사멸해서 재포획 표본에서 차지하는 비율이 점점 줄어들었다. 하지만 이것은 채집 개미들이 죽어서인지, 아니면 표시되지 않은 일개미가 채집 개미가 되었기 때문인지, 아니면 두 경우 모두인지 어떻게 알 수 있을까? 첫 번째 조사 후 몇 주 지나 다른 색 잉크를 사용하여 두 번째 표시-재포획-풀어주기를 통해 추정하면, 그 중 어떤 경우인지 확인할 수 있다. 두 번째 표시를 통해 두 번째 날짜에 표시한 채집 개미 수를 알 수 있으며, 첫 번째 날짜에 표시한 채집 개미 수와 두 번째 날짜에 표시한 채집 개미 수를 모두 알면 첫 번째 집단 중 몇 마리가 아직 살아 있는지 계산할 수 있다. 이 절차를 많은 군락에 적용한 결과, 일개미들이 먹이를 찾기 시작하면 평균 수명은 3~4주(27~38일)였고, 이는 붉은열마디개미 채집 개미에게도 해당되었다. 따라서 채집 개미 개체 수의 3~5퍼센트가 매일 죽고 전체 채집 개미 집단은 대략 한 달마다 완전히 교체된다. 군락은 먹이 활동 기간에 이러한 손실과 교체를 꾸준히 감당해야 하지만, 각 일개미는 채집 개미가 될 때까지 체내에 저장한 지방을 사용하면서 에너지 손실을 부분적으로 줄인다.

일 년 동안 군락에서 채집 개미의 비율은 어느 정도인가

이 절차의 목적이 전체 군락에서 채집 개미로 투입하는 비율을 확인하는 것이라면, 우리는 군락의 전체 규모도 알아야 했다. 3일째 되는 날, 삽과 흙손, 진공청소기, 다수의 트레이로 무장한 크리스티나는 20센티미터 깊이 단위로 각 군락을 발굴하여 포획한 다음, 성충·유충·번데기를 모두 세어보았다. 전체 성충 개체 수(채집 개미 포함)를 2일 차에 알아낸 채집 개미 수로 나누면 전체 군락에서 먹이 활동에 할당된 비율이 나온다. 3장에서 살펴본 바와 같이, 군락 발굴은 결코 간단한 작업이 아니다. 일반적으로 개미 둥지는 깊이가 2~3미터에 달하는데, 키가 157센티미터에 불과한 크리스티나가 이 구덩이를 빠져나오려면 짧은 사다리가 필요할 정도였다. 이 연구를 3년에 걸쳐 진행하는 동안 크리스티나는 총 55개의 군락을 발굴했으며, 이는 몇 가지 간단한 과학적 사실을 입증하는 데도 얼마나 많은 노력이 필요한지 보여주는 증거다.

가장 명백한 첫 번째 발견은 채집 개미가 둥지에서 12센티미터

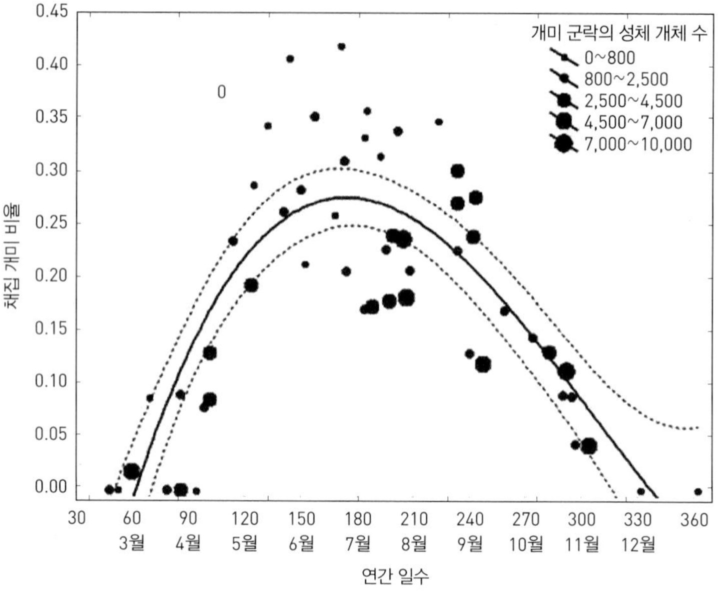

그림 8.4 먹이 활동에 할당된 일개미 비율의 계절적 변화. Kwapich and Tschinkel (2013).

이상 깊은 곳으로 들어가지 않았다는 것이다. 다시 말해, 채집 개미는 유충과 어린 일개미를 포함하여 둥지 깊숙한 곳에 있는 생명체와 거의 접촉하지 않았다. 이 내용은 다음 섹션에서 중요하게 다룰 것이다.

먹이 활동의 시작은 유충이 처음 나타나는 시기보다 한 달 정도 앞섰고, 가을에는 성공적으로 유충을 양육한 이후까지 연장되었다. 전체 군락에서 먹이 활동에 할당된 비율은 계절에 따라 극적으로 변화했다(그림 8.4). 겨울(11~3월) 동안 0에서 시작하여 7월 초 성숙한 군락의 경우 약 35퍼센트로 정점을 찍은 후 11월 말에는 다시 0으로 감소했다. 일반적 패턴은 매년 비슷했다. 이러한 패턴은 채집 개미 개체 수의 변화, 둥지 전체 개체 수의 변화 또는 두 가지 모두에 의해 발생했을 수 있다. 이에 대한 해답은 두 군락에 대한 병행 연구에서 찾았다. 한 집단에서는 계절에 따른 채집 개미 비율의 변화를 측정했고, 다른 집단에서는 각 군락의 채집 개미 개체군 규모를 한 계절에 여러 번 측정했다. 첫 번째 집단은 앞에서 살펴본 바처럼 발굴했지만, 두 번째 집단은 그렇게 하지 않았다. 첫 번째 집단의 채집 개미 비율을 통해, 두 번째 집단의 군락 크기는 채집 개미 개체군 크기에서 '역으로' 계산할 수 있었다. 예를 들어, 첫 번째 집단의 군락 중 25퍼센트가 채집 개미이고 두 번째 집단의 군락에 1000마리의 채집 개미가 있다면, 두 번째 군락의 규모는 일개미 4000마리인 것이다.

이러한 방식으로 크리스티나는 채집 개미 비율의 변화는 각 계절 동안 채집 개미 수와 군락 크기 모두가 변화한 결과임을 보여주었다. 성숙한 군락에서는 생식 개체 생산이 완료된 후 6월 말까지는 새로운 일개미가 나타나지 않았다. 새로운 일개미의 부족과 더불어 나이 많은 일개미가 채집 개미 계급에 진입하고 대체 없이 사망하면서 군락 크기는 감소하고 채집 개미 비율이 증가하는 결과를 가져왔다. 따라서 먹이 활동이 활발한 시기는 생식 개체 생산 시기와 일치하여, 6~7월에 절정에 달했다. 일단 생식 개체 생산이 완료되면 일개미 출산이 높은 비율로 이루어지고 다시 한번 군락 크기가 커지면서 8월부터 11월까지 채집 개미 개체군으로도 유입된다. 동시에 죽은 채집 개미들이 교체되어 9월이나 10월까지 채집 개미 수는 일정하게 유지된다(비율은 감소했다). 그때부터 죽은 채집 개미의 교체가 급격히 감소하여, 11월에는 더 이상 채집 개미가 없게 된다.

일개미 수가 약 700마리 이하인 군락은 생식 개체를 생산하는 데 노동력을 분산하지 않기 때문에, 생식 규모가 큰 군락보다 더 높은 비율(약 40퍼센트)의 노동력을 먹이 활동에 할당할 수 있었다. 이것은 아마도 소규모 군락의 성장 속도를 높이겠지만, 계절별 할당 패턴은 생식 군락과 비생식 군락에서 동일했다.

5월에서 10월 사이의 주요 번식기 동안, 군락은 채집 개미 수와 비율의 급격한 변화에도 불구하고 유충당 1.6마리의 채집 개미를 일정하게 할당했다. 즉, 채집 개미는 유충에 맞추어 조정되었다. 하지만 이것은 수요에 대한 반응이었을까, 아니면 다른 방식으로 조절된 것일까? 수요가 증가하거나 감소하면 어떻게 될까? 그에 따라 채집 개미 개체 수도 변화할까?

채집 개미 개체 수는 어떻게 조절될까

수요와 이 수요를 충족하는 채집 개미 수 사이의 비율을 쉽게 변경하는 두 가지 방법이 있다. 예를 들어, 채집 개미의 절반을 제거하거나 '기증자' 군락에서 유충을 추가하여 유충 수를 2배로 늘리는 것이다(유충은 군락 간에 쉽게 받아들여진다). 크리스티나는 먼저 채집 개미 중 절반을 제거한 다음 일주일 후 두 번째 채집 개미 추정치를 조사한 결과, 채집 개미가 교체되지 않았으며 새로운 채집 개미가 나타나는 비율이 '채집 개미를 제거한' 군락과 대조군 군락 모두에서 동일함을 발견했다. 따라서 군락은 채집 개미에 대한 늘어난 수요를 충족하기 위해 일개미를 먹이 활동으로 이동시키지 않았다. 대신에 크리스티나가 이 '채집 개미가 제거된' 군락을 발굴했을 때 에

상했던 유충의 절반이 사라졌고 채집 개미 대 유충 비율이 여전히 1.6으로 대조군 군락과 동일했다. 이 군락은 이용 가능한 먹이 활동 구역에 맞춰서 유충 개체 수를 줄였다. 젊은 일개미들이 나이가 들어 채집 개미가 될 때까지 채집 개미는 대체되지 않았다.

유충 개체 수를 2배로 늘려 수요를 늘리자(채집 개미 개체 수를 바꾸지 않은 채) 비슷한 결과가 나타났다. 일주일 후 채집 개미 개체 수는 대조군에 비해 변함이 없었지만, 발굴 당시 유충의 절반이 사라져 채집 개미 대 유충 비율이 여전히 1.6이었다. 이것은 '외래 유충'을 거부해서가 아니었다. 왜냐하면 외래 유충에는 형광색 먹이로 표시해 두었는데, 본래의 유충과 추가된 유충이 모두 똑같이 영향을 받은 것으로 나타났기 때문이다. 추가된 유충을 먹여 살리기 위해 채집 개미를 추가로 모집하지는 않았다. 대신에 과잉 유충은 완곡한 표현으로 '도태'되었다.

세 번째 실험에서 크리스티나는 채집 개미의 절반을 제거하고 20일 동안 실험실에 보관했는데, 이것은 제거된 채집 개미를 정상적인 일개미로 대체할 수 있는 충분한 시간이었다. 30일 후 이 채집 개미들을 다시 투입했을 때, 채집 개미의 개체 수가 약 40퍼센트 증가했고 몇 주 동안 이 수준을 유지했다. 둥지 안의 임무로 복귀하지 않은 것은 일단 채집 개미가 되면 다시 되돌릴 수 없는 것임을 보여주었다.

이 모든 실험에서 수요(또는 공급)에 대한 반응이 없다는 것은 채집 개미 개체 수가 주로 인구통계학적으로 조절된다는 의미다. 즉, 개미가 하는 일의 종류는 고정된 일정에 따라 그들의 나이와 관련 있다는 것을 의미한다. 이 일정은 먹이 탐색 일에 대한 수요 증가로

그림 8.5 채집 개미가 멀리 나가지 못하도록 스크린 바닥이 있는 케이지에 갇혀 있는 군락. 저자 사진.

가속화하거나 공급 과잉으로 역전되지 않는다. 일개미의 자연스러운 노화에 따라 정해진 속도로만 진행된다. 이것이 바로 초유기체 기계의 톱니바퀴 중 하나다.

하지만 일개미가 빠른 속도로 죽는 것을 막아 유충 대비 채집 개미의 비율을 높이고 채집 개미 교체 필요성을 늦출 수 있다면 어떻게 될까? 이를 위해 크리스티나는 스크린 바닥이 있는 케이지에 군락을 가두어 일개미들이 먹이를 구하러 멀리 나가 일찍 죽지 않도록 했다(그림 8.5). 물론 크리스티나는 케이지에 먹이를 제공하여 어떤 경우에도 굶주림으로 인해 죽지는 않도록 했다. 대조군은 케이지에 가두고 먹이를 주지 않은 개체군과 케이지를 뚫어서 야외에서 먹이를 구할 수 있는 개체군으로 나누었다. 채집 개미 수는 케이지에 가두기 직전과 20일 후 다시 한번 표시-재포획을 통해 추산했다.

20일의 실험 기간 동안, 케이지에 갇힌 군락의 채집 개미는 대조군보다 57퍼센트 더 오래 살았으며, 채집 개미 개체군이 완전히 교체되는 데 걸리는 시간은 약 27일에서 55일로 늘어났다. 이것은 채집 개미들이 노화로 인해 죽는 것이 아니라 먹이를 찾아다니다 현장에서 죽는다는 것을 의미한다. 실제로 채집 개미로 잡힌 일개미들은 실험실에서 수개월을 살았다. 또한 흥미로운 점은 현장에서 죽는 채집 개미 수가 줄었는데도 채집 개미 개체군의 규모는 변하지 않았고 20일 만에 젊은 일개미의 채집 개미 개체군 진입 비율은 69퍼센트에서 43퍼센트로 감소했다. 이는 채집 개미 개체군이 새로운 채집 개미 출현을 억제하는 부정적 피드백을 주었기 때문일 것이다. 그 결과, 따뜻한 계절 동안 군락이 지속적으로 생산한 젊은 일개미들을 도살장 같은 채집 현장에 내보내지 않았고, 만약 우리가 케이지에 가두어 채집 개미의 사망률을 줄이지 않았다면 정상적으로 유지되었을 수준 이상으로 군락 규모가 커졌다. 채집 개미는 군락에서 가장 마른 일개미지만, 채집 개미로의 전환을 주도하는 것은 지방 손실이 아니다. 케이지에 갇혀 먹이를 먹은 채집 개미는 중년 일개미의 지방 함량으로 되돌아갔지만, 20일 뒤 케이지에서 풀려나도 여전히 채집 개미로 일할 수 있었다. 먹이 활동은 되돌릴 수 없는 일이었다.

현장과 실험실에서 수명이 다르다는 것은 먹이 활동 영역을 살벌한 전쟁터로 만드는 무언가가 있음을 뜻한다. 먹이 활동은 왜 그렇게 위험할까? 수분 손실, 과열, 길 잃음과 같은 신체적 스트레스 때문일까, 아니면 포식자, 질병, 혹은 적들 때문일까? 다음 실험은 한 군락이 다른 군락을 공격하는 장면과 채집 개미가 다른 군락 개미의 머리를 다리나 허리에 단단히 고정하고 있는 장면을 관찰하면서 시작되었다. 그래서 크리스티나는 초점이 되는 군락만 가두는 대신 이제 이웃 군락들을 모두 가두어 다시 한번 채집 개미의 수명과 교체율, 개체 수를 확인했다. 초점이 되는 군락의 경우와 마찬가지로, 이웃 군락들을 가두는 것 역시 채집 개미의 수명을 연장하고 교체율을 줄였다. 이는 채집 개미가 적어도 부분적으로는 이웃 군락의 채집 개미와 싸우다가 죽기도 한다는 것을 의미한다. 채집 개미들은 군락이 생존하고 번성하는 데 필요한 공간과 자원을 유지할 수 있게 해주는 접경지 분쟁의 총알받이이자 군인이다.

두 종류의 채집 개미

따라서 우리는 수요가 아닌 고정된 노화 일정에 따라 주로 인구통계학적으로 채집 개미가 할당된다는 강력한 증거를 가지게 되었다. 그러나 상황은 훨씬 더 복잡하다. 먹이 활동과 유충 생산이 죽은 채집 개미가 꾸준히 교체되는 따뜻한 계절로 제한되고, 한 해의 마지막 젊은 일개미가 11월 이전에 생산된다면, 봄의 채집 개미는 둥지에서 겨울을 보냈을 것이다. 크리스티나는 일 년 내내 여러 군락의 유아 일개미들을 구리선으로 묶어서 얼음 둥지에 재정착시켰다. 구리선을 두른 이 일개미들은 충분히 나이가 들었을 때 채집 개미로 지표면에 나타났다. 6월부터 8월까지 유충이었던 일개미들은 약 40일이 지났을 때 나타났지만, 늦여름과 가을에 유충이었던 일개미들은 200일이 지난 봄이 되어서야 나타났다. 채집 개미가 된 후 두 집단 모두 평균 수명이 3~4주였는데, 이는 노화가 아닌 외부 원인으로 사망했기 때문이다(앞의 내용 참조). 따라서 이 두 노동자 집단은 생리적·행동적으로 노화 속도에서 큰 차이를 보였다. 봄철 일개미들은 나이에 따른 행동 변화를 빠르게 겪으며 40일 만에 채집 개미가 되는 반면, 가을철 일개미들은 생후 200일이 지난 늦봄까지 먹이 활동을 하지 않았고 여전히 눈에 띄게 밝은색을 띠는 경우가 많았다. 분명히 노화 속도는 수명과 마찬가지로 진화에 의해 바뀔 수 있다.

이제 우리는 인구통계학적 차이가 어떻게 채집 개미 개체 수를 조절하고, 그 조절 시기가 유충을 사육하는 따뜻한 계절로 제한되는 이유를 알게 되었다. 먹이 활동 계절 후반기에 태어나서 느리게 노화하는 일개미는 다음 해 봄까지 먹이 활동에 나서지 않다가, 먹이 활동 계절 초기에 채집 개미 개체 수를 서서히 늘리는 데 한몫한다. 봄철에 채집 개미가 되고 나서 2~4주 이내에 죽기 때문에 느리게 노화하는 일개미 개체군은 서서히 고갈된다. 그러나 일단 생식 개체 생산이 시작되면 군락은 생식 개체 생산 후 40일 만에 나타나 먹이를 찾기 시작하는, 즉 빠르게 노화하는 일개미를 생산한다. 그러면 그들은 줄어들고 있는 느리게 노화하는 채집 개미와 함께 먹이를 찾게 된다. 그러다 결국에는 모든 채집 개미가 빠르게 노화하는 유형으로 채워진다. 이러한 교체는 9월경까지 계속되며, 그 무렵 군락은 빠르게 노화하는 일개미 생산에서, 다음 해 봄이 되어서야 채집 개미가 되는 느리게 노화하는 일개미 생산으로 넘어간다. 그러므로 늦여름이 되면 빠르게 노화하는 유형의 일개미가 죽은 채집 개미를 더 이상 대체하지 않으며, 11월 초가 되면 채집 개미 개체 수는 점점 줄어들어 0이 된다. 이처럼 다양한 인구통계학적 특성을 가진 일개미의 교체가 계절별 먹이 활동 패턴을 주도한다.

이 간단한 계절적 조절 시스템은 우리에게 다음과 같은 질문을 남긴다. 군락은 어떻게 일개미의 노화 속도를 조절할까? 어떤 생리적 메커니즘이 이렇게 이분법적이고 극단적인 노화 속도를 가져오는 것일까? 한 종의 수명 주기 내에서도 노화 속도가 그렇게 쉽게 변할 수 있다면, 종 전체에 걸쳐 노화 속도는 자연선택에 의해 조절되는 것이 분명하다.

이러한 인구통계학적 차이는 아마도 지하에서 눈에 보이지 않게 일어나는 다른 노동 전환을 주도할 것이다. 왜냐하면 노화가 이러한 모든 전환에 영향을 미친다고 예상할 수 있기 때문이다. 따라서 모든 활동은 노화가 느린 가장 어린 일개미가 유충을 돌보고 생식 개체를 키운 다음 일개미가 되고, 가장 나이 많은 일개미가 먹이를 찾기 시작하는 이른 봄까지 지연된다.

채집 개미와 유충 돌보미 일개미의 연결

이제 우리는 이 특정 초유기체가 하나의 기능 집단인 채집 개미에게 얼마나 많은 투자를 하는지, 이 집단이 군락의 크기와 계절에 따라 어떻게 달라지는지, 그리고 어떻게 조절되는지에 대해 꽤 많이 알게 되었다. 다른 주요 노동 집단에 대해서도 이와 비슷하게 할당량을 추정할 수 있을까? 만약 채집 개미가 둥지에서 15센티미터 이상 깊숙이 들어가지 않고, 유충과 유충 돌보미 일개미들이 둥지 깊숙한 곳에서 모든 시간을 보낸다면, 먹이가 1~2미터 아래에 있는 유충에 어떻게 도달하는지, 그리고 씨앗이 30~80센티미터 깊이의 저장실까지 어떻게 운반되는지에 대한 의문이 생긴다. 둥지 깊은 곳의 쓰레기와 파낸 모래는 지표면까지 어떻게 운반될까? 이 모든 것은 이 두 비접촉 집단 사이를 오가는 노동자 집단이 반드시 존재한다는 것을 암시한다. 하지만 모든 작업이 지하에서 이루어지는 집단의 존재를 어떻게 증명할 수 있을까?

열쇠는 가장 위쪽 방에 있는 일개미들에게 있다. 미끼를 먹으러 오는 거의 모든 채집 개미에 표시를 했는데도, 둥지 상부 15센티미터에 있는 일개미의 절반 정도만 표시가 되어 있었다. 다시 말해, 둥지 위쪽에는 채집 개미 외에도 먹이 활동을 하지 않아 표시를 피할 수 있었지만 채집 개미와 방을 공유하는 일개미들이 살고 있는 것이다. 이들은 채집 개미나 유충 돌보미 일개미와는 구별되는 일개미 집단으로, 채집 개미가 가져온 씨앗과 먹이를 유충과 유충 돌보미 일개미가 기다리는 둥지의 깊은 영역으로 운반하는 역할을 한다. 이 일개미들은 파낸 모래와 쓰레기를 위쪽으로 운반하여 처리하는 역할도 할 것이다. 이들을 이송 작업자라고 부르기로 하자. 따라서 이 최상위 지역에 있는 표시 없는 일개미들을 채집 개미들과 다른 색으로 표시할 수 있다면, 이 후보 집단을 식별할 수 있을 것이다.

따라서 첫 번째 단계는 전체 채집 개미의 75퍼센트에서 92퍼센트가 표시될 때까지 며칠 동안 반복적으로 군락을 미끼로 유인하여 모든 채집 개미를 철저하게 표시하는 것이다. 이 계획은 간단해 보이지만, 문제는 이송 작업자로 추정되는 개미들을 잡기 위해서는 둥지 상부 영역을 파헤쳐 파괴해야 한다는 것이다. 내 조수인 니콜라

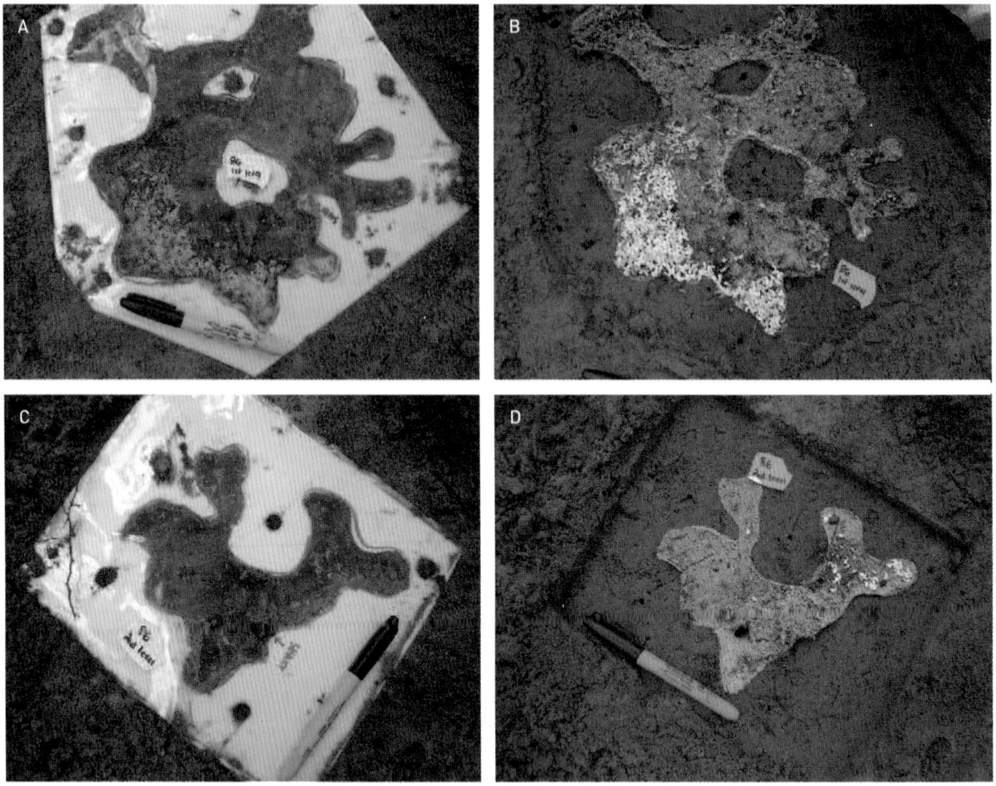

그림 8.6 이송 작업자 실험을 위해 포고노미르멕스 바디우스 둥지의 상부 방을 급습(및 파괴)한 뒤, 스티로폼을 잘라내 원래 모양과 위치로 재건했다(A와 C). 며칠 지나 이 방을 노출했을 때, 개미들은 이 방을 쉽게 받아들이고 사용하는 것으로 나타났다(B와 D). 주변 토양은 디지털 방식으로 어둡게 처리하여 방이 더 잘 보이도록 했다. 저자 사진, Tschinkel and Hanley (2017).

스 핸리와 나는 이 상부 영역의 서너 개 방을 각각 노출시켜서 일개미들을 모두 포획하고 각 방의 윤곽을 투명 아세테이트 필름에 그려냈다. 그런 다음 스티로폼 단열재 시트에서 각 방의 복사본을 잘라냈다(그림 8.6). 아세테이트 지붕을 각 방에 고정한 다음 각각을 원래의 깊이와 방향에 맞게 묻고, 위아래 방과 이어지는 통로를 제공했다. 개미들이 이 대체 방을 원래 방처럼 받아들이는 듯 보였을 때, 우리는 크게 안도했다. 개미들은 거의 눈치채지 못하는 것 같았다. 두 번의 여름 동안 니콜라스와 나는 이 절차를 11개 군락에 적용했다.

둥지 최상부 영역에 있는 일개미들을 모두 포획한 후, 우리는 표시가 있는 채집 개미와 표시가 없는 일개미를 구분했다. 채집 개미를 녹색으로 표시했었기에, 표시 없는 일개미는 이제 주황색으로 표시했다. 주황색 표시 일개미 중 일부는 실제로 채집 개미였지만, 대다수는 그렇지 않았다. 이렇게 표시된 일개미들은 모두 재건된 둥지로 돌아와서 일상적 임무를 수행했다. 채집 개미는 먹이 활동을, 나머지 일개미는 지하에서 맡은 임무를 수행했다.

2일에서 6일이 지나고 둥지 생활이 예전 같은 일상을 회복한 뒤, 우리는 둥지 전체를 한 방씩 파내(3장 참조) 각 방의 내용물을 따로 보관하고 자외선 아래에서 표시된 일개미들을 검사했다. 이를 통해 둥지 표면에서 가장 깊은 방까지 채집 개미와 이송 작업자의 분포를 확인할 수 있었다. 이전과 마찬가지로 채집 개미는 둥지 지표면에서 상부 15센티미터까지로 제한되어 있었다. 더 깊은 곳에서 발견된 극소수 채집 개미는 아마도 들판에서 돌아와 우리가 발굴하는 과정에서 발견되지 않고 구덩이로 떨어진 경우일 것이다.

한편, 처음에 둥지 상부 20센티미터 구역에서 포획했던 이송 작업자의 거의 3분의 1이 이제 더 아래, 둥지 바닥(110~120센티미터)까지 내려와 있었다(그림 8.7). 이들은 특히 일반적인 씨앗 저장실 깊이(70센티미터)에도 많이 내려왔는데, 씨앗 저장실 내 일개미의 10~35퍼센트를 차지했다. 그리고 70센티미터 아래에서도 방 안에 있는 일개미 중 평균 6퍼센트(최대 10퍼센트)를 차지했다. 어린 일개미들은

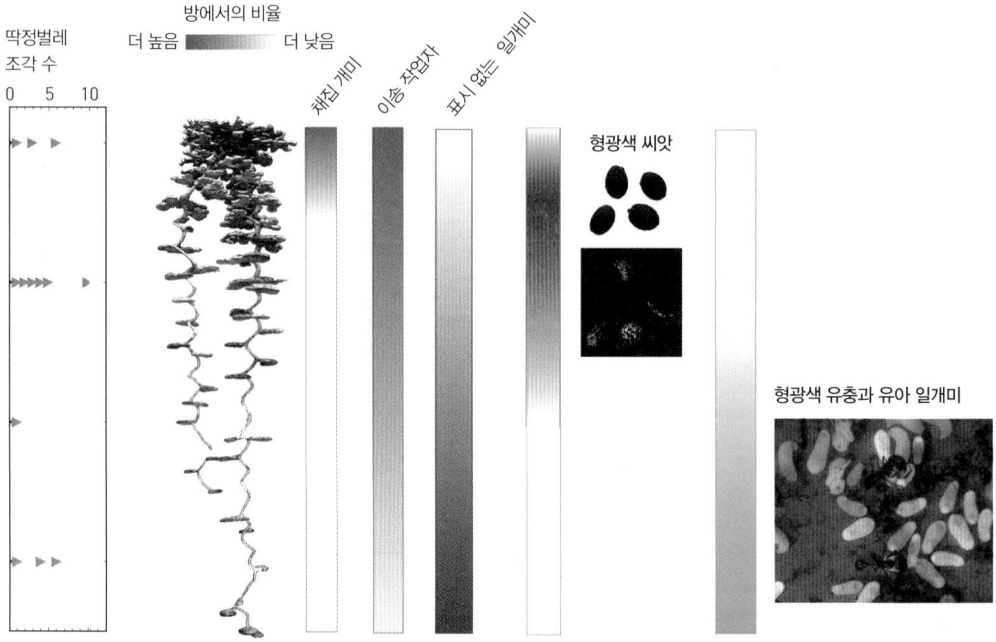

그림 8.7 채집 개미는 둥지에서 20센티미터 이상 깊숙이 들어가는 경우는 거의 없지만, 이송 작업자는 수직 형태의 둥지 전체를 돌아다니며 씨앗·흙·먹이, 그리고 어쩌면 유충을 옮겼을 가능성이 있다. 방에서 각 유형의 비율은 막대에서 음영의 농도로 표시했다. 이송 작업자는 표시된 씨앗(빨간색 막대)과 형광색으로 염색된 먹이를 빠르게 아래쪽으로 옮긴다(왼쪽 그래프). 이 표시된 먹이를 먹는 유충은 자외선 아래에서 밝은 형광색을 띤다(녹색 막대와 오른쪽 사진). 표시 없는 일개미는 대부분 유충을 돌보는 일에 관여하므로 대개 유충과 같이 있다.

둥지의 더 깊은 곳을 거의 떠나지 않았기 때문에 표시가 없었다.

이후 이 실험을 반복할 때는 발굴을 시작하기 한두 시간 전에 형광색 표시가 된 씨앗과 형광색 염색한 밀웜 조각을 각 군락에 제공함으로써 실험을 더욱 정교하게 만들었다. 채집 개미들은 이 물품들을 둥지로 가져가 가장 위쪽 방에 떨어뜨렸다. 이것은 이송 작업자에게 할 일을 주기 위한 것이었다. 지하 15센티미터 이하에서 염색한 물품이 발견된다면, 이송 작업자가 재빨리 움직여 아래로 옮긴 물품일 것이다. 왜냐하면 채집 개미는 결코 20센티미터 이하로는 깊이 들어가지 않기 때문에 모든 운반은 이송 작업자가 수행해야 하며, 이송 작업자는 채집 개미와 공간을 공유하는 유일한 노동자이기 때문이다. 이 전략은 큰 성과를 거두었다. 형광색으로 표시된 씨앗은 50센티미터까지, 밀웜 조각은 번식실에서까지 발견되었을 뿐만 아니라, 많은 유충이 밀웜을 먹어 자외선 아래에서 등불처럼 빛났다(그림 8.7 오른쪽 사진). 이송 작업자들은 1~3시간 만에 이 모든 작업을 완료했다. 둥지의 모든 내용물 검사를 마친 뒤, 우리는 얼음 둥지(5장 참조)를 만들고 각 군락을 그들의 영역으로 돌려보냈다. 모두 즉시 둥지 안으로 들어갔기 때문에, 몇 주 동안 그들의 운명을 추적할 수 있었다.

이송 작업자는 나이 집단이다

이러한 결과를 이해하는 가장 좋은 방법은 두 비접촉 집단, 즉 둥지의 최상부 영역에 있는 채집 개미와 깊은 영역에 있는 유충과 유충 돌보미 일개미 사이를 오가는 일개미 집단이 분명히 존재한다고 가정하는 것이다. 대부분의 개미 종에서 채집 개미는 가장 나이 많은 일개미이며, 이송 작업자의 위치로 미루어볼 때 이송 작업자들이 그다음 나이 많은 일개미로, 더 나이 들면 채집 개미가 될 가능성이 높아 보였다. 실제로 한 달 뒤 채집 개미를 포획한 결과, 채집 개미로 표시된 일개미는 개체군에서 사라졌고(즉, 죽었고), 이송 작업자로 표시된 일개미가 채집 개미로 등장했다. 따라서 더 젊은 일개미일수록 둥지의 다소 깊은 영역에 국한되어 있으며 이동성이 떨어

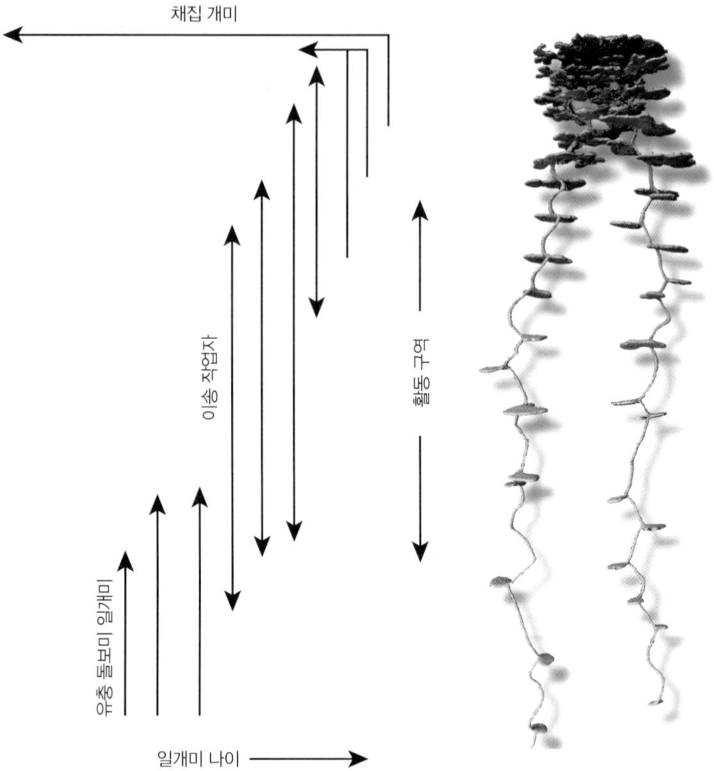

그림 8.8 나이와 관련된 상향 이동 및 행동 변화 도식. Tschinkel and Hanley (2017).

진다. 나이가 들면서 그들은 수직 이동 능력이 늘어나서 이송 작업자로 활동하게 된다. 결국 그들은 둥지 전체를 위아래로 돌아다니다가, 생애 마지막 2~3주 동안 채집 개미가 되기 위해 필요한 기술과 방향 감각을 익히기 전까지 지상에서 쓰레기를 처리하거나 모래 던지는 역할을 수행할 가능성이 높다. 일개미는 둥지 가장 아래쪽에서 태어나 나이 들면서 위로 올라가는데, 이로써 물자를 위아래로 운반하는 연속적인 컨베이어 벨트가 형성된다. 그리고 마지막에는 군락의 먹이원이 되는 킬링필드를 샅샅이 뒤지게 된다. 일개미의 임무

변경은 나이 및 둥지 내 위치와 관련이 있다. 이와 같은 나이에 따른 움직임과 위치 변화는 초유기체라는 기계의 톱니바퀴와 같다(그림 8.8). 어쩌면 기관에 비유하는 것이 너무 지나칠 수도 있지만, 기능적으로 채집 개미는 단일체 동물의 먹이/사냥/채집 행동에 해당하고, 이송 작업자는 순환/운송 시스템에 해당하며, 유충 돌보미 일개미와 유충은 유사분열 성장에 해당한다. 이 모든 기능은 단일체 동물과 마찬가지로 초유기체에서도 필수적이다.

초유기체 개요

지금까지 군락을 세 가지 주요 '기관'으로 나누어 살펴봤는데, 각 기관은 군락의 주요 기능을 수행한다. 즉 먹이를 찾아서 가져오고 영역을 방어하는 계절적인 채집 개미, 둥지 내에서 물자를 이동하고 씨앗을 저장하고 가져오는 이송 작업자, 그리고 유충과 여왕개미에게 먹이를 주고 돌보는 역할을 하는 표시 없는 유충 돌보미 일개미다. 이 집단 중 어느 하나도 단일 작업만 수행하지 않는다. 오히려 그들은 초유기체의 광범위한 필요를 채우기 위한 일련의 관련 작업을 수행한다. 또한 이 주요 집단 내에서도 나이에 따른 전환이 있다. 따라서 개미 언덕 지표면에 모래를 버리는 이송 작업자는 다른 이송 작업자보다 채집 개미가 될 가능성이 더 높다. 이러한 주요 작업 집단 내에서 작업자 행동의 유연성에 대해서는 여전히 알려진 바가 없다. 모래·씨앗·먹이·유충 등 이송 작업자가 운반하는 특정 품목에도 유연성이 있을 수 있다. 또한 둥지의 어느 부분이 이송 작업자의 '관할 구역'인지에 대해서도 유연성이 있을 수 있다. 지표면에서 씨앗 저장실로, 씨앗 저장실에서 유충 방으로, 또는 둥지 전체로 말이다. '모래 일개미'가 채집 개미 계급에 계속 진입하는 것은 일반적으로 나이 들어가는 일개미가 위쪽으로 이동할 수 있도록 하여 제한된 '관할 구역'을 만들 수 있다. 나는 아직 이송 작업자의 유연성이나 제한된 관할 구역의 존재를 테스트하기 위해 이송 작업자를 대상으로 제거 실험을 수행하는 방법을 찾지 못했다.

유충 돌보미 일개미에게도 비슷한 질문을 할 수 있다. 즉, 이송 작업자로의 전환이 얼마나 유연한가, 혹은 되돌릴 수 있는가? 채집 개미로의 전환은 급격하고 되돌릴 수 없지만, 다른 전환도 반드시 그런 것은 아니다. 채집 개미와 둥지 내 다른 구성원의 접촉을 제한하는 것은 전염병의 전파를 줄인다는 좋은 이유가 있다. 또한 일개미가 효과적으로 먹이를 구할 수 있는 충분한 기술을 습득하면, 그 역할이 둥지 내에서의 덜 숙련된 역할보다 군락에 훨씬 더 가치가 있다. 사실 모래 알갱이나 씨앗을 운반하는 데 천재적인 개미가 필요하지는 않다. 게다가 단순한 수요에 따라 채집 개미를 교체하지 않는 데는 여러 가지 이유가 있다. 채집 개미의 사망률이 극도로 높아지면 군락 전체가 치명적으로 고갈될 수 있기 때문이다. 충분한 수의 일개미들이 나이 들어 먹이 활동을 할 수 있을 때까지 먹이 활동을 포기하고 저장된 씨앗을 먹어치우는 편이 더 나은 것이다. 포고노미르멕스 속의 서부 종의 경우, 뿔도마뱀이 둥지 입구에 자리를 잡고 일개미를 한 마리씩 차례로 삼키면 군락은 먹이 활동을 중단한다. 어떤 사람들은 군락이 위협을 '알아차리고' 대응했다고 생각하지만, 뿔도마뱀이 채집 개미의 공급을 고갈시켰을 가능성이 더 높다.

마크 트웨인(Mark Twain)은 다음과 같이 말했다. "과학에는 매력적인 점이 있다. 사실에 대한 대단히 적은 투자로 추측에 대한 충분한 보상을 얻는다." 이런 정신으로 나는 한 가지 추측을 하고자 한다. 만약 위로 올라가려는 일개미들의 경향이 제한 없이 계속된다면, 채집 개미들은 나이가 들면서 둥지에서 점점 더 먼 곳으로 모험을 떠나야 한다. 이로 인해 결국 이웃 군락의 일개미들과 마주쳐 싸움을 벌이다가 죽게 될 수도 있다. 둥지에서 이런 일이 발생하는 곳까지의 거리에 따라 군락의 먹이 활동 영역의 크기가 결정되고, 이는 다시 이용 가능한 자원을 결정하며, 이것은 군락 크기와 생식 개체 생산에 영향을 미칠 것이다. 더 많은 채집 개미를 보유한 군락은 자신의 둥지에서 더 멀리 떨어진 이웃 둥지의 채집 개미와 마주쳐 더 큰 영토를 주장할 수 있다. 이웃 군락을 가두어두면 초점이 되는 군락의 채집 개미 수명이 연장되는 이유를 바로 이 접경지 분쟁으로 설명할 수 있다. 이 흥미로운 가설은 다른 사람에게 맡기겠다.

초유기체에도 죽음이 찾아온다

단일체 유기체와 마찬가지로 초유기체도 평균 수명이 정해져 있으며, 나이에 따라 사망할 확률도 달라진다. 대부분의 단독 여왕 군락의 경우, 여왕개미 수명은 군락 수명과 거의 같을 것이다. 여러 가지 이유로 실험실에서 결정된 군락의 수명은 신중하게 고려해야 하지만, 안타깝게도 현장에서 군락의 수명을 추산한 경우는 거의 없었다. 현장에서 군락의 수명을 파악하는 작업은 특정 군락의 탄생부터 죽음까지 추적해야 하므로 매우 긴 프로젝트가 될 수 있다. 그러나 필요한 시간을 몇 년으로 단축하는 지름길이 있다. 첫 번째는 개체군 교체율, 즉 매년 사망하고 태어나는 개체군의 비율을 기준으로 하는 것이다. 이 두 비율이 거의 같다면(그리고 개체군이 안정적이라면), 연간 교체율의 역수가 평균 수명이다. 매년 군락의 10퍼센트가 죽고 새로운 군락으로 대체된다고 가정해보자. 그러면 평균 수명은 0.1의 역수, 즉 10년이 된다. 박사후과정 연구원인 엘드리지 애덤스(Eldridge Adams)와 나는 1000개의 붉은열마디개미 군락을 6년 동안 추적한 결과 교체율이 13퍼센트로 평균 수명이 8년이라는 것을 알아냈다. 두 번째로 더 정교한 방법은 매년 죽는 개체 수를 기준으로 죽을 확률, 즉 사망률을 산출하는 것이다. 연구가 끝날 때 생존자는 '검열'되어 분석에서 제외된다. 왜냐하면 생존자는 사망 확률에 대한 정보를 제공하지 않기 때문이다. 이 방법은 또한 시간이 지남에 따라 여전히 살아 있을 확률에 대한 그래프를 제공한다. 이 그래프는 성별, 나이 또는 크기와 같은 개체군 내 하위 집단에 대해서도 만들 수 있다.

이러한 분석 데이터는 개별적으로 추적한 400마리의 수확개미 군락에서 얻은 것이다(4장 참조). 6년 동안 나와 몇몇 조력자들은 각 군락을 1년에 4~7회 방문하여 군락이 여전히 살아 있는지, 이사했는지 확인했다. 1년 동안 활동이 없는 군락은 죽은 것으로 간주했다. 이사했다면 군락의 표시를 새로운 위치로 옮겼다. '신생' 군락이라면 고유 번호를 부여했다. 또한 방문할 때마다 둥지 디스크의 지름을 측정했다. 이것은 개미의 수 및 둥지의 부피와 매우 밀접한 상관

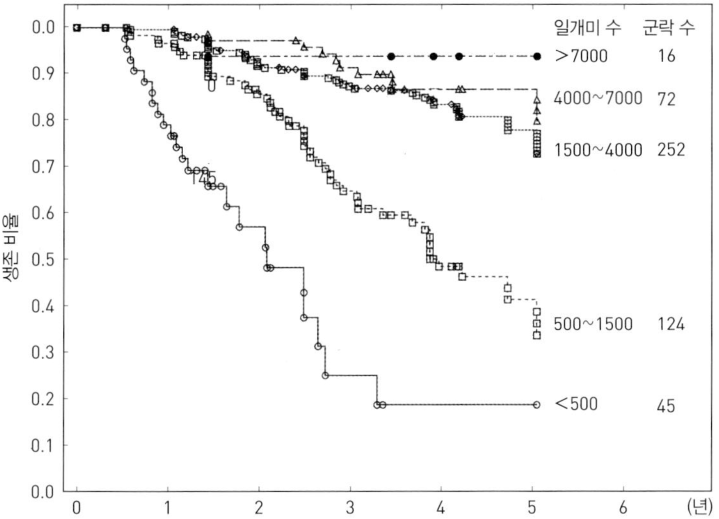

그림 8.9 생존 확률은 군락의 크기에 따라 크게 달라진다. 가장 작은 군락의 기대 수명은 약 4년이며, 가장 큰 군락의 기대 수명은 30년 이상이다. 꺾이는 각도는 초기 크기가 다른 군락들이 n년 동안 여전히 생존할 확률을 보여준다. Tschinkel (2017b).

관계가 있었으며, 군락을 크기별로 분류하여 평균 사망률을 계산할 수 있었기 때문이다.

이 결과는 군락이 가능한 한 빠르고 크게 성장하는 것이 중요한 이유를 보여주었다(그림 8.9). 가장 작은 크기의 군락에서는 매년 군락의 25퍼센트가 사망하며, 평균 수명 4년으로 나타났다. 군락이 중간 크기로 커지면서 사망 확률은 연간 약 6퍼센트로 감소하고, 기대 수명은 17년으로 늘어났다. 가장 큰 군락의 경우에는 군락의 90퍼센트 이상이 6년 후에도 여전히 생존하고, 기대 수명이 30년을 넘었다. 흥미롭게도 이러한 사망률은 나이보다 주로 군락 크기에 따라 달라졌다. 많은 군락이 나이가 들어도 극단적으로 커지진 않았으며, 나이가 아니라 크기에 따른 특징적인 사망률에 따라 사망했다. 따라서 크기에는 안전성이 있다. '안전한 크기'에 도달하지 못한다는 것은 열악한 장소나 험난한 환경에 자리 잡았거나, 가뭄, 과도한 비, 식량 확보 실패, 불리한 유전자형, 부적절한 배우자 선택 등 불리한 환경 조건의 결과일 수 있다. 또한 더 크고 더 많은 이웃이 있는 군락의 경우에는 수명이 현저히 짧았는데, 아마도 '안전한 크기'에 도달하기가 더 어려웠기 때문일 것이다.

군락 수명에 대한 가시적 증거는 내가 이 글을 쓰는 2019년 현재에도 2010년에 처음 분류한 대규모 군락 중 상당수가 여전히 살아 있다는 것이다. 내가 2040년까지 살아남아 100세 노인으로 개미 천국을 돌아다닐 수 있다면, 나는 그때도 여전히 '내' 군락 몇 개가 번성하고 있는 모습을 볼 수 있으리라고 충분히 예상한다. 이 얼마나 멋진 100세 생일 선물일까!

긴 수명의 가치

수명이 길다는 것은 번식 기회가 더 많다는 의미다. 내 제자 크리스 스미스(Chris Smith)는 봄과 여름에 수확개미 군락 19개를 파내 조사하여 군락 크기와 생식 개체 생산 사이의 관계를 규명했다(내 학생들 대부분이 그렇듯, 그의 프로젝트에도 구덩이 파는 작업이 포함되었다). 크리스는 생식 개미 생산량이 군락 크기에 정비례한다는 사실을 발견했는데, 군락 크기가 2배면 생식 개미 생산량도 2배라는 뜻이다. 이것은 큰 규모에 똑같이 중요한 두 번째 이점이 있다는 것을 의미한다. 즉, 다른 모든 조건이 동일하다면, 딸 군락을 형성하거나 생산할 가능성은 연간 생식 개체 생산과 수명에 달려 있다. 생식 개체를 생산하는 가장 작은 군락(약 700마리의 일개미)의 적합도(생애 기간 생식 개체 생산량)와 비교했을 때, 약 2000마리의 일개미가 있는 군락의 적합도는 40배 크고, 4000마리의 일개미가 있는 군락은 150배, 6000마리 이상의 일개미가 있는 군락은 350배 더 크다. 실제로 군락이 성장하면 군락 간 적합도 차이가 줄어들기는 하지만 완전히 없어지지는 않는다. 하지만 개미 천국에서는 대다수 군락이 극단적인 규모로 성장하지 않고, 평균 2000마리에서 4000마리 사이에서 변동한다. 2014년에는 400개 군락 중 17개 군락만이 6000마리 이상의 일개미를 보유하고 있었다. 군락들이 성장하기 위해 자원과 공간을 놓고 경쟁하는 것은 당연한 일이다!

단일체 동물과의 파노라마 비교

대표적인 계절성 초유기체인 플로리다수확개미 군락은 단일체 동물의 기관과 유사한 노동 집단들로 이루어져 있다. 이 집단들은 주요 생명 기능을 수행하며 계절에 따라 변화한다. 단일체 동물과 마찬가지로, 계절성은 생물들이 에너지를 사용하는 속도보다 더 빨리 에너지를 획득해야 할 필요에서 발생한다. 겨울처럼 에너지 획득이 불가능할 경우, 다시 유리한 상황이 될 때까지 다양한 적응 방식을 통해 에너지 사용을 줄인다. 번식에도 비슷한 고려 사항이 적용된다. 어떤 계절은 다른 계절보다 더 좋다.

이러한 원칙을 기억하면, 가을에 수확개미 군락은 단일체 동물과 유사한 방식으로 동면 상태에 대비한다는 것을 알 수 있다. 즉, 번식을 중단하고, 지방과 단백질을 비축하며, 그런 다음 먹이 활동을 중단한다. 단일체 동물은 생식선 퇴행과 행동 변화를 통해 이를 수행하며, 군락은 여왕개미의 생식선을 멈추게 하고 죽은 채집 개미를 대체하지 않음으로써 이를 수행한다. 동물은 에너지를 절약하고 신체의 노화를 늦추기 위해 신진대사를 줄인다. 군락에서는 겨울철 일개미가 여름철 일개미보다 훨씬 더 천천히 노화한다. 그들의 신진대사가 느려지는지 알 수 없지만, 나는 그럴 것이라고 장담한다. 겨울철 비활동 기간에 동물들은 유지 에너지를 위해 저장된 지방을 대사하며, 군락은 풍부한 씨앗 저장실과 젊은 일개미의 체내 지방을 활용하여 살아간다. 이것은 유사한 문제에 대한 유사한 해결책으로, 한편으로는 유기체 수준에서, 다른 한편으로는 초유기체 수준에서 이루어진다.

많은 온대성 동물에게 봄은 번식을 위한 최적의 계절이다. 봄은 모든 개체가 번식하는 시기이고, 새끼가 겨울을 견딜 수 있는 크기로 성장할 수 있도록 충분한 시간을 제공한다. 많은 경우 봄은 여러 번 번식을 시도할 수 있는 시기이기도 하다. 이른 봄에는 먹이가 부족한 경우가 많기에, 많은 동물이 전년도에 확보해둔 대사 저장물을 사용하여 번식을 시작한다. 우리는 수확개미 군락에서도 같은 패턴을 볼 수 있었다. 군락 번식의 주체인 생식 개미의 생산은 먹이를 구하기 좋은 계절이 오기 전에 시작되며, 전년도 가을에 어린 일개미의 몸에 저장한 지방을 연료로 사용한다. 이 일개미들이 마르고 나이 들어 채집 개미가 되는 속도는 인구통계학에 따라 유충의 먹이 수요에 맞춰 조정된다.

번식 후 동물이 하는 일은 그들의 생활사에 따라 크게 달라진다. 어떤 동물은 부모를 돌보는 데 많은 시간과 에너지를 투자하고, 어떤 동물은 다시 번식하기도 하지만, 둘 다 많은 에너지가 필요하다. 결국 그들은 다음 겨울을 준비하기 위해 번식과 먹이 활동을 중단하고 대사 저장물을 축적한다. 수확개미 군락은 매년 한 번만 생식 개체 무리를 생산한다. 그리고 이들 대부분이 6월 말에서 7월 초 사이에 짝짓기 비행을 떠나기 때문에, 암컷 생식 개체에 체내 영양분을 제공하는 것 외에는 다른 보살핌이 없다. 교배 후 군락은 겨울철 일개미의 상당 부분을 소모한 상태이기 때문에 군락의 크기가 줄어든다. 이는 단일체 동물이 번식하는 동안 체중이 줄어드는 것과 마찬가지다. 번식한 후에 단일체 동물과 개미 군락은 모두 크기를 회복한다. 전자는 성장을 통해서, 후자는 빠르게 노화하는 일개미를 많이 생산하여 군락 크기와 대사 저장고를 늘린다. 대부분의 동물에서 신체 크기가 생식 능력과 상관관계가 있는 것처럼, 개미 군락에서도 군락 크기가 생식 개체 생산과 유사한 상관관계가 있다(앞의 내용 참조). 규모를 키우는 것은 둘 다 적합도를 높이는 데 도움이 된다.

생명의 시작도 비슷한 규칙을 따른다. 어린 단일체 동물들은 성장에 많은 에너지를 투자하며, 일정한 몸 크기에 도달한 뒤 번식한다. 마찬가지로 새로 만들어진 개미 군락은 일개미 생산에 집중적으로 투자하여 군락을 빠르게 성장시킨다. 군락이 일정 크기에 도달한 뒤에야 군락 번식의 주체인 생식 개미를 생산한다. 두 경우 모두 최초 번식 나이는 개체 수 증가에 강력한 영향을 미치며, 번식 성공 확률은 수명을 결정한다.

지금까지 개미 둥지 건축, 종에 따른 둥지의 다양성, 둥지를 만드는 노동력, 개미가 땅을 파는 과정이 토양에 미치는 영향에 대해 알아보았다. 이 모든 다양성과 복잡성은 수백만 년에 걸친 진화의 산물이다. 현대 개미와 개미의 행동, 둥지 건축은 조상 개미와 그 행동에 대한 자연선택의 결과다. 조상 개미의 후손은 혈연관계의 정도와 혈통이 얼마나 오래전에 갈라졌는지를 반영하는 가계도로 나타낼 수 있기 때문에, 그들의 둥지 건축도 가계도로 나타낼 수 있는지 여부를 묻는 것은 합리적이다. 이러한 가계도는 둥지를 짓는 개미들의 가계도와 유사할까, 아니면 둥지를 파는 행동이 너무 변덕스러워서 유사성이 거의 없을까? 다음 장에서처럼 건축의 가계도를 시도하면 적어도 현대 개미 둥지 건축의 다양성을 초래한 굴착 행동의 변화를 명확하게 밝힐 수 있을 것이다.

09

개미 둥지 건설의 진화

조상 개미 둥지

모든 현대 개미의 조상은 모든 현대 개미 둥지의 조상을 만들었다. 다른 모든 후손 개미들에게 전해져 내려온 이 둥지는 어떤 모습이었을까? 조상 개미나 그 둥지의 화석은 현존하지 않기 때문에, 비교 형태학을 사용하여 간접적 증거와 추론을 통해 재구성해야 한다. 이러한 진화적 추론은 다양한 현대 구조에서 시작하여 원래 조상의 구조가 어떠했을지 거꾸로 추론하는 것이다. 이 방법의 바탕에는 상동성(homology)•의 원리, 즉 공통의 조상 구조에서 유래하거나 진화한 구조를 식별할 수 있다는 생각이 깔려 있다. 이러한 구조를 상동체라고 한다. 상동성은 현대 구조가 유사한 기능을 수행하거나 심지어 비슷해 보일 필요는 없으며, 공통의 조상 구조로 거슬러올라갈 수만 있으면 된다. 예를 들어, 모든 현대 곤충의 날개는 상동체다. 심지어 매우 다르게 보이고 다른 기능을 수행하더라도 말이다. 조상

• 어떠한 형질이 진화 과정 동안 보존된 것을 말하며, 이것은 형태적 형질이나 분자적 형질, 유전자 서열도 해당될 수 있다. 진화가 일종의 개조 과정이라면, 그 과정을 거치면서 보존되는 특징들이 존재한다고 예측할 수 있으며, 이것이 상동성이다.

곤충이 두 쌍의 단순한 날개를 가졌을 것이라는 결론은 고대 곤충 화석과 현대 곤충이 거의 보편적으로 두 쌍의 구조를 가졌다는 사실로 뒷받침된다. 일부 현대 곤충은 조상 곤충 상태와 크게 다르지 않은 두 쌍의 매우 유사한 날개를 가지고 있다. 반면에 어떤 곤충은 딱정벌레의 날개 덮개(비행이 아닌 보호 기능)나 파리의 작은 균형 기관(평균곤)처럼 크게 변형되거나 벼룩처럼 완전히 손실되기도 했다.

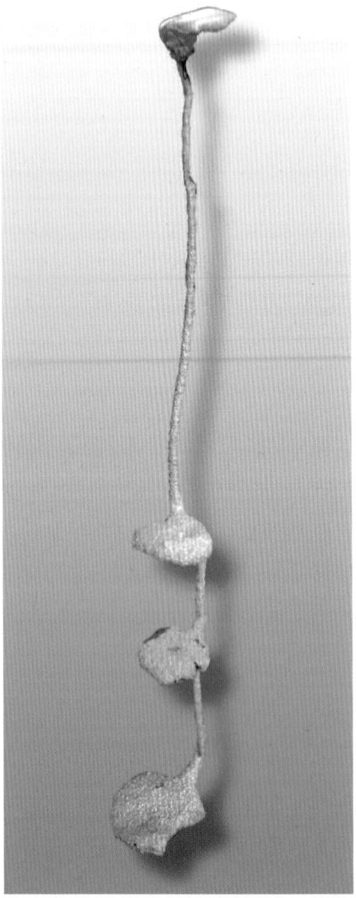

그림 9.1 조상 개미 둥지는 아마도 이 재구성한 주물과 같이 하나 이상의 단순한 측면 방이 있는 단순한 통로로 이루어졌을 것이다. 저자 사진.

이와 같은 비교 형태학의 원리는 다른 진화하는 생물학적 실체, 예를 들면 행동이나 사회 구조, 또는 개미 둥지 건축(더 정확하게는 땅을 파서 둥지를 만드는 행동) 등에 적용될 수 있다. 개미의 직계 조상은 땅에 둥지를 만들어 혼자 지내던 육식성 말벌이기 때문에, 그 둥지는 아마도 작았을 것이고 어미 말벌의 새끼들만 있었을 것이다. 이는 조상 개미의 사회와 둥지도 작았음을 암시한다. 수직 또는 거의 수직에 가까운 통로는 현대 개미 둥지에서 거의 보편적으로 볼 수 있는데, 이것은 수직 통로가 최초의 개미 둥지의 일부였음을 의미한다. 마찬가지로, 대부분의 현대 개미 둥지에는 적어도 하나 이상의 방이 있는데, 이 역시 방이 원시적 성격을 띠고 있음을 의미한다. 이를 바탕으로 우리는 15~20센티미터 깊이의 수직 통로와 하나 또는 몇 개의 방이 있는 작은 둥지로 조상 개미 둥지를 재구성해보았다(그림 9.1). 이러한 통찰이 중요한 이유는 이제 우리가 이 조상 둥지에서 진화한 현대 개미 둥지를 모두 진화의 관점에서 바라볼 수 있게 되었다는 것이다.

따라서 우리는 둥지 건축(더 정확하게는 둥지를 파는 일개미의 행동)에서 진화적 경향을 파악할 수 있다.

건축의 진화적 경향

개미가 더 크고 복잡한 사회로 진화하면서, 방과 통로는 조상 때의 크기와 복잡성을 유지하지 않았다. 무엇보다 개미 사회와 둥지의 모듈식 특성 덕분에 가장 순조롭고 간단한 방법으로 둥지 확장이 가능했다. 더 큰 군락에 진화적 이점이 있을까? 모듈(일개미)을 더 추가하면 된다. 이제 더 커진 군락에 더 큰 둥지가 필요할까? 모듈(둥지 유닛, 방, 통로)을 더 추가하면 된다. 이 원리는 결절성곰팡이재배개미(트라키미르멕스 셉텐트리오날리스. 그림 7.7)의 단순한 둥지와 잎꾼개미〔아타 래비가타(*Atta laevigata*. 그림 9.2)〕의 거대한 둥지를 비교할 때 놀랍도록 분명해진다. 후자는 트라키미르멕스 둥지에서 볼 수 있는 것처럼, 수백만 마리의 일개미 군락이 서식할 수 있을 때까지 모듈(통로와 방)을 증식하는 방식으로 진화했다. 군락과 둥지의 기본 설계도는 모듈식이기 때문에 거의 무한대로 확장 가능해 보인다. 이 원리는 많은 개미 종, 특히 매우 큰 군락을 가진 개미 종에서 볼 수 있다. 이 원리는 식물의 진화에서도 작동하는데, 덤불은 비슷한 모듈(잎과 줄기)의 증식을 통해 나무로 진화한다.

그러나 둥지는 모듈 추가뿐만 아니라 이러한 모듈을 수정함으로써 성장한다. 따라서 개미 군락은 통로, 방 구조, 상대적 크기, 통로를 중심으로 한 방들의 배열 등 여러 가지 세부 사항에서 조상 둥지

그림 9.2 고등 곰팡이재배개미의 거대한 둥지는 모듈(방과 통로)을 추가하여 크기가 커진 예다. A: 루이스 포르티, 플라비오 로세스(Flavio Roces)와 그 동료들이 브라질 보투카투에서 아타 래비가타의 시멘트 주물을 발굴하는 모습〔볼프강 탈러(Wolfgang Thaler)의 사진〕. B: 아르헨티나 포르모사에 있는 아타 볼렌베이데리(*Atta vollenweideri*)의 개미 언덕. 개미들이 둥지를 환기시키기 위해 만든 바람을 포집하는 탑들이 선명하게 보인다〔크리스토프 클레이네이담(Christoph Kleineidam)의 사진〕. C: 아타 래비가타를 발굴하는 세부 모습. 플라비오 로세스의 모습으로 규모를 가늠할 수 있다. D: 루이스 포르티가 주조하고 발굴한 잎꺆이곰팡이재배개미 아타 카피구아라(*Atta capiguara*)의 둥지. 곰팡이 방의 위치가 더 분산되어 있고 연결 터널과 먹이 터널이 더 길다는 점에 주목하라.

와 다른 더 큰 둥지를 만들었다. 이러한 '상태 변화'의 대부분은 서로 독립적인 것으로 보이며, 다양한 조합을 통해 오늘날 우리가 볼 수 있는 다양한 둥지 구조가 만들어졌다.

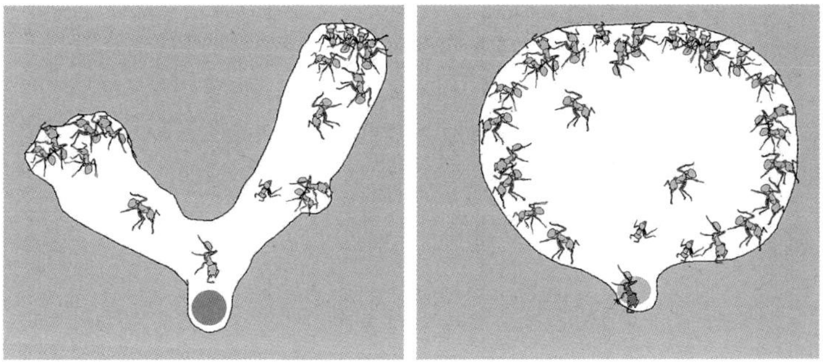

그림 9.3 땅을 파는 일개미들의 분포가 다르면 방 모양이 달라진다.

우리는 조상 둥지의 방들이 작았고 통로 한쪽에 만들어졌으리라 가정할 수 있다. 왜냐하면 대부분의 현대 둥지 배열이 그렇기 때문이다. 현대 둥지에서 발견되는 다양한 방 모양으로 판단할 때, 이 작은 방들은 진화와 성장 과정에서 활발하게 파내던 방 벽('굴착면')에 노동력을 분배하던 다소 뚜렷한 패턴을 통해 커졌을 것으로 추정된다(그림 9.2). 각 방은 노동 '역사'에 대한 일종의 화석 기록으로, 길고 좁은 방, 넓은 입 모양 방, 가지 모양 방, 둥근 모양 방, 타원 모양 방이 각기 다른 역사를 지닌다. 방은 통로와의 연결 지점에서부터 수평으로 확대되는데, 이는 일개미들이 방으로 들어가 멀리 있는 벽 쪽으로 어느 정도 걸어가서 작업을 시작했다는 의미다. 이 굴착 개미들이 굴착면을 따라 어떻게 분포했는지에 따라 방이 방사형으로 확장되는지 또는 좁거나 넓은 잎 모양으로 확장되는지가 결정된다(그림 9.3 및 9.4의 예). 일부 지나치게 열정적인 일개미들이 새로운 지점에서 굴착을 시작하면 잎 모양은 단순한 형태에서 가지 모양으로 바뀌게 된다. 2차원이 아닌 3차원으로 굴착을 하면, 북부 결절성 곰팡이재배개미인 트라키미르멕스 셉텐트리오날리스의 경우처럼 목

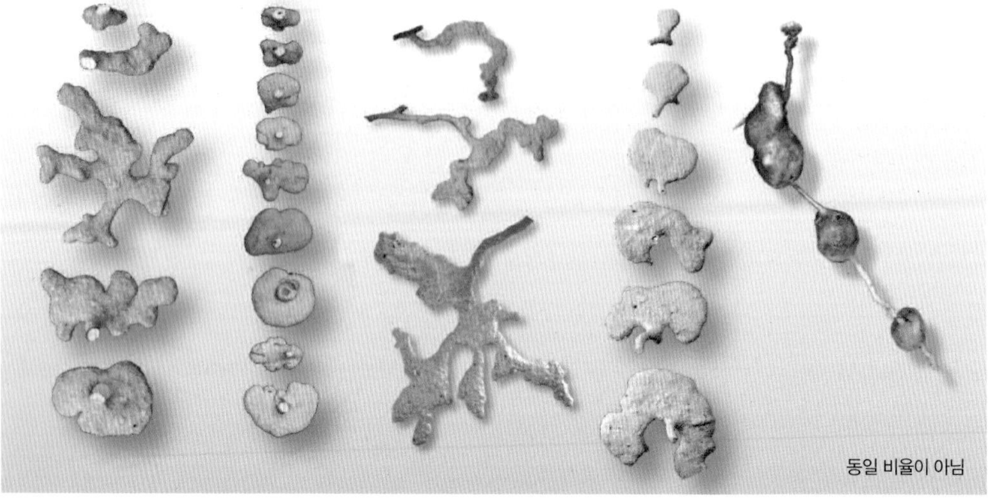

그림 9.4 방은 종종 커지면서 모양이 바뀐다. 하지만 변화는 종에 따라 다르며 심지어 일부 종 내에서도 깊이에 따라 다르다. 저자 사진, Tschinkel (2015a).

걸이에 달린 진주처럼 타원형 방이 생긴다(그림 9.4). 잎꾼개미인 아타 속의 큰 군락은 각 방이 경사지거나 수직인 통로로 연결된 수백 개의 방을 만들기도 한다(그림9.2).

굴착 노동이 한 장소에 몰리는 현상은 활발하게 굴착하는 일개미와 새로 도착한 일개미 사이에 일종의 '행동이 있는 곳에 있으'려는 욕구 때문일 수도 있고, 또는 통로가 기울어진 각도로 방에 연결되어 있어서 일개미를 방의 반대편으로 보내 눈물방울 모양의 방을 만들게 하는 특정 기하학적 배열 때문일 수도 있다. 크고 둥근 방은 일개미들이 방 둘레 전체에 고르게 노력을 분산해야 하기 때문에 상대적으로 드물긴 하지만, 수직 통로가 방 천장 중앙에 연결되어 일개미들이 방사형으로 이동하여 작업할 수 있는 경우에 주로 만들어진다(그림 9.4).

많은 종의 경우 지표면 바로 아래 최상부 방은 수평 터널로 형성된다는 점에서 더 깊은 방들과 기본 구조가 다르다(나는 광부들이 사용하는 의미에서 '터널'과 '통로'을 사용하며, 전자는 수평 튜브, 후자는 수직 튜브 형태다). 커지고 있는 방의 벽을 바깥쪽으로 확장하는 대신, 터널 끝에서 굴착하여 앞으로 밀어내는 형태를 취한다. 간혹 반항적인 일개미가 측면 터널을 파기도 하지만, 이때도 앞으로만 밀고 나간다. 이러한 터널들은 특별히 곧지 않으며 때로는 가지처럼 뻗어나가기 때문에 터널이 나뉘고 다시 합쳐지는 복잡한 구조 또는 별 모양의 방이 형성된다(그림 9.5). 일반적으로 이러한 구조는 최상부 방에 국한되며, 더 깊은 방들은 이러한 복잡성이 없어지고 '일반적인' 방이 된다(몇 가지 예외는 있다). 이것은 '터널'과 '방'이 모두 수평적이라 하더라도, 마치 방과 통로처럼 서로 다른 행동 프로그램에 의해 만들어지는지 의문을 제기한다. 터널은 어쩌면 깊이에 따라 다르게 표현되는 수평 통로일 수도 있고, 어쩌면 좁은 방일 수도 있다. 야심 차고 상상력이 풍부한 학생이라면 언젠가 이 답을 찾아내 훌륭한 박사 학위를 받을 수 있을 것이다.

방 높이는 반드시 개미의 크기에 맞춰야 하지만, 여기에는 여유가 꽤 있으며 높이 대 면적 비율에서 큰 차이가 있다. P. 바디우스의 일개미는 아패노가스테르 플로리다나의 일개미보다 몸무게가 4~8배 더 나가고, 방 면적은 훨씬 더 크다. 하지만 둘 다 바닥에서 천장까지 약 1센티미터이기 때문에, P. 바디우스의 방이 높이 대비 면적 비율이 훨씬 더 크다. 포르미카 돌로사의 대형 일개미들은 두껍고 투박한 모양이어서 실용적이지만 세련되지 않은 외관의 방을

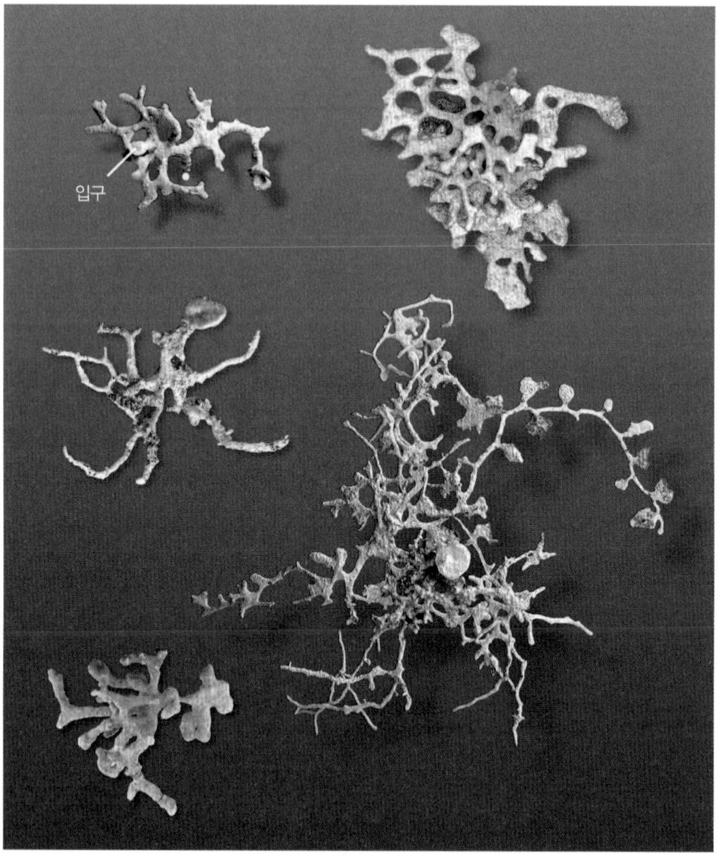

그림 9.5 지표면 바로 아래의 방은 흔히 더 깊은 곳의 방과 다르다. 맨 윗줄: 작은 포고노미르멕스 바디우스(왼쪽)와 훨씬 큰 포고노미르멕스 바디우스(오른쪽). 가운데 줄: 미르메코키스투스 나바호(*Myrmecocystus navajo*, 왼쪽), 포고노미르멕스 칼리포르니쿠스(*Pogonomyrmex californicus*, 오른쪽). 왼쪽 아래: 도리미르멕스 부레니. 비율은 동일하지 않다. 저자 사진(부분), Tschinkel (2015a).

만들며(그림 9.6), 높이 대비 면적 비율이 낮다. 반면에 사막에 서식하는 작은 페이돌리 바르바타(*Pheidole barbata*)의 방은 매우 넓은 수평 형태로, 두께가 2~3밀리미터에 불과하며 높이 대비 면적 비율이 아주 크다(그림 9.6).

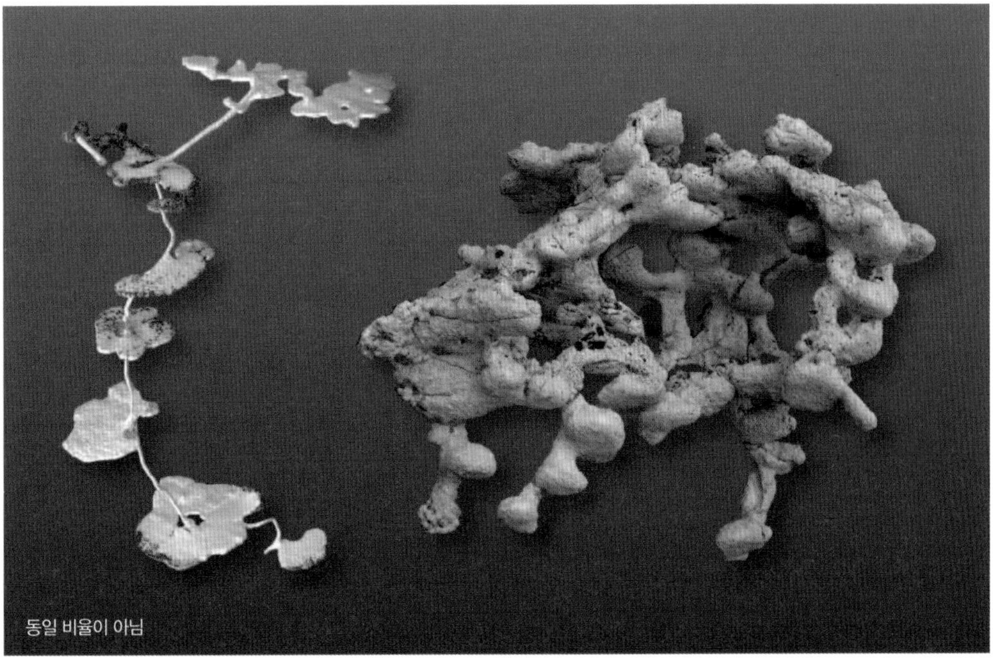

그림 9.6 높이-면적 비율의 극심한 차이. 페이돌리 바르바타(왼쪽)의 매우 얇은 방은 단위 높이당 면적이 넓은 반면, 포르미카 돌로사(오른쪽)의 땅딸막한 방은 단위 높이당 면적이 아주 작다. 저자 사진.

방의 모양과 크기가 조상의 상태에서 어떻게 변화했는지에 대한 몇 가지 예와 이러한 변화의 메커니즘을 통해 우리는 방의 진화와 확장에 대해 개략적으로 설명할 수 있다. 이전과 마찬가지로 진화하는 실체는 방이 아니라 일개미로 하여금 땅을 파게 만드는 행동 프로그램이라는 점을 강조할 필요가 있다. 그림 9.7을 보면 다양한 방 모양이 작업 할당 변화에 기인한다는 사실을 알 수 있다. 아마도 실용적 이유로 인해, 수평성은 보존된 대부분 방의 특성으로 보이며, 통로의 대략적 수직성도 마찬가지다. 개미는 사람처럼 중력에 쉽게 반응한다.

통로를 따라 배열된 방의 배치도 큰 변화를 겪는다. 방의 경우와

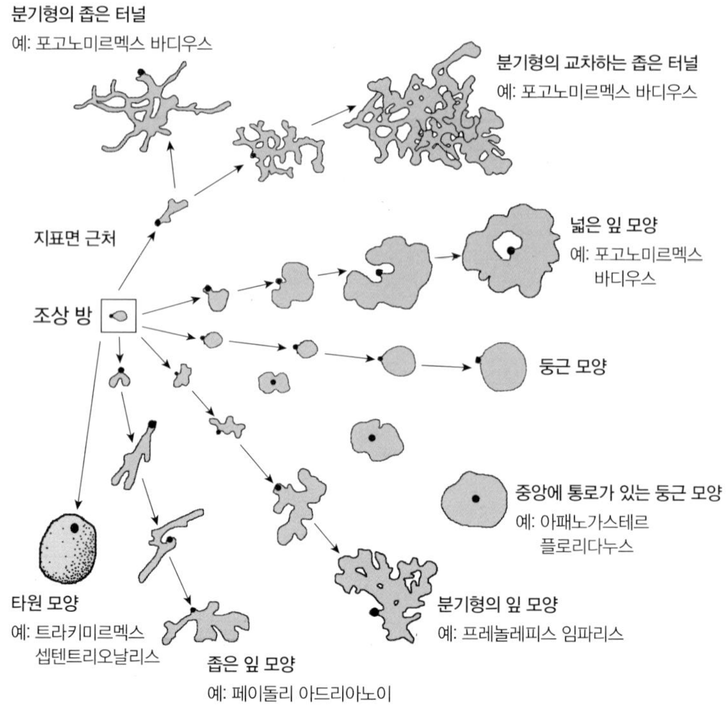

그림 9.7 다양한 모양의 현대 개미 둥지의 방으로 이어진 방 굴착 방식의 변화. 이러한 변화는 현대 개미 둥지의 진화와 발전 과정에서 방 모양에 차이를 가져왔다.

마찬가지로, 이러한 패턴은 현대 개미 둥지에서 발견되는 다양한 변화에서 추론할 수 있지만, 오늘날 우리가 보는 변화는 반드시 규칙적인 진화 또는 발달 과정에서 발생한 것은 아니다. 수직 통로를 따라 배치된 방의 간격은 매우 다양한데, 가까울 수도 있고 멀 수도 있으며 불규칙하거나 깊이에 따라 달라질 수 있다. 그림 9.8은 간격이 매우 가까운 경우(모노모리움 비리둠), 간격이 매우 먼 경우〔도리미르멕스 보수투스(*Dorymyrmex bossutus*)〕, 깊어지면서 간격이 늘어나는 경우(포고노미르멕스 바디우스)를 보여준다.

그러나 일부 경향은 매우 강력해서 여러 번 독립적으로 나타나기

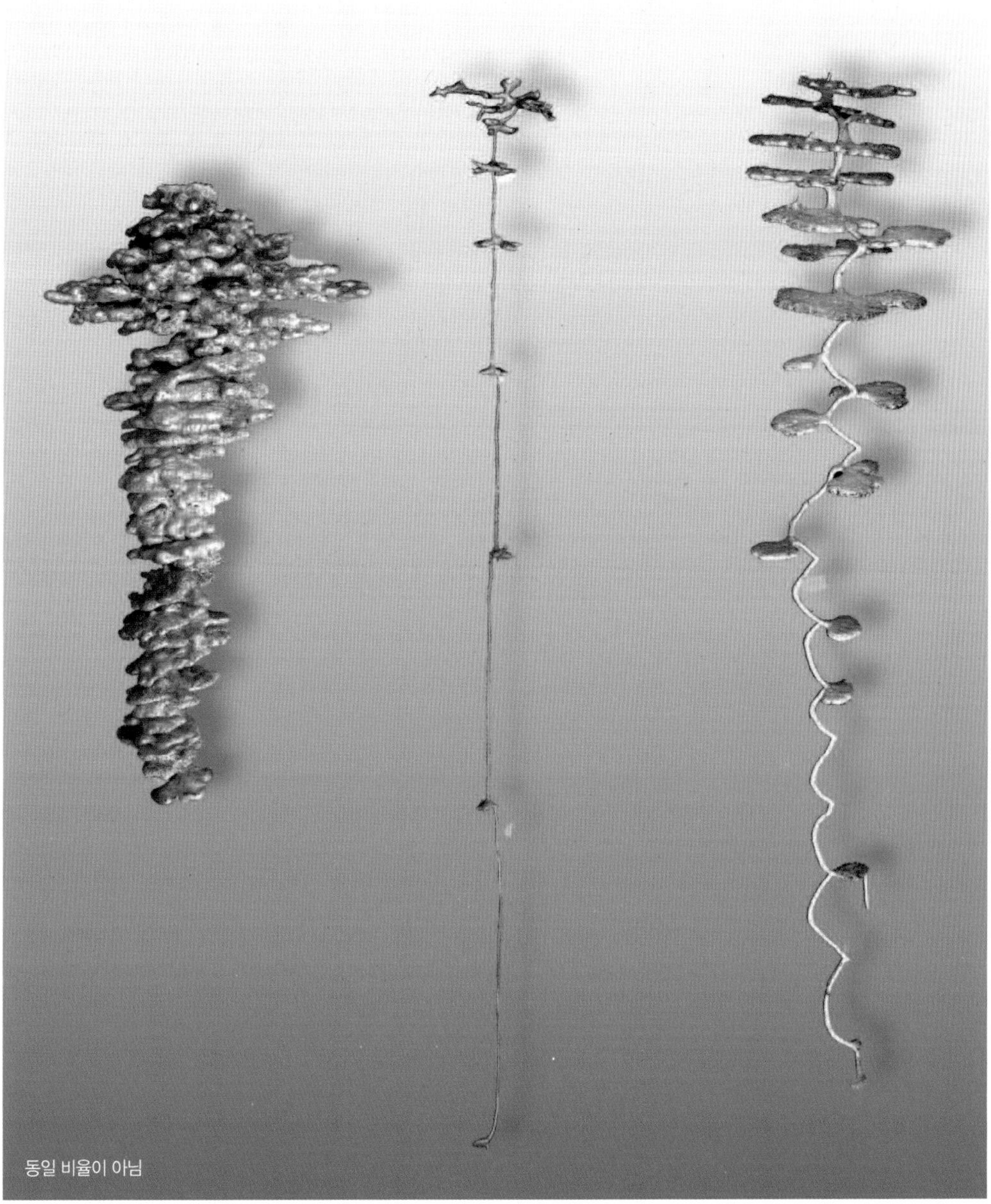

그림 9.8 모노모리움 비리둠(왼쪽)은 간격이 매우 가깝고, 도리미르멕스 보수투스(가운데)는 간격이 매우 멀며, 포고노미르멕스 바디우스(오른쪽)는 깊어지면서 간격이 늘어나는 등 방의 간격은 매우 다양하다. 저자 사진, Tschinkel (2015a).

그림 9.9 대부분의 종에서 통로는 주로 수직이지만 캘리포니아 안자보레고 사막의 베로메소르 페르간데이(*Veromessor pergandei*) 같은 일부 종은 항상 경사져 있다. 저자 사진, Tschinkel (2015a)에서 수정.

도 한다. 이러한 경향 중 하나는 상대적으로 지표면 근처에 방의 면적이 집중되는 것으로, 그곳에 더 큰 방을 만들거나(그림 9.5) 더 가까운 간격으로 배치하는 것이다(그림 9.8). 이 경향으로 인해 더 깊은 곳의 방들은 상대적으로 더 멀리 배치된다. 깊은 곳의 방들이 얕은 곳의 방들보다 더 가깝게 배치되는 경우는 드물다. 일부 종은 매우 규칙적인 간격으로 방을 배치하기도 하지만(그림 9.8, 도리미르멕스 보수투스), 이 역시 일반적이지는 않다.

통로는 주로 수직이거나 거의 수직이지만, 일부 종에서는 통로가 항상 경사져 있다(그림 9.9). 많은 종에서 통로는 상부에서는 경사져 있다가, 더 깊은 곳으로 갈수록 수직으로 바뀐다. 이것은 사막 지

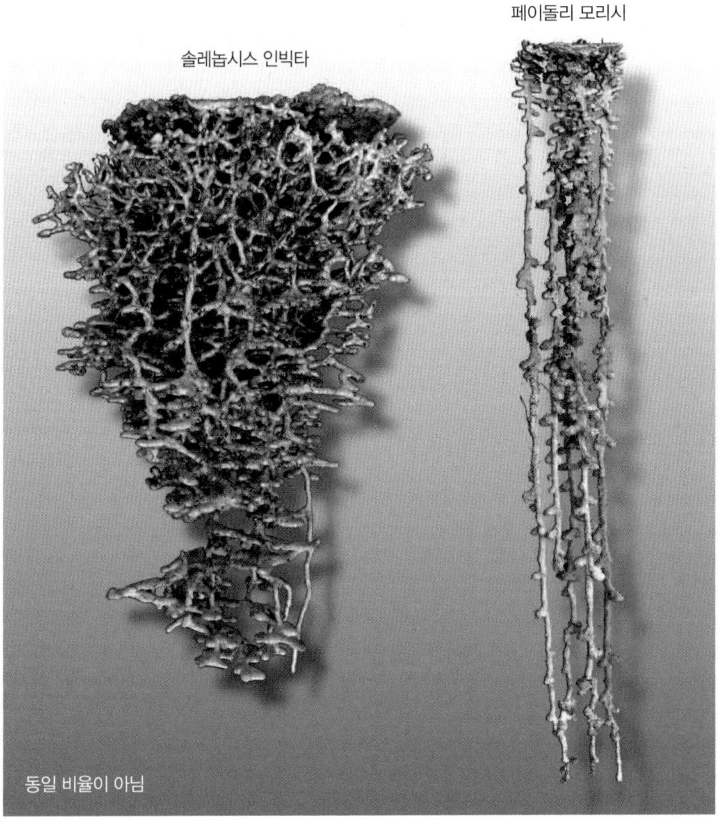

그림 9.10 많은 종에서 둥지는 붉은열마디개미 솔레놉시스 인빅타(왼쪽)와 페이돌리 모리시(오른쪽)의 경우처럼 새로운 '꼬치구이' 단위들을 추가하여 확장된다. 저자 사진, Tschinkel (2015a)에서 수정.

역의 종에서 더 흔해 보이지만, 표본이 적어 정확한 판단은 어렵다. 뚜렷한 나선형 통로는 4장에서 설명한 것처럼 지금까지 플로리다 수확개미인 포고노미르멕스 바디우스(그림 2.2, 4.10)의 둥지에서만 발견되었다. 일부 종에서는 통로가 나뭇가지처럼 갈라지고 또 갈라지며, 갈라진 가지마다 방이 있기도 했다. 이러한 분기형 구조는 꼬치구이 단위, 즉 지표면에서 아래쪽으로 확장되는 방과 통로로 이루어진 단위를 통째로 추가하는 것과 다소 구별된다(그림 9.10). 여러 개의 꼬치구이 단위를 추가하는 방식은 여러 종에서 둥지를 확장하는 주요한 방식이다. 붉은열마디개미 솔레놉시스 인빅타와 제미나타(*S. geminata*)와 같은 일부 종에서는 이 단위들이 매우 가깝게 배치되어 많은 방이 합쳐지기도 한다(그림 9.10). 페이돌리 모리시와 포고노미르멕스 바디우스의 경우에는 이 단위들이 분리되어 뚜렷하게 구분된다. 꼬치구이 단위 중 하나 이상은 종종 더 짧은데, 이는 나중에 추가되었으며 여전히 깊어지고 있다는 것을 뜻한다. Ph. 모리시에서도 새로운 꼬치구이 단위의 통로에는 때로 방이 없는 경우도 있으며, 이는 P. 바디우스에서도 가끔 나타난다. 이처럼 여러 개의 꼬치구이 단위가 융합된 둥지에 선행하는 상태는 오스트레일리아고기개미〔이리도미르멕스 푸르푸레우스(*Iridomyrmex purpureus*)〕의 거대한 둥지에서 볼 수 있다. 이 개미는 꼬치구이 유형의 독립적인 둥지들이 밀집해서 대규모 군락을 형성하며, 각 둥지는 자체 입구가 있고 대부분 인접한 둥지와 지하로 연결되어 있지 않다(그림 9.11). 이러한 꼬치구이 단위 사이의 간격이 줄어들면서 붉은열마디개미 둥지와 유사한 둥지 구조에 도달한 것이다. 다시 한번 말하지만, 모듈의 증가가 이 진화의 기본적 과정이다.

조상 둥지의 구조(그림 9.1)에서 마지막으로 변화한 것은 방이 완전히 사라진 형태다. 지표면 근처에 가끔 방이 남아 있기는 하지만, 닐란데리아 판타스마(그림 9.12)의 경우처럼 여기저기 통로가 모호하게 넓어진 것만 남아 있다. 이러한 경향의 극단적인 예는 가지 뻗기 방식과 결합하여 사이포미르멕스 리모수스(*Cyphomyrmex rimosus*) 및 페이돌리 덴티굴라의 경우처럼 거의 혼돈 상태의 무질서

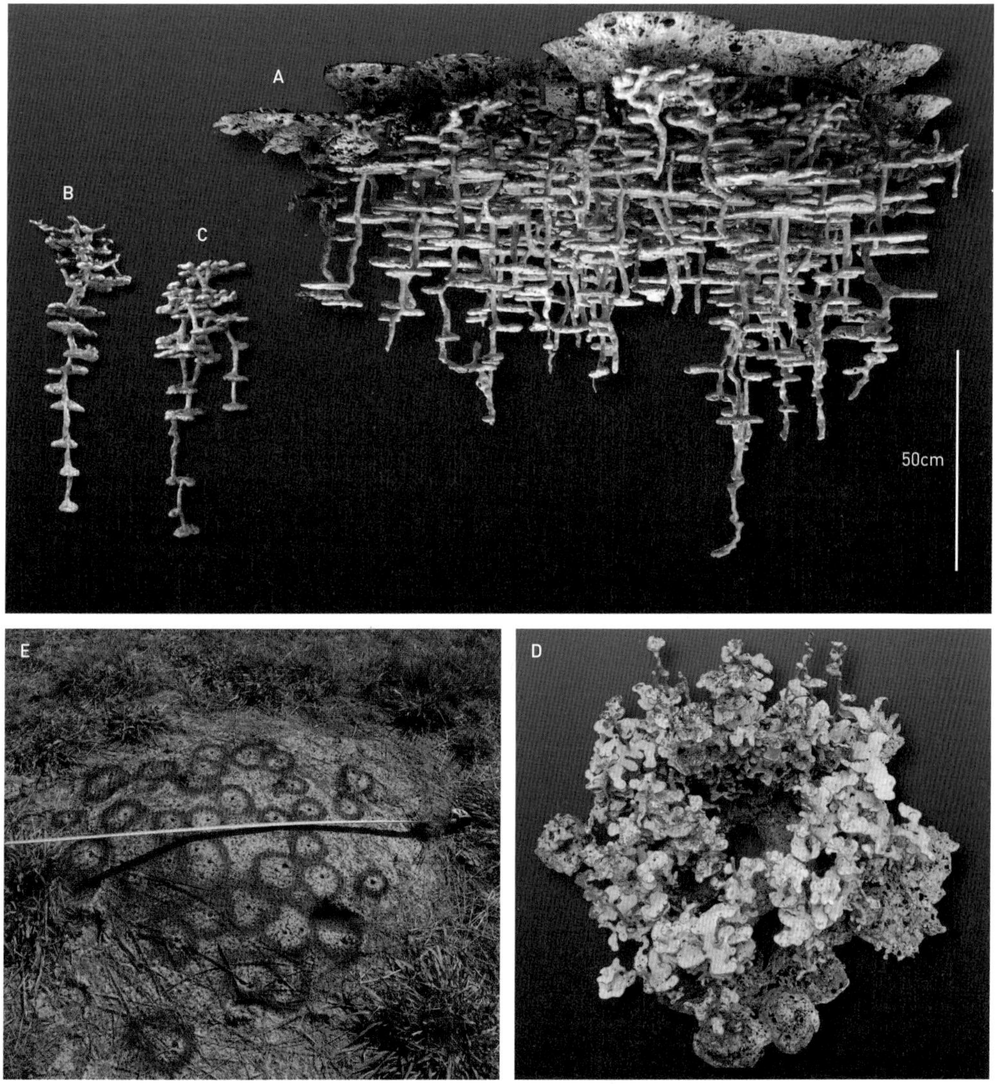

그림 9.11 오스트레일리아고기개미인 이리도미르멕스 푸르푸레우스는 지하에서 거의 연결되지 않는 비교적 단순한 둥지들의 군락을 형성한다. A: 수십 개의 이웃한 둥지를 하나로 만든 주물. 가장 깊은 통로의 깊이는 1미터가 넘지만, 대부분은 완전히 주조되지 않았다. 상부의 원뿔형 구조물은 주물을 하나로 묶어주는 인공물이다. B와 C: 단일 둥지 단위의 두 가지 예. D: 아래에서 본 주물. E: 주물로 만들기 전의 둥지 군락. 독립된 입구를 모두 빨간색 원으로 표시했다. 모두 '오스트레일리아 개미 아트(Australian Ant Art)'의 사진들로, 크리스토퍼 이스트와 스티븐 이스트가 제공해주었다(저자 수정).

그림 9.12 개별적인 방의 손실은 여러 종에서 나타난다. 저자 사진(일부), Tschinkel (2015a).

한 둥지를 만들어낸다(그림 9.12). 마지막으로, 돌리코데루스 마리에이(*Dolichoderus mariae*)의 일개미는 풀덤불 아래에 있는 모든 모래를 파내 자신과 유충이 매달릴 수 있는 뿌리의 골조를 드러낸다. 그들이 만드는 것은 집이라기보다 여우굴에 더 가깝다(그림 9.13).

이러한 경향에 일개미의 몸 크기가 미치는 영향이 더해진다. 종에 따라 일개미의 몸 크기가 몇 배까지 변화하는 것은 군락 크기와 무관하게 전체 둥지 크기에 유사한 변화를 동반한다. 그림 9.14는 군락의 일개미 수는 비슷하지만, 일개미의 몸 크기가 25~40배 차이가 나는 두 종의 둥지를 보여준다. 캄포노투스 소시우스의 크고 투박한 둥지는 페이돌리 아드리아노이의 가느다란 둥지와 대조를 이룬다. 다른 많은 개미 종에서도 몸 크기의 영향은 이와 유사하게 나타난다.

그림 9.13 메리의홈이음개미인 돌리코데루스 마리에이의 둥지는 집이라기보다 여우굴과 비슷하다. 따뜻한 계절에는 여러 마리의 여왕이 사는 이 서식지가 여러 개의 임시 둥지로 확장되었다가, 겨울을 나기 위해 다시 한두 개로 축소된다. 저자 사진, Tschinkel (2015a).

방의 진화와 마찬가지로, 둥지 내에서 방의 배열과 통로의 진화에 대한 가설도 제시할 수 있다. 이 도식(그림 9.15)은 상태가 어떻게 변할 수 있는지를 보여주기 위한 것이다. 변화 순서가 서로 달라도 최종 상태는 같을 수 있지만, 안타깝게도 종의 표본이 너무 적어 진화 순서에 대해 신뢰할 만한 주장을 하기는 어렵다. 방의 경우와 마찬가지로, 이러한 변화 중 많은 부분은 서로 독립적으로 진화할 수 있어 보이며, 이는 종을 가로지르는 모자이크 분포를 나타낸다. 그

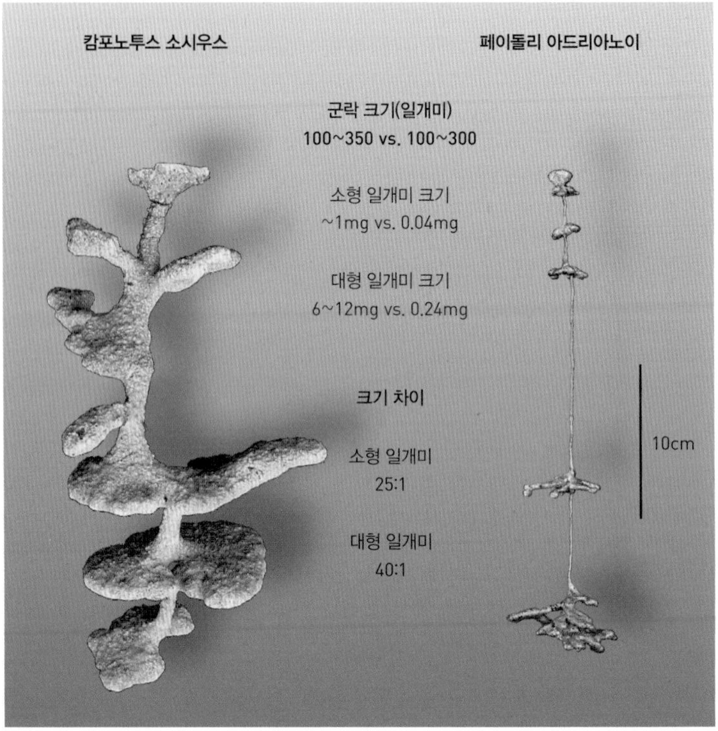

그림 9.14 일개미의 몸 크기가 미치는 영향은 거의 같은 수의 일개미들이 둥지를 파낼 때 쉽게 확인할 수 있다. 캄포노투스 소시우스와 페이돌리 아드리아노이의 군락은 일개미 수가 최대 수백 마리에 이르지만, C. 소시우스 일개미는 Ph. 아드리아노이 일개미보다 25배(소형 일개미), 40배(대형 일개미) 더 무겁다. 두 둥지 모두 같은 비율이다. 저자 사진.

림 9.15에 나오는 모든 상태를 내 연구에서 발견한 것은 아니지만, 그렇다고 해서 존재하지 않는다는 의미는 아니다.

둥지 건축은 얼마나 불안정한가

개미 둥지 건축에는 '믹스 앤드 매치(mix and match)'가 많은 것으로

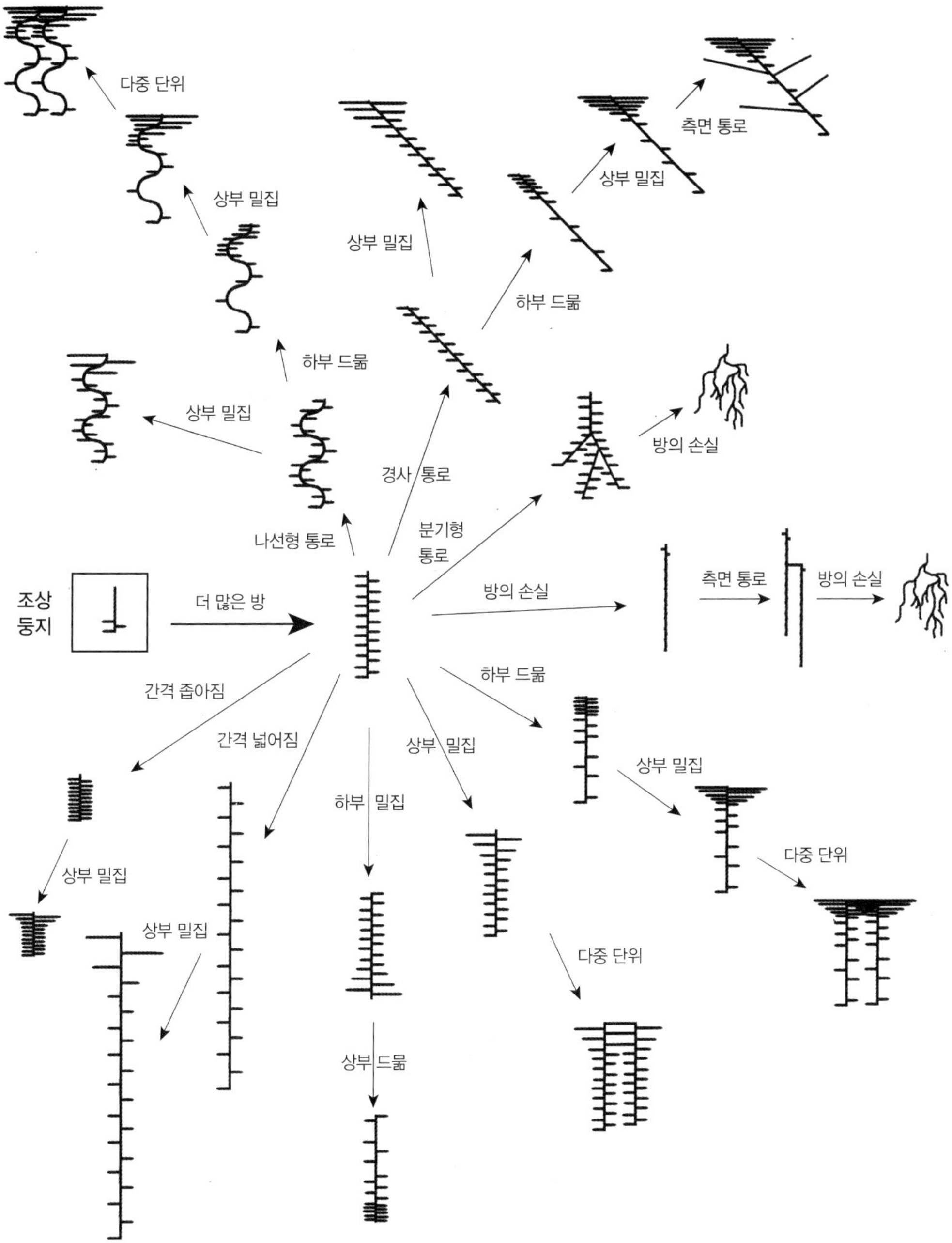

그림 9.15 다양한 둥지 유형으로 이어지는 방 배열의 진화 및 발달에 따른 변화.

보인다. 즉, 둥지를 구성하는 방과 통로가 마치 서로 독립적으로 진화한 것처럼 다양한 조합으로 존재한다. 이것은 진화가 둥지의 특성을 얼마나 쉽게 바꿀 수 있는지에 대해 중요한 질문을 제기한다. 어떤 특징의 조합은 다른 특징의 조합보다 더 잘 보존되는가, 즉 함께 연계되어 진화하는 경향이 있는가? 다른 방식으로 질문하면, 개미 진화의 특정 계통은 그 계통 내에서는 비슷하지만 다른 계통의 둥지와는 다른 둥지를 만들까? 아니면 특정 패턴이 더 많거나 적은 차이일까? 건축의 유사성은 개미의 관련성과 상관관계가 있을까? 이 질문에 답하려면 계통수로 배열할 수 있는 대규모 표본이 필요하다. 개미 종은 형태적·유전적 특성을 바탕으로 하는 계통수로 배열할 수 있지만, 둥지 건축, 특히 관련성이 먼 종의 둥지 건축에 대해서는 이 질문에 답할 수 없다. 내가 가진 주물 표본이 너무 적고 일부 개미군에 한정되어 있기 때문이다. 내가 둥지 주물을 만든 43종의 개미(표 9.1)는 17개 개미 아과(亞科) 중 4개 아과에만 속하며, 그중 26종은 단일 아과인 미르미시네이(Myrmicinae)에 속하고, 다른 3개 아과[포르미시네이(Formicinae), 돌리코데리네이(Dolichoderinae), 포네리네이(Ponerinae)]에 각각 1~9종이 속해 있다. 내 자료 이외의 출판물(표 9.1에 포함되지 않은 자료들)은 주로 미르미키내에 속하는 곰팡이재배개미에 관한 것이다(예: 그림 9.2). 이 문헌에 대한 참고 자료는 책 뒤의 참고문헌에서 확인할 수 있다. 나는 분명히 관련성이 먼 분류군을 아우르는 광범위한 패턴에 대해 많은 것을 말할 수 없다.

종 간의 진화 패턴을 추론하려면 상동적 특성을 비교해야 한다. 특정 특성이 상동적이라고 확신할수록 계통수를 구성하는 데 더 확신을 가질 수 있다. 현대 둥지 건축과 조상 둥지 건축을 비교하면,

표 9.1 둥지 건축의 종별 특징(종은 학명의 알파벳순)

No.	종	그림	방	통로	기타
1	애슈미드긴다리개미 (*Aphaenogaster ashmeadi*)	4.3, 9.17	적은 개수의 단순한 모양이며, 명확하게 구분되지 않음	단순	얕은 둥지
2	코커럴긴다리개미 (*Aphaenogaster cockerelli*)	없음	상부는 별 모양의 큰 방이며, 그 아래로 단순해짐	튼튼한 수직 통로	
3	플로리다긴다리개미 (*Aphaenogaster floridana*)	4.2, 9.4, 9.17	3~8개의 넉넉한 방으로, 대부분 단순	흔히 방 중심으로 연결된 수직 통로	여러 개의 통로로 연결된 상층부
4	트리트긴다리개미 (*Aphaenogaster treatae*)	9.17	단순하고 볼품없음	단순한 수직 통로	
5	플로리다목수개미 (*Camponotus floridanus*)	없음	불규칙하고 지저분함	얕고 불명확함	여러 개의 둥지를 가진 군락
6	모래언덕목수개미 (*Camponotus socius*)	9.16	튼튼하고 우아하며, 종종 잎 모양	굽이치는 두꺼운 통로	여름에는 군락이 여러 개의 둥지로 확장
7	이민자작은곰팡이재배개미 (*Cyphomyrmex rimosus*)	9.12	방 없음	제대로 조직되지 않은 복잡한 통로	방과 통로의 구분 없음
8	메리의홈이음개미 (*Dolichoderus mariae*)	9.13	풀덤불 아래 하나의 큰 방	없음	여름에는 여러 개의 둥지로 확장
9	혹등뿔개미 (*Dorymyrmex bossutus*)	9.8	서로 멀리 떨어진 작은 방들	아주 깊은 직선 통로	복잡한 별 모양의 최상부 방
10	뷰런원뿔개미 (*Dorymyrmex bureni*)	9.16	서로 멀리 떨어진 작은 방들	아주 깊은 직선 통로	복잡한 별 모양의 최상부 방
11	미친뿔개미 (*Dorymyrmex insana*)	없음	서로 멀리 떨어진 작은 방들	굽이치는 통로	복잡한 별 모양의 최상부 방
12	갈색뿔발톱개미 (*Ectatomma brunneum*)	없음	단순한 잎 모양	직선이지만 깊지 않은 통로	아마존 종(페루)
13	정오개미 (*Forelius pruinosus*)	없음	아래쪽을 향하는 손가락 모양의 얕은 방들이 모여 있음	여러 방향으로 뻗어 있는 다중 통로	다수의 여왕개미와 둥지들, 복잡함
14	아치볼드함대개미 (*Formica archboldi*)	9.18	두껍고 투박함	단순한 모양의 다중 통로	

15	교활한함대개미 (*Formica dolosa*)	9.6, 9.18	울퉁불퉁하고 두껍고 투박함	분기형 경사 통로	크고 거대한 둥지
16	변덕스러운함대개미 (*Formica pallidefulva*)	9.18	울퉁불퉁하고 두껍고 투박함	하나의 경사 통로	'교활한함대개미'와 유사
17	아르헨티나개미 (*Linepithema humile*)	없음	불명확함	복잡하게 교차되는 통로	다수의 여왕개미
18	금속성추적개미 (*Monomorium viridum*)	9.8	잎 모양으로 매우 가까이 붙어 있음	하나의 수직 통로	얕은 둥지, 예술 작품
19	케네디꿀단지개미 (*Myrmecocystus kennedyi*)	9.21	분기형 잎 모양의 큰 방	굽이치는 통로	
20	우울한꿀단지개미 (*Myrmecocystus lugubris*)	없음	타원형의 균형 잡힌 모양	굽이치는 통로	
21	나바호꿀단지개미 (*Myrmecocystus navajo*)	9.21	지표면 근처, 잎 모양의 튼튼한 방	대부분 수직 통로	
22	모래좋아하는미친개미 (*Nylanderia arenivaga*)	9.20	방 없음	2~5개의 불규칙한 수직 통로와 단 하나의 입구	하나의 수평 연결 부위가 있는 평행한 통로
23	북부미친개미 (*Nylanderia parvula*)	9.20	단순하고 작고 가변적	굽이치는 통로	
24	유령미친개미 (*Nylanderia phantasma*)	9.12	방 없음	비정형 수직 통로	하나의 수평 연결 부위가 있는 평행한 통로
25	남동부덫개미 (*Odontomachus brunneus*)	9.16	단순하고 튼튼하고 우둘투둘함	단순하고 약간 굽이치는 모양의 수직 통로	
26	로즈마리큰머리개미 (*Pheidole adrianoi*)	4.12, 9.19	길쭉한 별 모양의 방들이 3~5층으로 이루어짐	매우 가는 하나의 직선 통로	작은 공간에 담긴 기교적 단순함
27	턱수염큰머리개미 (*Pheidole barbata*)	9.6, 9.19	얇고 크고 넓음	방향이 바뀌는 통로	큰 군락들
28	다재다능한큰머리개미 (*Pheidole dentata*)	9.19	종종 불명확하고 상태가 좋지 않음	일부 분기형이며, 통로의 방향이 바뀜	
29	나무숲큰머리개미 (*Pheidole dentigula*)	9.12, 9.19	방 없음	복잡하게 교차하는 통로	

30	모리스의큰머리개미 (*Pheidole morrisi*)	9.10, 9.19	다수의 단순하고 작은 측면 방	최대 4개의 평평한 통로	여러 개의 꼬치구이 단위
31	대형도입큰머리개미 (*Pheidole obscurithorax*)	9.19	대부분 단순하거나 약간 잎 모양	매우 깊고 다소 수직형인 단일 통로	상부 방의 계단형 배열
32	모래좋아하는큰머리개미 (*Pheidole psammophila*)	9.19	지표면 근처에 많고, 하부에는 작은 방	경사진 깊은 통로	
33	거친큰머리개미 (*Pheidole rugulosa*)	9.19	작고 가변적	굽이치는 통로	
34	건조함을좋아하는큰머리개미 (*Pheidole xerophila*)	9.19	작은 잎 모양	굽이치는 통로	
35	플로리다수확개미 (*Pogonomyrmex badius*)	2.2, 4.8~4.11, 9.5, 9.8	바깥쪽으로 굽은 부분에 잎 모양의 복잡한 방들이 있고, 깊어질수록 작아짐	나선형 통로	지표면 근처의 크고 복잡한 방, 둥지 건축의 여왕
36	캘리포니아수확개미 (*Pogonomyrmex californicus*)	9.22	지표면 근처의 크고 복합적인 잎 모양	수평으로 이동 후 깊숙이 굽이치는 통로	매우 큰 둥지
37	작은수확개미 (*Pogonomyrmex magnacanthus*)	4.1, 9.23	규칙적이고 단순하며 통로 양쪽에 비슷한 간격으로 배치	무작위 방향으로 깊숙이 뻗어가는 분기형 통로	매우 광범위한 둥지
38	겨울개미 (*Prenolepis imparis*)	10.1	깊이 1미터 이내에는 방이 없고, 아주 잎 모양에 넉넉한 간격	매우 깊은 수직형의 단일 통로	지표면 바로 아래에 얽혀 있는 터널
39	열대열마디개미 (*Solenopsis invicta*, *S. geminata*)	2.1, 9.10, 9.16	종종 합쳐지기도 하는 수백 개의 작은 방	여러 개의 통로가 빽빽하게 자리하며 둥지 중앙에서 더 깊어짐	여러 개의 서로 교차하는 꼬치구이 단위
40	페르간데도둑개미 (*Solenopsis pergandei*)	없음	작은 타원형	무작위 방향으로 뻗어가는 부피가 큰 통로	
41	모래좋아하는덩굴개미 (*Temnothorax texanus*)	없음	하나의 작고 울퉁불퉁한 방	명확한 통로 없음	매우 얕음
42	결절성곰팡이재배개미 (*Trachymyrmex septentrionalis*)	7.7, 9.4	1~4개의 계란형 곰팡이 방	단순한 수직 통로	유충 배설물과 식물 조각에서 곰팡이가 자람
43	사막검은수확개미 (*Veromessor pergandei*)	9.9	크고 평평함	단순한 경사 통로	매우 크고 깊은 둥지

현대 둥지에서 대부분의 통로가 상동적이라는 것을 알 수 있다. 즉, 모든 통로가 같은 조상 둥지의 통로에서 유래한 것이다. 이와 마찬가지로, 현대 둥지에서 대부분의 수평 방도 같은 이유로 상동성을 가져야 한다. 방의 수평성도 조상 둥지의 특성이기 때문이다. 물론 실질적 상동성은 통로와 방이 아니라 이러한 구조를 만드는 일개미의 행동 프로그램이다.

통로와 방의 특정 **특징**이 상동성을 지니는지 결정하는 것은 훨씬 더 어렵고 불확실하다. 종 A 둥지에 있는 방의 강한 돌출부가 종 B 둥지에 있는 것과 상동적인가? 두 종이 같은 속(屬)에 속하는 등 상당히 밀접한 관련이 있다면, 그렇다고 말할 수 있다. 통로를 중심으로 한 방 배열에서도 비슷하게 추론할 수 있다. 그러나 일개미의 작은 행동 변화가 관련성이 먼 종에서 각기 유사한 방 모양이나 배열을 독립적으로 유발할 수 있고, 가까운 종 내에서 다른 방 모양이나 배열을 유발할 수 있다고 쉽게 상상할 수 있다(그림 9.3). 일반적으로 긍정적 피드백은 작은 행동 변화를 증폭시켜 둥지 건축에 큰 변화를 초래할 수 있다. 긍정적 피드백의 예로, 한 일개미가 다른 일개미가 이미 파놓은 곳을 팔 가능성이 조금이라도 증가하고 여기에 활동적인 일개미까지 끌어들이면, 작업 면이 너무 혼잡해져서 접근이 제한될 때까지 이 일개미의 행동은 다른 일개미들의 행동을 자극하게 된다. 따라서 굴착 작업이 집중되고 증가하는 결과를 초래한다. 자극을 받은 일개미 중 일부가 주변으로 이동하면 확장되던 공간이 더 넓어지고, 별개의 일개미 집단이 굴착하던 곳에서 새로운 돌출부를 만들 수도 있다. 이와 유사한 역학으로 다양한 모양의 방이 만들어진다.

물론 가장 낮은 분류 수준인 종 수준에서 일관된 구조가 없다면,

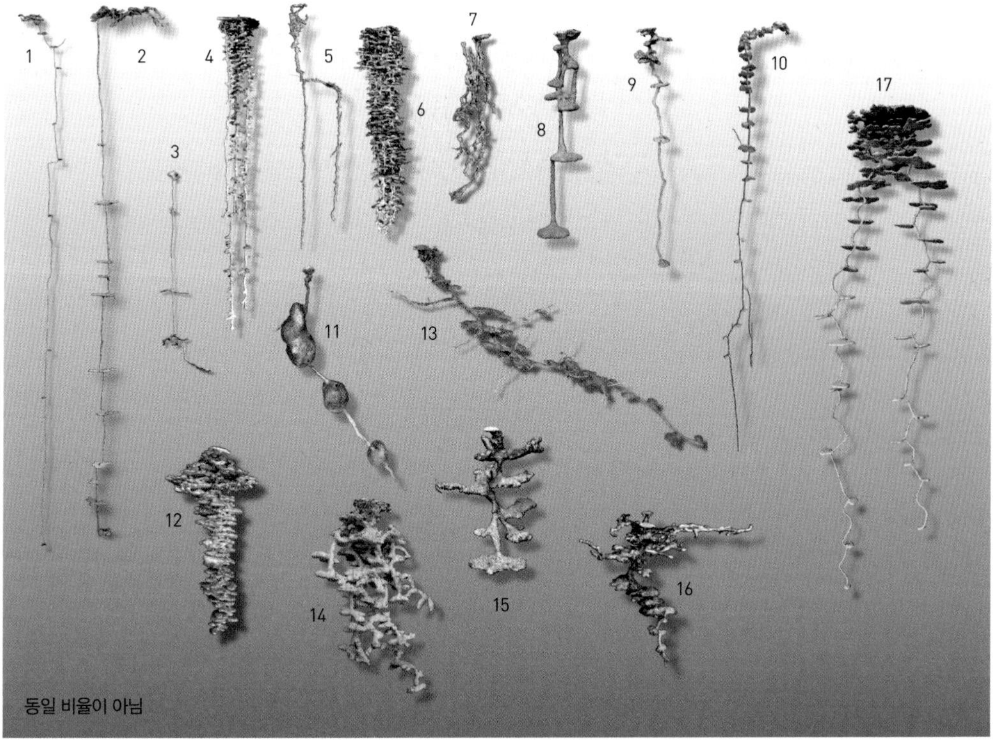

그림 9.16 각 종의 여러 주물을 통해 판단한 종 특유의 둥지 건축을 대표하는 사례들. (1) 도리미르멕스 부레니, (2) 프레놀레피스 임파리스, (3) 페이돌리 아드리아노이, (4) 페이돌리 모리시, (5) 페이돌리 덴타타, (6) 솔레놉시스 인빅타, (7) 사이포미르멕스 리모수스, (8) 아패노가스테르 플로리다나, (9) 오돈토마쿠스 브룬네우스, (10) 페이돌리 옵스쿠리토락스, (11) 트라키미르멕스 셉텐트리오날리스, (12) 모노모리움 비리듐, (13) 베로메소르 페르간데이, (14) 포르미카 돌로사, (15) 캄포노투스 소시우스, (16) 포르미카 팔리데풀바, (17) 포고노미르멕스 바디우스. 여기에 모든 종의 주물 사진이 있는 것은 아니다. 저자 사진, Tschinkel (2015a).

이러한 연구는 무의미할 것이다. 따라서 우리는 종 내에서 명백한 일관성이 있는지를 확인해야 한다(즉, 종 특유의 건축물인가?). 이를 위해서는 한 종 내에서 공유되지만, 종들 사이에는 다른 독특한 건축적 특징 또는 특징의 조합을 찾아야 한다(그림 9.15). 그림 9.16은 내가 여러 차례 주조했던 17종의 대표적인 예로, 해당 종의 둥지들이

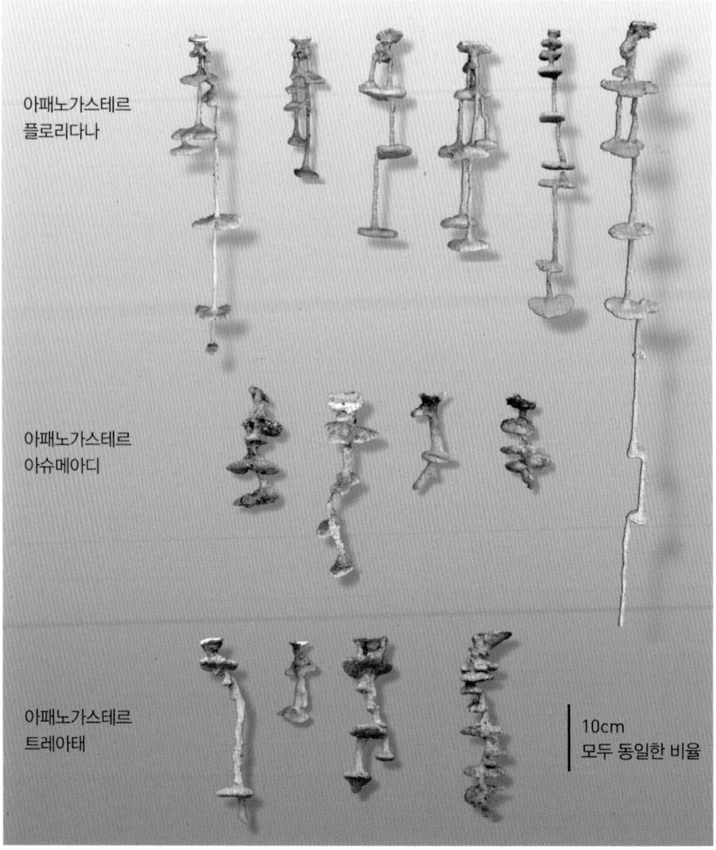

그림 9.17 긴다리개미 속인 아패노가스테르 세 종의 다양한 둥지 건축. 저자 사진, Tschinkel (2015a)에서 수정.

동일한 기본 계획을 따른다고 확신할 수 있다. 이 그림은 각 둥지의 독특한 특징을 많이 보여주며, 이를 통해 둥지가 특정 종들의 작품이라는 것을 인식할 수 있다. 표 9.1은 이러한 특징을 간략하게 요약한 것으로, 그림 9.16과 함께 활용할 수 있다.

그보다 한 단계 높은 분류 수준인 속 내의 관련 종들 사이에서 상황은 그렇게 간단하지 않다. 예를 들어, 긴다리개미 속인 아패노가스

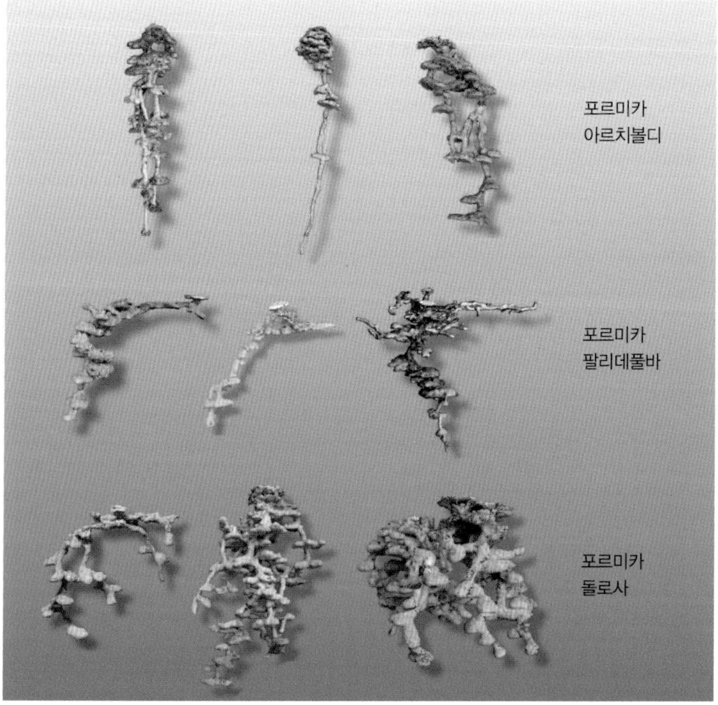

그림 9.18 함대개미 속인 포르미카 세 종의 다양한 둥지 건축. 저자 사진, 저자 사진. Tschinkel (2015a)에서 수정.

테르 세 종의 공통 특징은 명확하지 않다(그림 9.17). 사실 세 종 모두 하나의 통로 구조를 가지고 있지만, A. 트레아태(*A. treatae*)와 A. 아슈메아디의 지저분하고 엉성한 둥지는 A. 플로리다나의 정확하고 깔끔하며 우아한 둥지에 비하면 쓰레기통 같다. 함대개미 속인 포르미카(*Formica*) 세 종의 공통점은 두꺼운 통로와 투박한 방이다. 이는 이 세 종이 모두 큰 개미들이어서일 것이다(그림 9.18). 이들을 구분하는 것은 F. 아르치볼디(*F. archboldi*)의 단일 수직 통로, F. 팔리데풀바(*F. pallidefulva*)의 단일 경사 통로, 그리고 F. 돌로사의 다중 경사 및 분기형 통로다. 그 결과, F. 돌로사는 더 깊은 곳의 방이 부피가 더 크고

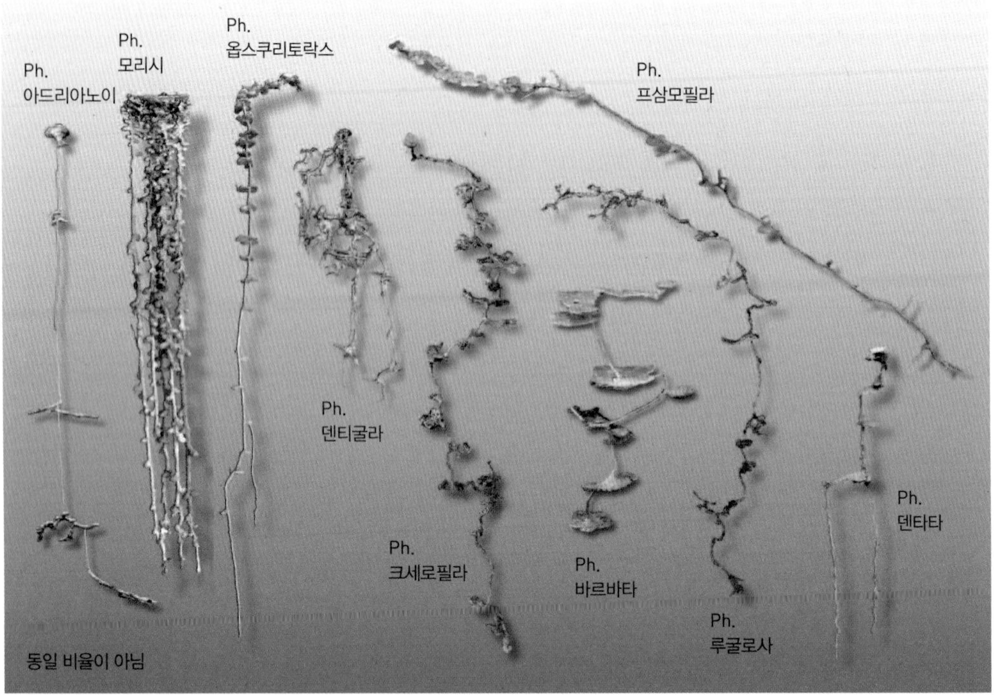

그림 9.19 큰머리개미인 페이돌리 속 내에서 둥지 건축의 다양성. 사진들은 같은 비율의 크기는 아니지만, Ph. 아드리아노이의 둥지가 가장 작고 Ph. 옵스쿠리토락스의 둥지가 가장 크다. 저자 사진.

(하부가 무거움), 다른 두 종은 상부의 방이 부피가 더 크다. 이 세 종의 굴착 작업을 하는 일개미들 사이에 나타나는 행동 차이는 쉽게 추론할 수 있으며, 이는 일개미들이 언제, 어디서, 얼마나 많이 굴착할지를 결정하는 프로그램의 변화에 따라 둥지 건축이 어떻게 진화하는지에 대한 힌트를 제공한다. 붉은열마디개미 속인 솔레놉시스 제미나타와 S. 인빅타의 둥지 건축은 매우 유사하다. 방은 S. 인빅타(그림 9.10 왼쪽)보다 S. 제미나타가 더 크고 더 '평평'하며, 둥지는 S. 제미나타가 더 작다. 이것은 명백히 군락 크기의 차이에서 비롯된 결과다.

그러나 둥지 건축에서 변화의 폭이 크다는 증거는 얼마든지 있

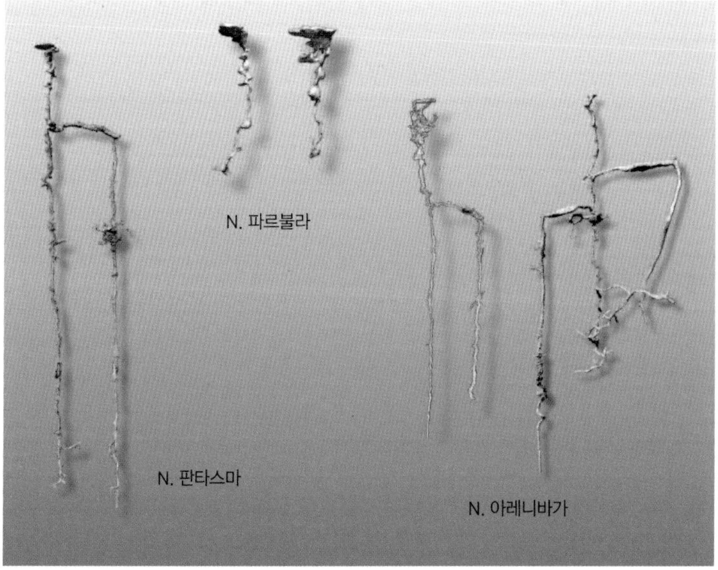

그림 9.20 미친개미 속인 닐란데리아의 다양한 둥지 건축. 저자 사진.

다. 가까운 종들 사이에서도 종종 큰 차이가 나타나기 때문이다. 큰머리개미인 페이돌리는 세계에서 가장 크고 다양한 개미 속 중 하나다. 북미에서 서식하는 9종의 표본을 조사한 결과, 이 속 내에서도 많은 건축적 특징이 크게 변할 수 있다는 사실을 알 수 있다(그림 9.19). 개미 자체의 크기 차이를 제외하고라도, Ph. 아드리아노이의 섬세함은 Ph. 모리시와 Ph. 옵스쿠리토락스(*Ph. obscurithorax*)의 밀집되고 완고한 일렬 구조와는 다른 세계처럼 보인다. 혼란스러운 Ph. 덴티굴라의 둥지와 얇은 팬케이크 같은 Ph. 바르바타의 둥지는 앞서 언급한 두 종의 둥지와 매우 달라 보이며, Ph. 프삼모필라(*Ph. psammophila*)는 Ph. 옵스쿠리토락스의 계단식 상부 방을 둥지 전체의 원리로 삼은 듯하다. 이 모든 것이 더욱 이해하기 힘든 이유는 Ph. 옵스쿠리토락스는 남미에 서식하는 종으로 일부 특징을 공유하는 종과 멀리 떨어져 있기 때문이다. Ph. 덴타타의 특이한 주물은 혼란을 더욱 가중할 뿐이다.

그림 9.21 두 종의 꿀단지개미에서 나타나는 둥지 건축의 다양성. 왼쪽: 미르메코시스투스 케네디이, 오른쪽: 미르메코시스투스 나바호. 저자 사진.

미친개미인 닐란데리아 속의 세 종에서도 유사한 모습이 나타난다(그림 9.20). N. 파르불라(*N. parvula*)의 구분되지 않는 단순한 둥지와 N. 아레니바가와 N. 판타스마(*N. phantasma*)의 방 없는 우둘투둘한 둥지 사이에는 공통점이 거의 없어 보인다. 그다음으로 미르메코시스투스 속 개미 두 종의 공통점을 결정하는 것도 매우 어려운 문제다(그림 9.21). M. 케네디이(*M. kennedyi*)의 둥지에는 가늘고 길쭉한 분기형 통로에 방이 있지만, M. 나바호의 둥지에는 수직 통로, 별 모양의 상부 터널, 그리고 꽤 평범하고 단순한 방들이 있다. 이 둘의 공통점은 일부 방에 '높은 천장'이 있다는 것이다. 이 천장에는 어려운 시기를 대비하여 달콤한(또는 맛없는) 액체를 가득 채운 꿀단지가 매달려 있다. 이 둥지들은 페이돌리 속 개미의 일부 둥지들처럼 서로 관련성이 멀어 보이며, 다시 한번 밀접하게 관련된 개미들의 둥지 건축도 크게 다를 수 있다는 것을 나타낸다.

내가 주물로 만들 수 있었던 세 종의 포고노미르멕스 둥지에도 건축상의 비슷한 차이가 나타났다. 아메리카대륙에는 수십 종의 포

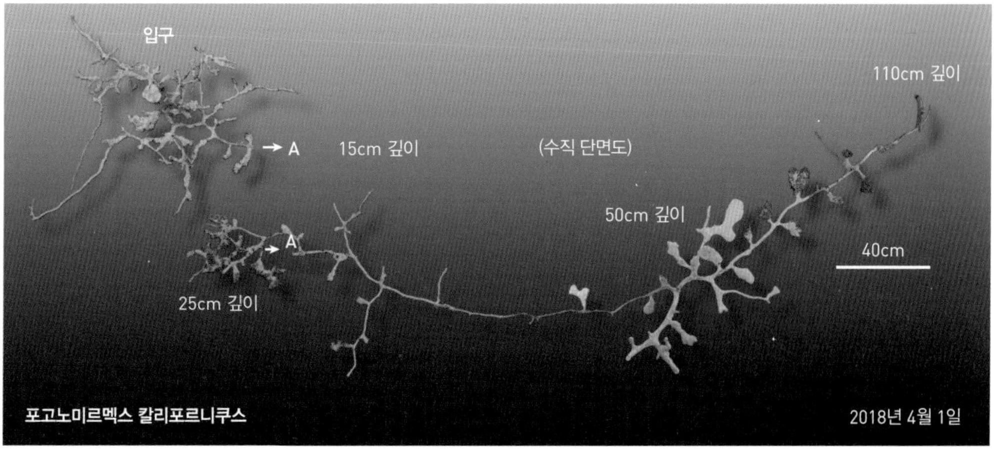

그림 9.22 캘리포니아수확개미인 포고노미르멕스 칼리포르니쿠스의 둥지 주물. 복잡한 맨 위쪽 방(왼쪽 위)은 더 작은 방 위에 위치한다. 이 두 방 사이의 연결 지점은 문자 A로 표시. 길고 얕은 터널이 왼쪽 얕은 방과 오른쪽의 더 급격히 내려가는 방을 연결한다. 주물로 만든 가장 깊은 방의 깊이는 110센티미터지만 둥지는 훨씬 더 깊다. 저자 사진.

고노미르멕스가 서식하고 있으며 대부분 씨앗을 수확한다. 나는 P. 바디우스 외에도 남부 캘리포니아 사막에서 두 종의 포고노미르멕스 둥지를 주조했는데, 이들은 각기 다른 건축학파에서 영감을 받은 듯했다. P. 칼리포르니쿠스는 P. 바디우스와 마찬가지로 지표면 바로 아래에 큰 방을 만들지만, 이 방은 P. 바디우스처럼 거미줄 구조라기보다 가느다란 방사형 터널에 더 가까웠다(그림 9.5, 9.22). 그리고 깔끔한 나선형 하강 통로가 없고, 대신 둥지 입구 바로 아래에 다소 깊은 방들이 모여 있었다. 이 방들은 방 없이 길게 이어지는 터널을 통해 점진적으로 하강하는 통로의 양쪽에서 나오는 방들과 연결된다. 이것도 아름답지만, P. 바디우스 둥지의 깔끔한 조밀함은 없다.

그러나 P. 바디우스나 P. 칼리포르니쿠스의 둥지를 통해 P. 마그나칸투스의 둥지를 예측하기는 어렵다(그림 9.23). 지표면 바로 아래의 크고 복잡한 방은 사라졌으며, 나선형 통로도 없었고, 깊이에 따

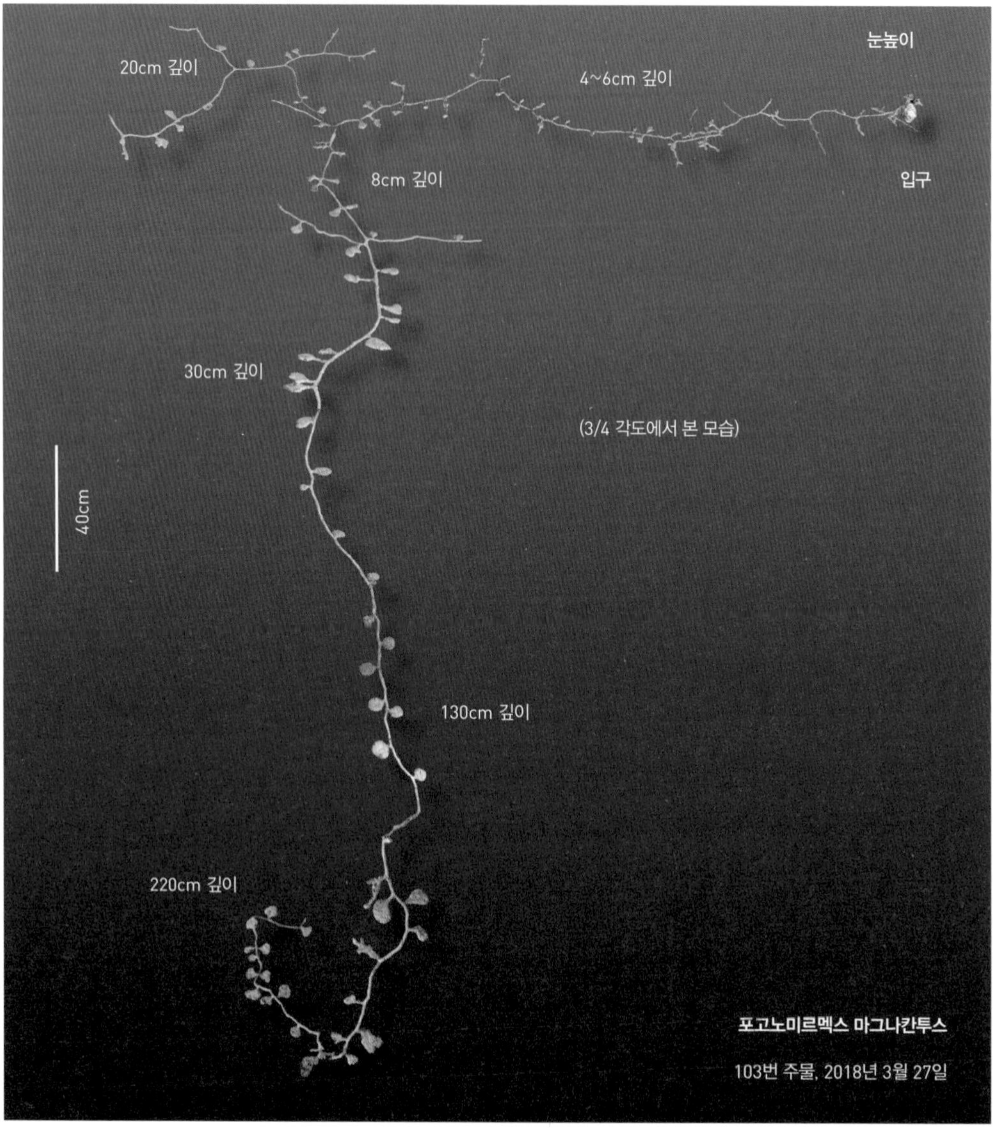

그림 9.23 작은 수확개미 포고노미르멕스 마그나칸투스의 둥지 주물. 매우 긴 지하 터널의 측면 가지는 220센티미터의 주물 중 가장 낮은 방을 향해 내려가지만, 전체 둥지는 확실히 훨씬 더 깊다. P. 바디우스 및 P. 칼리포르니쿠스의 둥지와 달리 이 둥지는 통로 양쪽에 단순한 방들이 비슷하게 반복되며, 방 사이 간격은 적절히 변형되었다. 둥지 입구에 있는 소형 일개미들과 한 줌의 모래는 지하에 무엇이 있는지 아무런 힌트도 주지 않는다. 저자 사진.

라 방의 크기와 모양이 점진적으로 변하지도 않았다. 그 대신 끝없는 고속도로를 따라 끝없이 이어지는 상점가 같은 형태가 있었다. 분기형의 길고 얕은 지하 터널 중 하나는 점점 가파른 경사로 깊이 내려간다. 건조한 사막 토양에서 2.2미터 깊이를 파들어가 둥지 주물을 만드는 내 능력은 마침내 한계에 도달했다. 방들은 엄청나게 긴 터널과 통로 양쪽에 배치되어 있지만, 서로 정확히 마주 보지는 않았다. 눈에 띄지 않는 둥지 입구에 쌓인 작은 흙더미와 작은 몸집의 일개미들만 보고는 이 둥지의 규모를 짐작할 수 없을 것이다.

같은 속에 속하는 세 종이 이렇게 서로 다른 둥지를 만든다는 사실은 다른 포고노미르멕스 종들이 어떤 둥지를 만드는지 알고 싶은 욕구를 불러일으켰다. 포고노미르멕스의 몇 가지 특징이 속 전체에 널리 퍼져 있다는 문헌상의 힌트가 있지만, 나 혹은 다른 누군가가 직접 둥지를 주조하기 전까지는 답을 알 수 없을 것이다. 이미 분명한 것은 개미들 사이에서 그런 영감이 어떻게 발생하는지에 상관없이, 영감을 받은 건축이 포고노미르멕스 종들 사이에서 널리 공유되고 있다는 것이다. 또한 다시 한번 분명해진 것은 진화가 밀접하게 관련된 종들 사이에서도 둥지 건축에 큰 변화를 일으킬 수 있다는 것이다. 일개미의 행동이 조금만 바뀌면 둥지 건축이 완전히 달라진다.

흥미롭게도 한 종 내에서 둥지 건축은 오랜 기간 안정적으로 유지될 가능성이 높다. 존 스미스(John J. Smith)와 그의 동료들은 캔자스 서부의 신생대 신제3기 오갈랄라 지층(Ogalala Formation)에서 화석화된 개미 둥지를 다수 발견했다고 보고했다. 이 둥지는 300만 년에서 2000만 년 전에 만들어진 것으로, 포고노미르멕스 수확개미를 포함한 일부 현대 종의 둥지와 유사하며, 수백만 년 동안 거의 변화가 없었음을 시사한다. 안타깝게도 이 둥지를 만든 개미의 화석 표본은 구할 수 없지만, 저자들은 새로운 유형의 화석 개미 둥지를 다이모니오바락스 친켈리(*Daimoniobarax tchinkeli*)라고 명명하여 나에게 영광을 안겨주었다. 언젠가는 이 둥지와 다른 둥지를 만든 개미가 밝혀지고 시간이 지남에 따라 건축(및 종)의 장기적 안정성이 검증되거나 반박될 것이다.

내가 만든 모든 주물 건축물을 비교하고 개미의 관련성과 가계도를 고려해보면, 세부 사항은 크게 다르지만, 방과 통로, 꼬치구이 단위와 같은 몇 가지 보편적 특징을 발견할 수 있다. 밀접하게 관련된 종들 중 일부는 적당히 일관된 건축 양상을 띠지만, 다른 일부는 급격한 차이를 보이는데, 이는 둥지 건축이 종들 사이의 관련성을 밀접하게 따르지 않음을 뜻한다.

심지어 일부 속 내에서 둥지들의 변동성이 매우 크다는 사실을 고려할 때, 둥지를 만드는 행동 프로그램이 매우 유연하고 진화 과정에서 쉽게 수정될 수 있다는 결론을 내릴 수밖에 없다. 돌이켜보면, 이것은 놀라운 일이 아니다. 실제로 하나의 둥지 내에서 실행되는 행동 프로그램이 둥지 크기뿐만 아니라 둥지 깊이와 관련하여 다양하게 나타나는 여러 사례가 있기 때문이다(그림 9.2, 9.3). 방의 모양과 크기, 방 사이 간격은 여러 종에서 깊이에 따라 다르며, 이는 개미의 신경계가 어떤 '행동 테이프'(또는 프로그램)를 재생하여 행동을 생성하는지가 다른 요소에 따라 결정되고, 일개미가 여러 개의 프로그램 테이프 또는 아마도 지속적으로 변화하는 프로그램을 만들어냄을 뜻한다. 이러한 상황들을 고려할 때 둥지 굴착 행동이 진화적 변화에 매우 민감하다는 것은 놀라운 일이 아니다. 그렇다면 우리가 보는 이 변동성을 어떻게 설명할 수 있을까? 더 심오한 질문은 왜 이런 변화가 발생하는가이다. 어떤 건축이 다른 건축보다 특정 기능을 더 잘 수행하기 때문일까? 6장에서 설명했듯이 지금까지 이러한 질문에 대한 답은 거의 없다. 개미 둥지 건축을 파헤치려는 우리 탐구의 경계는 분명하지만, 그 경계 너머에 무엇이 있는지는 여전히 수수께끼다.

10

후기: 미래

이 책의 서두에서 나는 로테크 초절약 과학의 즐거움, 도전, 보람에 대한 이야기를 하겠다고 약속했다. 이제 나는 이 이야기를 내가 해온 데까지 나누었다. 그 과정에서 나는 자연과 친밀하게 접촉하면서 간단한 과학, 문제 해결, 기구 제작, 세심한 관찰 등의 즐거움을 공유했다. 우리가 볼 수 없던 개미 둥지의 빈 공간을 채워 눈에 보이게 함으로써 발밑에 숨겨져 있던 세상을 드러내기도 했다. 나는 효과적인 둥지 주물 제작 방법을 개발하는 데 필요한 사고와 문제 해결 방법을 공유했으며, 이러한 방법을 사용하여 놀랍도록 매력적이고 아름다운 형태를 드러냈다. 작은 생명체들이 이렇게 거대하고 복잡하며 아름다운 것을 짧은 기간 동안 어둠 속에서 도면이나 지도자도 없이 만들어낼 수 있다는 사실이 놀라울 따름이다. 주제에 따라 다양하게 변형한 개미 군락의 예술은 많은 인간 조각가들의 작품만큼이나 미학적으로 흥미롭고 매력적이다. 개미가 방과 통로라는 두 가지 기본 요소만으로 이렇게 다양한 둥지 건축을 진화시켰다는 점도 인상적이다.

이제 개미 둥지는 자연의 또 다른 무한한 형태로 자리 잡았으며, 각 형태는 그 자체로 보석과도 같다. 아름다운 형태는 아름다운 음악의 한 악절처럼 감성을 자극하기도 한다. 음악에서 음과 화음의 특정 조합과 배치는 의미와 즐거움을 만들어낸다. 평면·곡선·간격의 적절한 조합 역시 신경계에 아름다운 화음을 들려주는 형태를 만들어낸다. 즉 형태·모양·질감·색채의 음악을 만들어내는 것이다. 음악적 주제의 변주가 음악의 즐거움에서 특별한 위치를 차지하는 것처럼, 형태의 변주도 '형태의 음악'에서 특별한 위치를 차지한다. 한 종의 전형적인 둥지 내에서도 부정확한 건축 규칙은 즐거운 주제의 변주를 만들어내며, 종들 사이에서는 이 변주가 매우 커질 수 있다.

그러나 이러한 대상을 드러내는 일은 단순한 시작에 불과할 수 있다. 왜냐하면 이 대상이 어떻게 만들어졌는지, 왜 특정한 형태를 가지게 되었는지에 대한 설명이 필요하기 때문이다. 이러한 질문으로 인해 우리는 개미 군락을 초유기체로 간주하게 되었다. 초유기체는 자신과 같은 더 많은 초유기체를 생산하겠다는 궁극적 목표를 가지고 생명의 모든 기능을 수행하기 위해 여러 단계로 구조화된 여러 부분으로 구성된다. 이러한 구조-기능 관계는 둥지 안에 다양한 나이와 역할을 가진 일개미, 저장하는 씨앗, 그리고 유충의 배치로 구성된다. 이제 우리는 둥지를 초유기체의 은유적인 '물리적인 몸'으로 볼 수 있는데, 동물의 기관 배열과 마찬가지로 각기 다른 위치에서 각기 다른 필수 생명 기능을 수행하고, 각 부위의 크기는 생명 단계와 계절에 따라 적절히 조절된다. 이러한 기능을 수행하기 위해 개미들은 끝없이 둥지 밑바닥에서 태어나 위로 이동하고, 역할을 바꾸고, 결국에는 먹이를 구하거나 군락의 영토를 지키다 죽는다. 이것이 바로 기능의 아름다움, 즉 때로는 승리하고 번성하고 때로는 패배하고 쇠퇴하는, 세상의 도전에 맞서 인내하며 적응해나가는 아름다움이다.

우리는 이러한 변주의 세부 사항조차 기능적이라고 가정하는 경향이 있다. 왜냐하면 구조와 기능의 연관성은 생물학의 기본 전제이기 때문이다. 즉, 모든 기능에는 그것을 수행하는 구조가 있고, (덜 확실하지만) 모든 구조에는 기능이 있다. 이러한 관점에서, 우리가 이러한 다양성의 이유를 모른다는 것은 답답한 일이다. 우리의 무지가 앞으로의 연구에 동기를 부여해야 한다. 하지만 어떤 방향으로 나아가야 할까? 우리는 어떤 질문에 답해야 하며, 그 질문에 어떻게 답을 찾을 수 있을까?

다른 분야에서 배우기

어떤 면에서, 특정 건축 요소의 기능에 대한 질문은 식물이 왜 그렇게 다양한 잎 모양과 잎 배열(건축)을 가지고 있는지에 대한 질문과 유사하다. 이러한 관점이 처음에는 낯설 수 있지만, 개미 군락, 개미 둥지, 식물은 모두 유사한 조각들(일개미, 방과 통로, 잎과 줄기)의 반복으로 구성된 모듈형 개체다. 모두 모듈을 추가하거나 상실하여 성장(또는 수축)한다. 나는 특정 둥지 건축의 특징을 테스트하는 실험이 거의 불가능하다고 설명했다. 잎의 모양과 배열에 대한 실험에서도 비슷한 어려움이 있어 보이지만, 식물학자들은 비실험적 접근법을 통해 진전을 이루었는데, 가장 일반적으로 식물 구조를 기후 및 기타 서식지 특성과 연관시키고, 항상 진화적 계보에 비추어 접근했다. 이러한 상관관계를 모델링하여 식물학자들은 에너지 투입과 산출, 열 및 냉해, 잎과 기온의 차이가 최대 잎 크기에 영향을 미친다는 사실을 밝혀냈다. 따라서 큰 잎을 가진 종은 증발 냉각을 위한 물이 충분한 덥고 햇볕 잘 드는 습한 열대 지방에서 더 많이 발견되는 반면, 작은 잎을 가진 종은 냉각을 위한 물이 제한적인 덥고 건조한 지역과 냉해 위험이 있는 추운 지역에서 더 많이 발견된다. 잎의 크기와 모양에 대한 데이터는 거의 모든 서식지에 있는 수천 종의 식물에서 수집할 수 있으며, 식물에 대한 풍부하고 강력한 상관관계를 이끌어낼 수 있다.

비슷한 접근법으로 개미 둥지 건축에 영향을 미치는 요인들도 찾아낼 수 있다. 그러나 유익한 상관관계를 찾을 수 있으려면 전 세계의 매우 다양한 서식지와 토양에서 수백 종에 달하는 개미 종의 건축물을 축적하여 데이터베이스를 엄청나게 확장해야 한다. 현재 데이터베이스는 전 세계 수천 종이 아닌 소수 서식지에 서식하는 수십 종으로 이루어져 있다. 더 큰 데이터베이스가 있다면, 모래 토양이나 추운 기후, 건조한 지역, 습한 열대 또는 고지대의 둥지 건축이 특정 특징을 공유하는가 등의 질문을 던질 수 있을 것이다. 작은 예로, 남부 캘리포니아 사막에서 주물로 만든 여러 종의 둥지 통로는 수직이 아니라 경사져 있는데, 플로리다에서는 거의 그렇지 않다는 점이 의미가 있을 수도 있고 없을 수도 있다. 비교할 수 있는 주물이 몇 개밖에 없기 때문에 모든 결론은 보류 상태다.

방법 개선

방법상의 문제도 있다. 내 연구에서는 형태의 유사성을 거의 전적으로 육안으로 판단했다. 이것은 일종의 '일단 그 정도면 충분하다'는 식의 접근 방식이다. 그러나 더 엄격한 비교를 위해서는 형태와 전체 건축을 정량적으로 비교할 수 있도록 수학이나 기하학 용어로 나타내야 한다. 그렇게 할 수 있다면 실제 주물이 없어도, 여러 저자의 작업물을 비교할 수 있을 것이다. 이러한 방법은 한 종 안에서 그리고 여러 종 사이에서 일어나는 변이들을 정량적으로 평가할 수 있을 뿐만 아니라, 그만큼 선택된 건축구조가 서로 다르거나 다르지 않다는 주장에 엄격한 근거를 제공할 수 있을 것이다. 또한 군락이 성장함에 따라 둥지 건축이 변하는지(또는 변하지 않는지)에 대한 질문에도 답할 수 있을 것이다. 나는 그렇지 않다고 주장했지만, 나의 방법은 꽤 투박하다.

앞으로의 도전 과제

한 집단 내 종들 사이에서 건축적 유사성을 발견하더라도, 이러한 유사성이 종의 진화 계통과 관련이 있는지 또는 계통과 상관없이 환경 선택에 대한 반응으로 발생했는지에 대한 의문은 여전히 남는다. 나는 같은 개미 속 안에서 내가 수집한 매우 제한된 종들을 두고 이 질문을 던져보았다. 그 결과 다소 혼란스러운 답을 얻었는데, 같은 속 안에서 매우 유사한 건축구조를 발견했지만, 매우 큰 차이점 또한 발견했기 때문이다. 즉, 어떤 진화적 상황에서는 외부의 선택 압력이 계통 내 유산을 능가하지만, 다른 상황에서는 유산을 보존한다는 것을 보여주었다. 이 질문은 다른 많은 질문과 마찬가지로 훨씬 더 큰 데이터 집합을 필요로 한다.

지리적 범위가 넓거나 서식지나 토양 유형이 다양한 단일 종 내에서 건축의 지리적 변이는 둥지 건축에 영향을 미치는 기후 또는 토양의 속성 때문일 수 있다. 많은 개미 종은 매우 넓게 분포되어 있어서 이러한 연구 대상으로 적합하다. 멀리 떨어진 지역들의 예를 들면, 플로리다 해안 평야에 있는 프레놀레피스 임파리스 둥지(그림 10.1)는 종종 깊이가 4미터에 달하고 상부에 방이 없는 반면, 오하이오와 미주리에 있는 프레놀레피스 임파리스 둥지는 깊이가 2미터에 불과하고 지표면 바로 아래부터 방이 시작된다. 이것은 계절적 활동 및 기후 차이와 관련 있을 뿐 아니라, 토양 차이와도 관련 있을 수 있다. 특히 토양의 영향을 없애기 위해 모래에 둥지를 파는 종들을 위도상 폭넓게 비교하면 매우 유용할 것이다. 안타깝게도 내가 여러 차례 시도한 단일 종들의 둥지 주물 제작은 대부분 탤러해시 남쪽의 같은 지역에서 이루어졌다. 같은 지역 내 다른 토양에서 채취한 자료도 똑같이 유용할 것이다. 나는 단 한 번의 실험으로 적어도 둥지 크기는 토양 유형에 영향받는다는 것을 알 수 있었지만, 모양도 그럴까?

둥지 공간 내에서 군락의 조직 또한 통찰을 제공할 수 있다. 물론 이러한 정보는 단순한 주물보다 얻기가 훨씬 어렵지만, 유충이나 일개미의 배치 패턴은 둥지 건축의 몇몇 종류나 그 구성 요소와 상관관계가 있을 수 있다. 밀집도나 계절적 차이 같은 사회적 조직화의

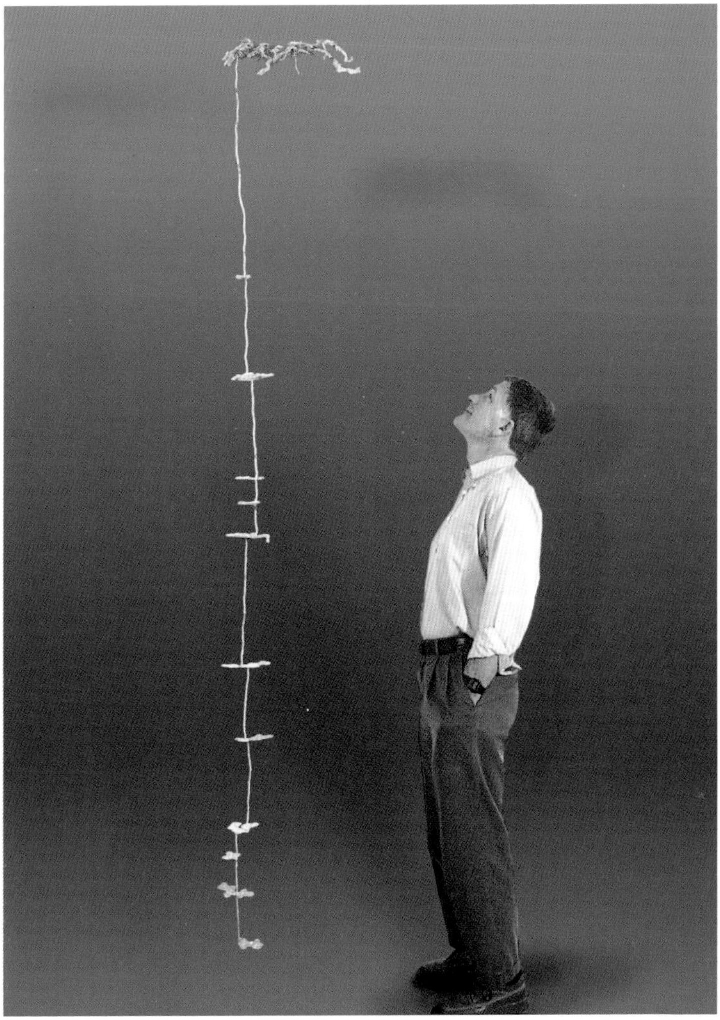

그림 10.1 겨울개미인 프레놀레피스 임파리스 둥지는 지리적·기후적 차이에 따라 다양하다. 플로리다에서는 둥지가 매우 깊고 1미터 이하의 얕은 방이 없지만(이 사진), 오하이오와 미주리에서는 둥지의 깊이가 그 절반도 안 되고 지표면 바로 아래에 방이 있다. 찰스 배드랜드의 사진, Tschinkel (2015a)에서 수정.

다른 측면도 상관관계가 있을 수 있으며, 건축 요소의 기능적 중요성에 대한 힌트를 제공할 수도 있다.

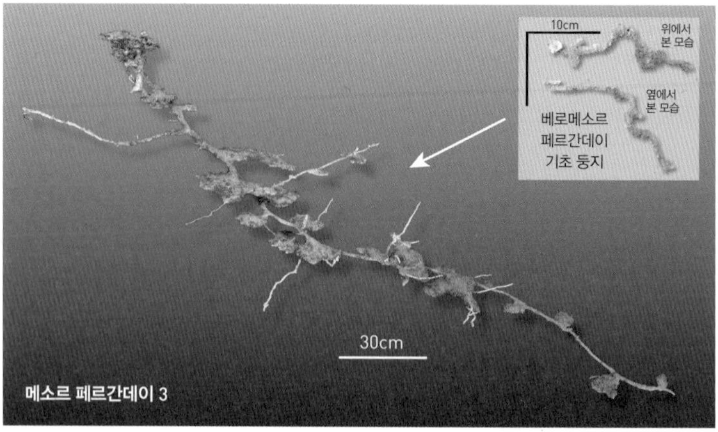

그림 10.2 성숙한 둥지는 새로 짝짓기한 여왕개미(여기서는 검은수확개미인 베로메소르 페르간데이)가 파낸 기초 둥지에서 성장한 결과다. 성숙한 둥지에서 매우 뚜렷하게 나타나는 특징인 경사 통로는 새로 짝짓기한 단독 여왕개미의 기초 둥지(작은 사진)에도 나타나며, 이는 여왕개미와 일개미가 같은 행동 프로그램에 따라 활동함을 암시한다. 사진의 둥지 크기는 같은 비율이 아니다. 저자 사진, Tschinkel (2015a)에서 수정.

대부분 개미의 생애 주기에서 둥지는 새로 짝짓기한 여왕개미가 파는 작은 둥지로 시작하여, 일개미 개체 수가 증가하고 군락이 성장하면서 점차 확장된다. 이러한 변형으로 종종 크기가 수천 배 이상 커지기도 하는데, 상대적으로 투박한 내 방법에 의하면, 둥지 '모양'은 거의 변하지 않는다(그림 10.2~10.4). 이런 변화의 결여로 크기에 상관없이 종 특유의 건축물이 만들어지며, 이는 굴착 규칙이 절대적이기보다 상대적임을 시사한다. 이러한 규칙이 무엇인지는 앞으로도 계속 중요한 질문으로 남을 것이다.

결국에는 물리적·사회적·환경적·진화적 요인이 둥지 건축에 어떤 영향을 미치는지 가설을 세우고, 잎의 크기와 모양에 대해 그랬듯 잠재적 원인과 결과를 모델링하는 것이 가능할 수 있다. 그런 일이 곧 이루어질지 모르겠지만, 과학은 서둘러서는 안 된다. 때가

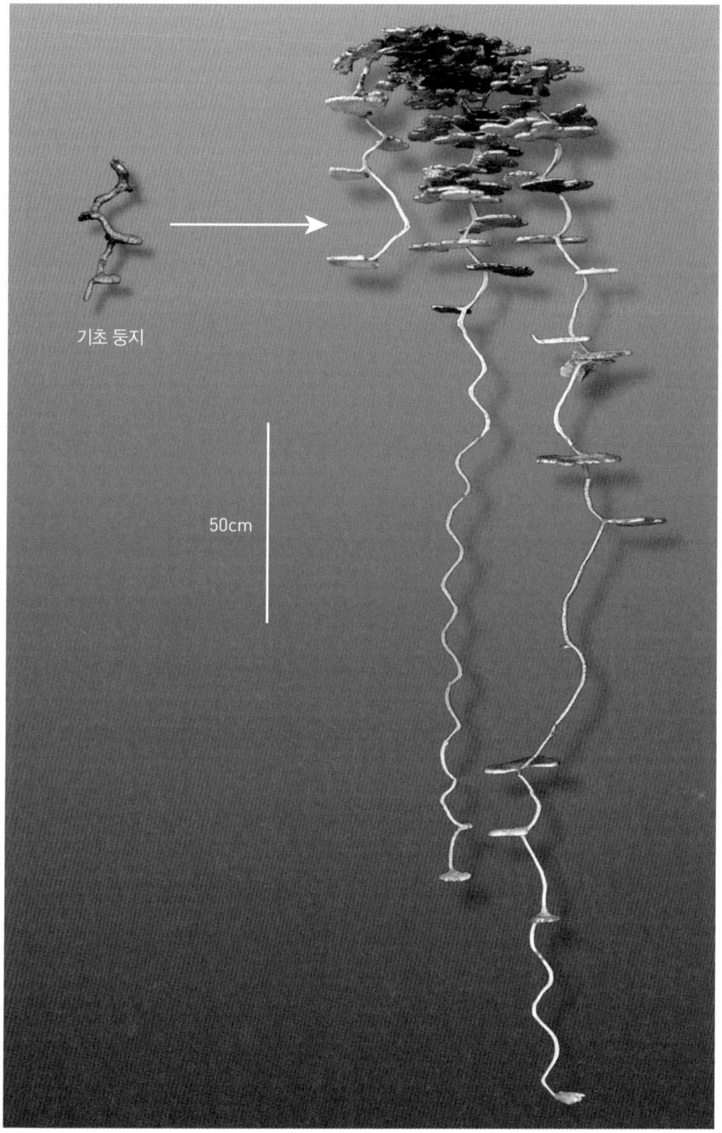

그림 10.3 성숙한 둥지는 새로 짝짓기한 여왕개미(여기서는 플로리다수확개미인 포고노미르멕스 바디우스)가 파낸 기초 둥지에서 성장한 결과다. 기초 둥지에는 성숙한 둥지와 마찬가지로 나선형 통로가 있으며, 이는 여왕개미와 일개미가 모두 같은 행동 프로그램에 따라 활동함을 암시한다. 사진의 둥지 크기는 같은 비율이 아니다. 저자 사진, Tschinkel (2015a)에서 수정.

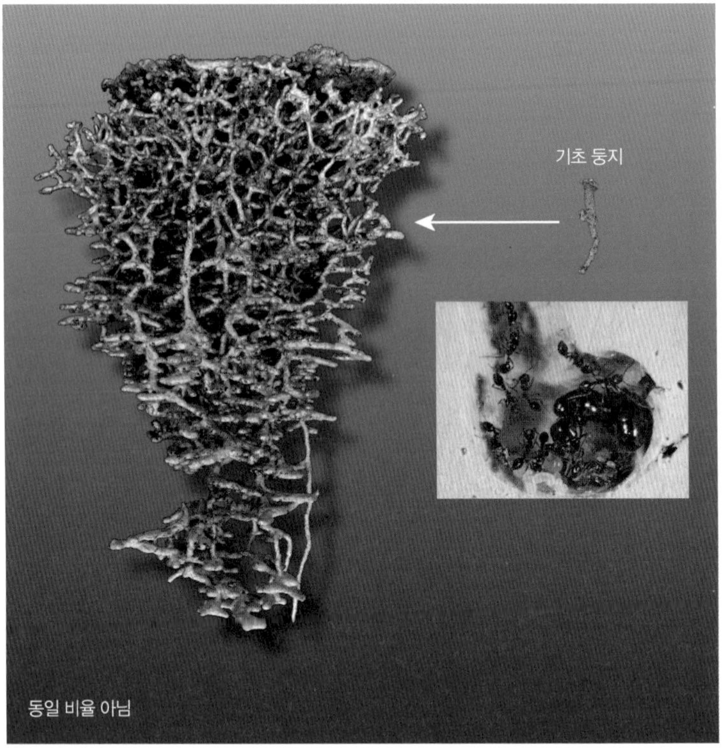

그림 10.4 성숙한 둥지는 새로 짝짓기한 여왕개미(여기서는 이국적인 붉은열마디개미인 솔레놉시스 인빅타)가 파낸 기초 둥지에서 성장한 결과다. 기초 둥지에는 단순한 통로 끝에 여왕개미가 첫 번째 유충을 키우는 방이 있다(작은 사진). 사진 크기는 같은 비율이 아니다. 저자 사진, Tschinkel (2015a)에서 수정.

되고 활용 가능한 방법이 생기면 …… 언제든지 희망을 가질 수 있다.

말하자면 나의 노력은 분명히 겉만 긁는 수준에 불과하다. 개미 둥지의 핵심 미스터리는 대부분 미해결인 채로 남아 있다. 일개미들은 어떻게 스스로 조직적으로 둥지를 만들까? 특정 형태는 어떻게 특정 기능을 수행할까? 진화는 일개미의 행동과 그 결과물인 둥지 건축을 어떻게 변화시킬까? 둥지 크기는 어떻게 조절될까? 전체 개미 과(科)에 걸쳐 둥지 건축의 범위는 얼마나 넓을까? 발견되지 않은 둥지 건축 유형이 더 있을까? 이 모든 질문과 더 많은 질문이 호기심 많고 진취적인 미래의 생물학자들을 기다리고 있다. 아직 해야 할 일이 너무나 많으며, 그 일을 통해 새롭고 흥미로우며 아름다운 많은 것을 밝혀낼 수 있을 것이다.

참고문헌

Branstetter, M. G., B. N. Danforth, J. P. Pitts, M. W. Gates, R. R. Kula, and S. G. Brady. 2017. Phylogenomic insights into the evolution of stinging wasps and the origins of ants and bees. *Current Biology* 27:1019-25.

Cassill, D. L., and W. R. Tschinkel. 1995. Allocation of liquid food to larvae via trophallaxis in colonies of the fire ant, *Solenopsis invicta*. *Animal Behaviour* 50 (3): 801-13.

Cerquera, L. M., and W. R. Tschinkel. 2010. The nest architecture of the ant *Odontomachus brunneus*. *Journal of Insect Science* 10:64.

Conway, J. R. 2003. Architecture, population size, myrmecophiles, and mites in an excavated nest of the honey pot ant, *Myrmecocystus mendex* Wheeler, in Arizona. *Southwestern Naturalist* 48:449-50.

Cushing, P. E. 1995. Description of the spider *Masoncus pogonophilus* (Araneae, Linyphiidae), a harvester ant myrmecophile. *Journal of Arachnology* 23 (1): 55-59.

Debruyn, L. A. L., and A. J. Conacher. 1994. The bioturbation activity of ants in agricultural and naturally vegetated habitats in semiarid environments. *Australian Journal of Soil Research* 32:555-70.

Diehl-Fleig, E., and E. Diehl. 2007. Nest architecture and colony size of the fungus-growing ant

Mycetophylax simplex Emery, 1888 (Formicidae, Attini). *Insectes Sociaux* 54 (3): 242-47.

Dlussky, G. M. 1981. *Ants of Deserts*. Moscow: Nauka (in Russian).

Dobzhansky, T. 1973. Nothing in biology makes sense except in the light of evolution. *American Biology Teacher* 35:125-29.

Duarte, A., F. J. Weissing, I. Pen, and L. Keller. 2011. An evolutionary perspective on self-organized division of labor in social insects. *Annual Review of Ecology, Evolution, and Systematics* 42:91-110.

Halfen, A. F., and S. T. Hasiotis. 2010. Neoichnological study of the traces and burrowing behaviors of the western harvester ant *Pogonomyrmex occidentalis* (Insecta: Hymenoptera: Formicidae): Paleopedogenic and paleoecological implications. *Palaios* 25:703-20.

Hamilton, W. D. 1964. The genetical evolution of social behaviour, I. and II. *Journal of Theoretical Biology* 7:1-52.

Harrison, J. S., and J. B. Gentry. 1981. Foraging pattern, colony distribution, and foraging range of the Florida harvester ant, *Pogonomyrmex badius*. *Ecology* 62 (6): 1467-73.

Hart, L. M., and W. R. Tschinkel. 2012. A seasonal natural history of the ant, *Odontomachus brunneus*. *Insectes Sociaux* 59 (1): 45-54.

Hunt, J. H., and C. A. Nalepa, eds. 1994. Nourishment, evolution and insect sociality. In *Nourishment and Evolution in Insect Societies*, 1-19. Boulder, CO: Westview Press.

Jacoby, M. 1935. Erforschung der Struktur des *Atta*-Nestes mit Hilfe des Cementausguss-Verfahrens. *Revista Entomologia* 5:420-24.

Johnson, B. R., and T. A. Linksvayer. 2010. Deconstructing the superorganism: Social physiology, groundplans, and sociogenomics. *Quarterly Review of Biology* 85 (1): 57-79.

Kondoh, M. 1968. Bioeconomic studies on the colony of an ant species, *Formica japonica* Motschulsky. 1. Nest structure and seasonal change of the colony members. *Japanese*

Journal of Ecology 18:124-33.

Kwapich, C. L., and W. R. Tschinkel. 2013. Demography, demand, death, and the seasonal allocation of labor in the Florida harvester ant (*Pogonomyrmex badius*). *Behavioral Ecology and Sociobiology* 67 (12): 2011-27.

____. 2016. Limited flexibility and unusual longevity shape forager allocation in the Florida harvester ant (*Pogonomyrmex badius*). *Behavioral Ecology and Sociobiology* 70 (2): 221-35.

Laskis, K. O., and W. R. Tschinkel. 2009. The seasonal natural history of the ant, *Dolichoderus mariae*, in northern Florida. *Journal of Insect Science* 9:2.

MacKay, W. P. 1981. A comparison of the nest phenologies of three species of *Pogonomyrmex* harvester ants (Hymenoptera: Formicidae). *Psyche* 88 (1-2): 25-74.

____. 1983. Stratification of workers in harvester ant nests (Hymenoptera: Formicidae). *Journal of the Kansas Entomological Society* 56:538-42.

McGlynn, T. P. 2012. The ecology of nest movement in social insects. *Annual Review of Entomology* 57:291-308.

Mersch, D. P., A. Crespi, and L. Keller. 2013. Tracking individuals shows spatial fidelity is a key regulator of ant social organization. *Science* 340 (6136): 1090-93.

Meysman, F. J. R., J. J. Middelburg, and C. H. R. Heip. 2006. Bioturbation: A fresh look at Darwin's last idea. *Trends in Ecology and Evolution* 21:688-95.

Mikheyev, A. S., and W. R. Tschinkel. 2004. Nest architecture of the ant *Formica pallidefulva*: Structure, costs and rules of excavation. *Insectes Sociaux* 51 (1): 30-36.

Moreira, A. A., L. C. Forti, A. P. P. Andrade, M. A. Boaretto, and J. Lopes. 2004. Nest architecture of *Atta laevigata* (F. Smith, 1858) (Hymenoptera: Formicidae). *Studies on Neotropical Fauna and Environment* 39:109-16.

Moser, J. C. 2006. Complete excavation and mapping of a Texas leafcutting ant nest. *Annals of the Entomological Society of America* 99:891-97.

Murdock, T. C., and W. R. Tschinkel. 2015. The life history and seasonal cycle of the ant, *Pheidole morrisi* Forel, as revealed by wax casting. *Insectes Sociaux* 62 (3): 265-80.

Nicotra, A. B., A. Leigh, K. Boyce, C. S. Niklas, K. J. Jones, D. L. Royer, and H. Tsukaya. 2011. The evolution and functional significance of leaf shape in the angiosperms. *Functional Plant Biology* 38:535-52.

Nowak, M. A., C. E. Tarnita, and E. O. Wilson. 2010. The evolution of eusociality. *Nature* 466:1057-62.

Pamminger, T., S. Foitzik, K. C. Kaufmann, N. Schützler, and F. Menzel. 2014. Worker personality and its association with spatially structured division of labor. *PloS ONE* 9 (1): 8.

Penick, C. A., and W. R. Tschinkel. 2008. Thermoregulatory brood transport in the fire ant, *Solenopsis invicta*. *Insectes Sociaux* 55 (2): 176-82.

Porter, S. D. 1985. *Masoncus* spider: A miniature predator of Collembola in harvester ant colonies. *Psyche* 92:145-50.

Porter, S. D., and C. D. Jorgensen. 1981. Foragers of the harvester ant, *Pogonomyrmex owyheei*: A disposable caste? *Behavioral Ecology and Sociobiology* 9:247-56.

Richards, P. 2009. *Aphaenogaster* ants as bioturbators: Impacts on soil and slope processes. *Earth-Science Reviews* 96:92-106.

Richards, P., and G. S. Humphreys. 2010. Burial and turbulent transport by bioturbation: A 27-year experiment in southeast Australia. *Earth Surface Processes and Landforms* 35:856-62.

Rink, W. J., J. S. Dunbar, W. R. Tschinkel, C. Kwapich, A. Repp, W. Stanton, and D. K.

Thulman. 2013. Subterranean transport and deposition of quartz by ants in sandy sites relevant to age overestimation in optical luminescence dating. *Journal of Archaeological Science* 40 (4): 2217-26.

Robinson, G. E. 1992. Regulation of division of labor in insect societies. *Annual Review of Entomology* 37:637-65.

Roth-Nebelsick, A., A. D. Uhl, V. Mosbrugger, and H. Kerp. 2001. Evolution and function of leaf venation architecture: A review. *Annals of Botany* 87:553-66.

Seal, J. N., and W. R. Tschinkel. 2006. Colony productivity of the fungus gardening ant *Trachymyrmex septentrionalis* (Hymenoptera: Formicidae) in a Florida pine forest. *Annals of the Entomological Society of America* 99:673-82.

Seid, M. A., and J. F. A. Traniello. 2006. Age-related repertoire expansion and division of labor in *Pheidole dentata* (Hymenoptera: Formicidae): A new perspective on temporal polyethism and behavioral plasticity in ants. *Behavioral Ecology and Sociobiology* 60 (5): 631-44.

Sendova-Franks, A. B., and N. R. Franks. 1995. Spatial relationships within nests of the ant *Leptothorax unifasciatus* (Latr.) and their implications for the division of labour. *Animal Behaviour* 50 (1): 121-36.

Talbot, M. 1964. Nest structure and flights of the ant *Formica obscuriventris* Mayr. *Animal Behaviour* 12 (1): 154-58.

Tschinkel, W. R. 1987. Seasonal life history and nest architecture of a cold loving ant, *Prenolepis imparis*. *Insectes Sociaux* 34:143-64.

____. 1993. Sociometry and sociogenesis of colonies of the fire ant *Solenopsis invicta* during one annual cycle. *Ecological Monographs* 64 (4): 425-57.

____. 1998. Sociometry and sociogenesis of colonies of the harvester ant, *Pogonomyrmex badius*: Worker characteristics in relation to colony size and season. *Insectes Sociaux* 45 (4): 385-410.

____. 1999a. Sociometry and sociogenesis of colonies of the harvester ant, *Pogonomyrmex badius*: Distribution of workers, brood and seeds within the nest in relation to colony size and season. *Ecological Entomology* 24 (2): 222-37.

____. 1999b. Sociometry and sociogenesis of colony-level attributes of the Florida harvester ant (Hymenoptera: Formicidae). *Annals of the Entomological Society of America* 92 (1): 80-89.

____. 2003. Subterranean ant nests: Trace fossils past and future? *Palaeogeography, Palaeoclimatology, Palaeoecology* 192:321-33.

____. 2004. The nest architecture of the Florida harvester ant, *Pogonomyrmex badius*. *Journal of Insect Science* 4:21.

____. 2005. The nest architecture of the ant, *Camponotus socius*. *Journal of Insect Science* 5:9.

____. 2010. Methods for casting subterranean ant nests. *Journal of Insect Science* 10:88.

____. 2011. The nest architecture of three species of North Florida *Aphaenogaster* ants. *Journal of Insect Science* 11:105.

____. 2013a. Florida harvester ant nest architecture, nest relocation and soil carbon dioxide gradients. *PLoS ONE* 8 (3): e59911.

____. 2013b. A method for using ice to construct subterranean ant nests (Hymenoptera: Formicidae) and other soil cavities. *Myrmecological News* 18:99-102.

____. 2014. Nest relocation and excavation in the Florida harvester ant, *Pogonomyrmex badius*. *PLoS ONE* 9 (11): e112981.

____. 2015a. The architecture of subterranean ant nests: Beauty and mystery underfoot.

Journal of Bioeconomics 17:271-91.

____. 2015b. Biomantling and bioturbation by colonies of the Florida harvester ant, *Pogonomyrmex badius*. *PLoS ONE* 10 (3): e0120407.

____. 2017a. Do Florida harvester ant colonies (*Pogonomyrmex badius*) have a nest architecture plan? *Ecology* 98:1176-78.

Tschinkel, W. R. 2017b. Lifespan, age, size-specific mortality and dispersion of colonies of the Florida harvester ant, *Pogonomyrmex badius*. *Insectes Sociaux* 64:285-96.

____. 2017c. Testing the effect of a nest architectural feature in the fire ant *Solenopsis invicta* (Hymenoptera:Formicidae). *Myrmecological News* 27:1-5.

Tschinkel, W. R., and D. J. Dominguez. 2017. An illustrated guide to seeds found in nests of the Florida harvester ant, *Pogonomyrmex badius*. *PLoS ONE* 12 (3): e0171419.

Tschinkel, W. R., and N. Hanley. 2017. Vertical organization of the division of labor within nests of the Florida harvester ant, *Pogonomyrmex badius*. *PLoS ONE* 12 (11): e0188630.

Tschinkel, W. R., W. J. Rink, and C. L. Kwapich. 2015. Sequential subterranean transport of sand and seeds by caching in the harvester ant, *Pogonomyrmex badius*. *PloS ONE* 10 (10): e0139922.

Tschinkel, W. R., and J. N. Seal. 2016. Bioturbation by the fungus-gardening ant, *Trachymyrmex septentrionalis*. *PLoS ONE* 11 (7): e0158920.

Wagner, G. P. 1989. The biological homology concept. *Annual Review of Ecology and Systematics* 20:51-69.

Ward, P. S. 2014. The phylogeny and evolution of ants. *Annual Review of Ecology and Systematics* 45:23-43.

Wilkinson, M. T., P. J. Richards, and G. S. Humphreys. 2009. Breaking ground: Pedological, geological, and ecological implications of soil bioturbation. *Earth-Science Reviews*

97:254-69.

Williams, D. F., and C. S. Lofgren. 1988. Nest casting of some ground-dwelling Florida ant species using dental labstone. In *Advances in Myrmecology*, edited by J. C. Trager, 433-44. Leiden, Netherlands: E. J. Brill.

Wilson, D. S., and E. Sober. 1989. Reviving the superorganism. *Journal of Theoretical Biology* 136: 337-56.

Wright, I. J., N. Dong, V. Maire, I. C. Prentice, M. Westoby, S. Díaz, R. V. Gallagher, B. F. Jacobs, R. Kooyman, E. A. Law, M. R. Leishman, Ü. Niinemets, P. B. Reich, L. Sack, R. Villar, H. Wang, and P. Wilf. 2017. Global climatic drivers of leaf size. *Science* 357:917-21.

Yang, A. S. 2007. Thinking outside the embryo: The superorganism as a model for EvoDevo Studies. *Biological Theory* 2:398-408.

개미 생물학 관련 도서

Choe, J. 2012. *Secret Lives of Ants*. Baltimore: Johns Hopkins University Press.

Hölldobler, B., and E. O. Wilson. 1990. *The Ants*. Cambridge, MA: Harvard University Press.

____. 1994. *Journey to the Ants*. Cambridge, MA: Belknap Press of Harvard University Press.

____. 2009. *The Superorganism: The Beauty, Elegance, and Strangeness of Insect Societies*. New York: W. W. Norton.

Hoyt, E. 1996. *The Earth Dwellers: Adventures in the Land of Ants*. New York: Touchstone.

Keller, L., and É. Gordon. 2009. *The Lives of Ants*. Translated by J. Grieve. Oxford, UK: Oxford University Press.

Moffett, M. W. 2010. *Adventures among Ants*. Berkeley: University of California Press.

Oster, G. F., and E. O. Wilson. 1978. *Caste and Ecology in the Social Insects*. Princeton, NJ: Princeton University Press.

Tschinkel, W. R. 2006. *The Fire Ants*. Cambridge, MA: Harvard University Press.

Wilson, E. O. 1971. *The Insect Societies*. Cambridge, MA: Harvard University Press.

곰팡이재배개미 둥지 건축 관련 자료

Cardoso, S. R. S., L. C. Forti, N. S. Nagamoto, and R. S. Camargo. 2014. First-year nest growth in the leaf-cutting ants *Atta bisphaerica* and *Atta sexdens rubropilosa*. *Sociobiology* 61 (3): 243-49.

Diehl-Fleig, E., and E. Diehl. 2007. Nest architecture and colony size of the fungus-growing ant *Mycetophylax simplex* Emery, 1888 (Formicidae, Attini). *Insectes Sociaux* 54 (3): 242-47.

Jacoby, M. 1952. Die Erforschung des Nestes der Blattschneider-Ameise *Atta sexdens rubropilosa* Forel (mittels des Ausgußverfahrens in Zement), Teil I. *Zeischrift für Angewandte Entomologie* 34:145-69.

Jonkman, J. C. M. 1980. The external and internal structure and growth of nests of the leaf-cutting ant *Atta vollenweideri* Forel, 1893 (Hym.: Formicidae). Part I. *Zeischrift für Angewandte Entomologie* 89:158-73.

Kleineidam, C., R. Ernst, and F. Roces. 2001. Wind-induced ventilation of the giant nests of the leaf-cutting ant *Atta vollenweideri*. *Natur-wissenschaften* 88 (7): 301-5.

Klingenberg, C., C. R. F. Brandão, and W. Engels. 2007. Primitive nest architecture and small monogynous colonies in basal Attini inhabiting sandy beaches of southern Brazil. *Studies on Neotropical Fauna and Environment* 42:121-26.

Moreira, A. A., L. C. Forti, A. P. P. Andrade, M. A. Boaretto, and J. Lopes. 2004. Nest architecture of *Atta laevigata* (F. Smith, 1858) (Hymeno-ptera: Formicidae). *Studies on Neotropical Fauna and Environment* 39:109-16.

Moreira, A. A., L. C. Forti, M. A. C. Boaretto, A. P. P. Andrade, J. F. S. Lopes, and V. M. Ramos. 2004. External and internal structure of *Atta bisphaerica* Forel (Hymenoptera: Formicidae) nests. *Journal of Applied Entomology* 128 (3): 204-11.

Moser, J. C. 2006. Complete excavation and mapping of a Texas leaf-cutting ant nest. *Annals of the Entomological Society of America* 99 (5): 891-97.

Rabeling, C., M. Verhaagh, and W. Engels. 2007. Comparative study of nest architecture and colony structure of the fungus-growing ants, *Mycocepurus goeldii* and *M. smithii*. *Journal of Insect Science* 7:40.

Verza, S. S., L. C. Forti, J. F. S. Lopes, and W. O. H. Hughes. 2007. Nest architecture of the leaf-cutting ant *Acromyrmex rugosus rugosus*. *Insectes Sociaux* 54 (4): 303-9.

Wirth R., H. Herz, R. J. Ryel, W. Beyschlag, and B. Hölldobler. 2003. *Herbivory of Leaf-Cutting Ants: A Case Study on* Atta colombica *in the Tropical Rainforest of Panama*. Springer Ecological Studies No. 164. Berlin: Springer-Verlag.

실험실 및 이론 연구 관련 자료

Buhl, J., J. Gautrais, J. L. Deneubourg, and G. Theraulaz. 2004. Nest excavation in ants: Group size effects on the size and structure of tunneling networks. *Naturwissenschaften*

91 (12): 602-6.

Deneubourg, J. L., and N. R. Franks. 1995. Collective control without explicit coding: The case of communal nest excavation. *Journal of Insect Behavior* 8:417-32.

Halley, J. D., M. Burd, and P. Wells. 2005. Excavation and architecture of Argentine ant nests. *Insectes Sociaux* 52:350-56.

Theraulaz, G., E. Bonabeau, and J. L. Deneubourg. 1999. The mechanisms and rules of coordinated building in social insects. In *Information Processing in Social Insects*, edited by C. Detrain, J. L. Deneubourg, and J. Pasteels, 309-30. Basel, Switzerland: Birkhäuser Verlag.

Theraulaz, G., J. Gautrais, S. Camazine, and J. L. Deneubourg. 2003. The formation of spatial patterns in social insects: From simple behaviours to complex structures. *Philosophical Transactions of the Royal Society A* 361 (1807): 1263-82.

Toffin, E., D. Di Paolo, A. Campo, C. Detrain, and J. L. Deneubourg. 2009. Shape transition during nest digging in ants. *Proceedings of the National Academy of Sciences of the United States of America* 106 (44): 18616-20.

화석 개미 둥지 관련 자료

Smith, J. J., B. F. Platt, G. A. Ludvigson, and J. R. Thomasson. 2011. Ant-nest ichnofossils in honeycomb calcretes, Neogene Ogallala Formation, High Plains region of western Kansas, U.S.A. *Palaeogeography, Palaeoclimatology, Palaeoecology*. doi:10.1016/j.palaeo. 2011.05.046.

재료 및 공급처 출처

질화붕소 고온 코팅: https://www.zypcoatings.com/product/bn-hardcoat-cm/

가마용 세라믹 단열 페이퍼(Ceramic insulating blanket for kilns): https://www.infraredheaters.com/insulati.html

소형 주조 용품: https://smallfoundrysupply.com/

치과용 석고: http://www.atlanticdentalsupply.com/

https://www.darbydental.com/categories/Laboratory/Gypsum—Stone—Plaster-and-Pumice/Castone/8290406

https://www.net32.com/ec/house-brand-yellow-lab-stone-regular-set-d-153263

찾아보기

가계도 24, 28, 248

가마

과열 44

다양한 크기 43, 46

도구를 갖춘 - 42

빨갛게 달아올라 부을 준비가 된 - 47

제작 41~44

초기 디자인 41~42

최종 디자인 46

가마에서 도가니 꺼내기, 알루미늄 붓기 48

가마의 공기 통풍 41~43

가마의 단열 42

가족으로서 군락 22

간단한 연구 방법 19~21

개척 20

개미 군락, 식물 같은 특성 107

개미 둥지

나무 27

-의 그림 20

이론 및 모델링 52

- 화석화 282

개미 둥지 건축

계통수 268

기본 질문 18

불안정성 266, 268

생애 주기 동안 발전 292

속 내의 차이 274~276

수학적 설명 289

엄청난 데이터베이스에 대한 필요 288

일개미의 행동 변화를 통한 진화 272

종 특유의 - 273

지속적 리모델링 181

진화에 대한 가설 265

특정 종 74~75

개미 둥지의 이론과 모델링 52

개미 둥지 조직, 수직적 → **분포** 참조

개미 생물학 21~27

개미의 다양성 23~24

개미의 분포 23~24

개미의 진화 21~27

일반 21
개미 손님 60
이사 이유 115~117
개미와 공생 관계인 유기체 60
개미의 건축적 선호도 → 건축 계획의 존재 참조
개미의 다양성 21, 23~24, 28, 207, 248
개미의 둥지 굴착
가능한 메커니즘 135
- 규칙 143
이사 동안 점진적 - 123~124
개미의 상대적 크기 88~89
개미의 조상 24~25
개미의 지리적 분포 22~24
개미의 지역적 풍부함 23~27
개미의 크기 비교 102~104
개미 종 간의 크기 차이 10, 103, 277
개미 종의 수 22
개미 천국
설명 54~55
-의 개체 수 지도 110~111
-의 토양 역학 171
개미 천국 군락 개체군의 지도화 110~113
개체군 크기 추정 → 표시-재포획 참조
건축 계획의 존재 143~163
건축 특징
기능 167~168, 287~288
상동성 268, 272
테스트 수용 162
경고 페로몬 61
4-메틸-3-헵타논 61
계절에 따른 생활사 76~77
계통수 → 가계도 참조
곤도 마사키 20, 210
곰팡이재배개미 → 잎꾼개미 참조
공간에서의 노동 조직 205, 208~210
공간적 조직
노동의 - 238~239
-의 기능 53
과밀(혼잡, 밀집) 12, 78, 84, 124, 145, 272, 290
광학자극발광법(OSL) 172~173, 177, 179
구글 어스 9, 112~113
구조가 적합도에 미치는 영향을 확인하는 실험 163~166
군락과 둥지 성장 292
군락 수명 187, 205, 208, 218, 241, 244~245, 247
군락 크기 17, 94, 122, 164~165, 206, 211~212
- 결정과 자원 할당 224~225, 231~232
생식 개미 생산 246~247
생존과의 관계 243~244
-와 둥지 크기 265, 276
-와 사망률 243
일개미 몸 크기 265
적합도의 지표 118
굴착(파기)
깊이 136
이동 거리 136~137
일개미의 나이 135
토양 속성 145~146
굴착 도구로서 진공청소기 54, 57~58, 61, 70
귀뚜라미 117
기초 둥지 106, 109, 192, 292~294

깊이 단서
둥지 내 - 126
둥지 발굴 중 - 136~139, 141
-로서 이산화탄소 126
실험 136~139
이동 거리 95
토양에 내재한 - 160
깊이 단서로서 이동 거리 → 깊이 단서 참조
깊이에 따른 둥지 부피 135

나무 둥지 27
미리 만들어진 구멍 107~108
나선형 통로 → 통로 참조
나이 든 일개미의 위로 이동 238
나이별 일개미의 수직 분포 212, 238~239
-의 신뢰도 214
남극 76
내화 재질 담요 42
노동 분업 21~22
개미의 - 200~205
군락의 성장 204~205
원칙 199~200
유연성 239~240
일개미의 크기 203
녹인 금속에 의한 부식 44
녹인 금속을 안전하게 붓기 48~51
뉴턴의 냉각 법칙 38
닐란데리아 아레니바가 91, 277~278
닐란데리아 파르불라 277~278
닐란데리아 판타스마 262, 264, 277~278

다세포 유기체의 기원 196
다양한 종과 크기 65
다이모니오바락스 친켈리 282
단수체 성 결정 26
던바, 짐 15, 172
도가니
부식 44, 90~91
크기와 디자인 49
도둑개미 29, 88
도리미르멕스 보수투스 258~259
도리미르멕스 부레니 18, 32, 93, 256, 273
도밍게즈, 다니엘 15, 73, 112
돌리코데루스 마리에이 264~265
되메우기 61, 177~178, 182, 189
둥지, 분화구/디스크/언덕 18, 87
둥지 건축
기능 53
초기 연구 19
특정 기능 161
둥지 건축의 여왕 → 수확개미 참조
둥지 구조와 군락의 개체 수 81, 83
둥지 내 개미 분포 62~63, 77~78
→분포도 참조
둥지 내 분포 패턴 211
→분포도 참조
둥지 내 씨앗과 먹이의 이송 235~237
둥지 내 유충의 위치 75~77

둥지를 찾기 위해 개미를 미끼로 유인 87~88
둥지 세분화, 유충 사육과의 관계 164~167
둥지와 개미의 상대적 크기 83, 102~104, 127, 143
둥지의 금속 주물 38~52
둥지의 총 개체 수 조사
발굴 73~74, 78~79, 116~117, 130~131, 164, 211
생식 개체 수 244~245
유충 수 166
주물을 녹이거나 분해 75~76, 82~84
지층 케이크 실험 189~190
둥지 이사 → 이사 참조
둥지 주물을 만든 목록 86, 269~272
둥지 주조를 위한 석고 32~34
둥지 크기
개미의 크기 90
개체 수 조사 84
군락 크기와의 관련성 144
일개미의 크기 102~104
토양의 영향 145
둥지 파기
일개미의 행동 28~29
진화 27~28

라스키스, 크리스티나 15
레온 고철상 40
렙토토락스 무스코룸 23
로이스, 엘리엇 15
로테크 과학 21
로프그렌, 클리프 32
링크, 잭 15, 172

마손쿠스 포고노필루스 60, 64, 117
머독, 타일러 15, 76, 112
모노모리움 비리둠 93, 258~259, 273
모듈식 251
개미와 식물 287
모래
실험에 사용한 색 모래 67, 174~175, 178, 183
-의 부피 밀도 179
→ 토양도 참조
모래에 마모된 신용카드 72
모래에 손상된 전화기 72
모래 이동 → 생물 맨틀링 참조
몸 크기
대사율 102
-와 둥지 크기 265~266
-와 생식 능력 247
-의 척도로서 머리 크기 82, 211~212
자연사에서 중요성 88~89
무덤 71
문제 해결의 즐거움 12~13, 19, 285
미래의 연구 질문 294~295
미르메코시스투스 나바호 278
미르메코시스투스 케네디이 254, 278
미치너 역설 164
미학적(심미적, 미적) 즐거움 11, 19~20, 85, 93, 192, 205

반복실험의 중요성 148~149
방
군락 크기 165
깊이와의 관계 96~98, 256
높이와 개미 크기 255~257
모양과 크기, 방 만들기 253~254, 258
변화 258
손실 262, 264
수직 크기 분포 77~78, 256
수평성 99
씨앗 62~64
유충 69~70
크기와 간격, 방의 진화 254, 257~260, 267
통로에서 배치 157~159
방 윤곽 추적 58~59, 61~62, 116~117, 211, 234, 249
방출되는 빛의 색으로 온도 확인 41, 47
베로메소르 페르간데이 260, 273, 292
복사열의 법칙 49
부식 방지 페인트 44
분광법 12
분포
굴착 일개미 253
둥지 내 일개미 62~63, 73~74, 81~82, 84, 127, 131, 210~211, 214
방 공간(간격) 125, 127, 131, 134, 136~137, 143, 163, 184~185, 213, 235
방 면적 - 77~78, 82
이동 후 - 116~117
채집 개미와 이송 작업자의 - 235
불이 붙은 숲 47
불이 붙은 양말 49
붉은 개미 93
붉은열마디개미, 유충 사육 효율과 군락 크기 164~166
붉은열마디개미, 첫 번째 주물 33
브라운, 그레이슨 31
비상시 열 차단막 49
비판적인 읽기의 중요성 167

사고 44
사이포미르멕스 리모수스 262, 264, 273
사회 구조와 둥지 건축 53, 214, 250
사회 발생 208
사회성의 진화 21~27
살아 있는 수확개미 둥지 파헤치기 54~74
삽 21, 54, 56, 66~67, 69
세상에서 가장 위대한 삽, 엑스칼리버 68, 223
상동성
구조 특징의 - 268, 272
정의와 예 249
생물 교란 169~172, 186~187, 191~192
개미 천국에서 집단적 - 184
-의 주체로서의 개미 170~171
생물 교란과 생물 맨틀링의 주체인 개미 170
생물 맨틀링
개미 천국에서 집단적 - 184
수확개미의 - 속도 184~185
연구의 희박 192
-의 모델링 186
- 주체로서 개미 169, 172

트라키미르멕스 셉텐트리오날리스의 – 속도 187
생물학적 복잡성의 진화 195~198
생식 개체 생산
계절성 225~226, 231~232
군락 크기 164, 225~226, 241, 247
둥지 이동 비용으로 줄어든 생식 개체 생산 118
생애 기간 – 245
초유기체 내 198~199
생식 유충, 둥지 내 위치 70~71, 76
석고 주물 녹이기 81~82
석고 주물의 복원 34~37
석고 주물의 취약성 34, 36
석고 주물 조립 33~34, 37
성 결정 26
솔레놉시스 닉케르소니 88
솔레놉시스 인빅타 85, 93, 163, 261~262, 273, 276, 294
둥지의 석고 주물 33
여왕개미와 일개미 201
솔레놉시스 제미나타 262, 274, 276
수확개미 15
건축 변형 수용 147~158, 163
군락 생물학 개요 245~247
군락 추적 242
군락 크기와 생식 개체 생산 244~245
깊이 단서와 둥지 구조 126, 133~135
다른 종 280~282, 292
둥지 건설과 리메델링 171~183
둥지 건축의 여왕 92~93
둥지 내 개미의 위치 75~79
둥지 내 나선형 통로 261
둥지로 돌려보내기 78~79
둥지 만드는 규칙 143~148, 162
둥지 방 96, 98, 103
둥지 안에서 탄화된 개미 82
둥지 위 숯 85
둥지의 화석 281~282
둥지 이사 108~109, 123
둥지 주물 254~255, 261~262, 273, 279, 293
둥지 특성 143~148, 155, 161~162, 261
살아 있는 둥지 발굴 52~75
석고 주물 34, 36~37
알루미늄 둥지 주조 48, 293
일개미들에 의한 펠릿 형성 94
일개미에 표시 219
집단적 토양 이동 172~179, 184, 186~187
초유기체 모델 210
수확개미 둥지의 가상 영상 73
숯
수확개미 둥지 디스크 위의 – 55, 57, 85, 93, 109, 120, 184, 221
연료로서 – 41~42, 46~47, 75
이사 중 운반 119, 122~123, 184
스케일링
개미와 둥지 101~102
규모 의존성 106
정의 101~102
스쿠버 탱크 15, 40~41, 44~45
실, 존 187

쏘임, 수확개미 58
쓰레기 55
씨앗 54
겨울 저장실 246
둥지 내 운송 233, 235~237, 239~240
둥지에서 -의 분포 74, 117, 130~131, 139, 233, 286
둥지 이사 중 운송 119, 121, 123, 125, 174, 236~240, 279, 286
방에 저장 63~64, 117, 235, 240
번식체 107
수집한 다른 수확개미 278~279
수확개미가 수집 23, 93, 240
수확개미 씨앗 방 복구 58~59, 62~65, 211
저장하여 발아 65
종류 65
채집 개미의 미끼 221~222
톡토기 117
씨앗 방(저장실) 63~64
→**방**도 참조

아름다움 36, 95~100, 279, 285~287
아연
불이 붙은 - 90~91
-의 밀도 39
-의 원료 38~40
주조 재료로서 - 38~40, 44, 85, 90~91
아크로미르멕스 50
아타 래비가타 50, 251~252
아타 볼렌베이데리 252
아패노가스테르 아슈메아디 84, 274~275
아패노가스테르 트레아태 274~275
아패노가스테르 플로리다나 83, 85, 93
-둥지 주조 254~255
-속 내의 비교 273~275
알레쿨리드딱정벌레 유충 59~61, 117
알로메트리 101
→**스케일링**도 참조
알루미늄 합금 40
주조 재료 38, 40~42, 85
애틀랜틱 마린 조선소 39
앤더슨, 랠프 15, 44~45
앨리게니봉축개미 17
야코비, 마인하르트 50
얼음 둥지 79, 148~149, 151, 237
만드는 방법 148, 150
방의 간격 154
방의 모양 158
방의 수평성 154~155
방의 순서를 뒤바꾼 둥지 151~153
자연 둥지의 모조품 148, 151, 153
여왕
계절에 따른 적응 246
군락 번식에서 역할 107
군락 생물학에서의 역할 21~22, 26
군락의 수명과 같은 여왕개미의 수명 241
둥지 건축의 여왕 92~93
둥지 내 위치 209
둥지 찾기 292~294

여왕개미 찾기 70~71
지층 케이크 실험에서 여왕개미 174, 188
진화 26
초유기체에서 역할 198, 200~202, 204, 239
여우굴 265
연구를 위한 장치 12~13
→**장치**도 참조
연구의 기초로서 묘사(기술, 설명) 20~21, 205~207, 211, 215
연구의 진전에서 발명의 중요성 20~21
연구 현장, 개미 천국 104
열 손실률과 주조 90
오돈토마쿠스 브룬네우스 76, 102, 270, 273
오스트레일리아 개미 둥지 건축 51, 262~263
온도 38, 41~42, 45, 75~77, 90, 119, 121, 125~126, 164, 288
개미들의 높은 - 찾기 75
왁스 주물 76, 84
윌리엄스, 데이비드 32
유기체와 초유기체 비교 198, 246
유령 둥지 109
유리 샌드위치 둥지 147, 182
-의 구조 147
유아 일개미
구리선으로 묶음 230
둥지 내 분포 78, 131, 212~213, 236
유충 돌봄 68~74
지방량 212~213
큐티클 색상 219~220
유충 방 68~70, 236~237, 240
→**방**도 참조
유충 사육(돌보기)
공동 - 25
-와 군락 성장 239
-와 노화 속도 231~232
유아 일개미의 - 68, 212~213
-의 유연성 239~240
-의 효율 167
일개미 크기와 나이에 따른 - 202~205
일개미 할당 206
채집 개미와의 연결 232~233, 236
유충 사육 효율성
군락 크기 관련 164~165
둥지 세분화 관련 166~167
응애 60
이리도미르멕스 푸르푸레우스 262~263
이사
건축 109~110
과정 119~121
방향 114
비용 118~119
원인 115~117
이동 경로 120
이유 117
이전 둥지와 새 둥지 비교 116
일일과 계절별 변화 114, 122
조직 120, 123~124
탐지 109, 111~112
이사 빈도 → **이사** 참조
이사 중 운송 122~123

이사 중 일개미 계층에 따른 운반 124
이산화탄소 측정 126~128
이송 작업자
나이 237~238
실험 233~236
정의와 표시 233
이스트, 스티븐 50, 263
이스트, 크리스토퍼 50, 263
인과관계로서의 상관관계 문제 132, 140
인과관계 확립의 어려움 140~141
실험 수행 140~141
인구통계학적 노동 분업 227, 230~232, 246
일개미 나이에 따른 공간 조직 210, 213, 253
→분포도 참조
일개미 나이에 따른 노동의 전환 202~205, 230~232, 239~241
일개미 나이와 지방량 212~213
일개미 사이의 관련성 26~27
일개미에 표시
구리선 219~220
인쇄용 잉크 219
일개미의 계절별 노화 속도 230~232
일개미의 공간 정확성 209~210
일개미의 노화, 느리거나 빠른 231~232
일개미의 몸 크기와 둥지 건축 265~266
일개미의 진화 26
일개미의 큐티클 색상과 나이 68, 219
일개미 크기에 따른 토양의 입자 104, 106
잎꾼개미 17, 50, 85, 93
둥지 내 방의 모양 161, 254
둥지의 모듈식 특성 251~252, 272
둥지 이사 108
쓰레기 일개미 204

자연선택의 단계 197
작은 둥지
주조 91~92
찾기 85
장치 12~13
저자
고등학교와 대학교 9~10
대학원 10
적응론 162
적합도에 대한 구조의 영향 162
군락 크기와 수명 244~245
지표로서 군락의 크기 118~119
정말로 좋은 이야기 118
조상 개미 둥지 25~29, 248~251
-수정 251~252
조지, 닐 15, 112, 119
좀 60, 62, 117
종의 목록 86, 269~271
주물 31~52
시멘트- 50
아주 작은 둥지- 101
-의 발전 34~37
초기 시도 31~32, 41~42
주물 재료
금속 38~52

더 강한 재료 38
석고 32~37
주행성 93, 119
지갑과 전화기 72
지니 계수 180
지리적 범위 22, 92~93, 193, 290
지역적 풍부함 23~27
지층 케이크 실험
수확개미 173~178
트라키미르멕스 셉텐트리오날리스 186~192
지하수면 30, 128
지하에 쌓은 모래 178, 183
→생물 교란도 참조
직업 일개미 204
진, 밥 167
진공청소기 54~58, 61~62, 70, 223
진화
개미의 - 4, 28
사회성 - 25~27
질화붕소 44
집단적 모래 이동 시뮬레이션 → 생물 교란; 생물맨틀링 참조

채집 개미
둥지 최저 진입 한계 223~224
수명 122~123
이사 시작 120
채집 개미 개체 수
교체 222~223
조절 226~227
추정 218~220
채집 개미의 사망 원인으로 군락 간의 충돌 230
채집 활동
계절별 할당 224~225
군락 크기와 할당 223~225
사망 원인으로서- 228~229
청미래덩굴 씨앗 62
초유기체
- 내의 기능 205~208, 286
- 내의 채집 개미 수 조절 226~232
- 내의 할당 220~222
- 모델로서 수확개미 210~215
-의 개요 238~240, 247, 286~287
-의 계절적 적응 245~246
-의 생애 기간 적합도 244
-의 수명 241~244
-의 은유 195
-의 진화 198~202
-의 특징 205~207
초유기체로서 군락 → 초유기체 참조
초유기체에서 자원 할당 207~208
→초유기체도 참조
초유기체의 속성 205~207
→초유기체도 참조
초유기체의 할당 패턴 207~208
개요 286
'기관' 220
둥지 내 일개미 분포 232~237
채집 개미 수 조절 226~230

→ **초유기체**도 참조
출생률 75
추정 164~165
칭클, 헨리 15

캄포노투스 소시우스 76, 89, 254, 265, 273
케블라 내열 장갑 42, 49
케이지에 갇혀 있는 군락 228
콰피치, 크리스티나 15~16, 49
실험 173~174, 215, 220~230
크기를 가늠하기 위한 동전 88, 103
크기에 따란 군락의 생존 243
킹, 조슈아 15~16

타이벡 열 차단막 49
터널과 통로의 정의 255
테네브리오니드딱정벌레 11~13
토양
개미가 토양 OSL 연대 측정에 끼치는 영향 172~173
개미에 의한 토양 재생 192
과도하게 배수 54
동물상 169
동물을 위한 매체 29
디스크와 분화구 17~18, 85
물체의 매장 170
일개미 크기에 따른 입자 크기 104
- 입자 29, 99, 104, 169, 174
지하 퇴적 172
해안 평야 숲의 - 29
- 형성 169
→ **생물 교란; 생물 맨틀링**도 참조
토양 내 이산화탄소 증감률
깊이 단서로서 - 126
더듬이 센서 127
미생물이 생성 128
- 역전 132~134
이산화탄소 생성 46
- 제거 129
- 제거가 건축에 미치는 영향 130~131
토양(흙, 모래) 더미 17~18, 72, 87
토양에서 추출한 가스 표본 128~129
톡토기 23, 60, 64~65, 117
통로
꼬치구이 단위 261~262
나선형 66, 261
방의 배치 157
변형 260~262
외부 158
하강 각도 105, 260
하강 각도 수용 156
통풍을 위한 굴뚝 41~43
트라키미르멕스 셉텐트리오날리스 85, 186, 251, 253~254, 273
둥지 주조 188, 254
생물 교란/생물 맨틀링 187~192

파는 행동
방의 모양 253~254
일개미 94
퍼먼, 나탈리 56, 211
페이돌리 덴타타 273, 276, 278
페이돌리 덴티쿨라 88, 262, 264, 276~277
페이돌리 루굴로사 276
페이돌리 모리시
개미 언덕 85, 87
꼬치구이 단위 261~262, 271, 273, 276~277
둥지 내 분포 76~78
페이돌리 바르바타 256~257, 276
페이돌리 아드리아노이 89, 91, 101~105, 265, 273, 276~277
페이돌리 옵스쿠리토락스 273, 276~277
페이돌리 크세로필라 276
페이돌리 프삼모필라 276~277
펠릿
모래 105
빠른 운반 180
운송 중 모래 손실 182
운송 중 변형 179~180
일개미에 의한 형성 94~95, 174~176
펠릿의 크기와 일개미의 크기 106
펠릿 만드는 행동 94~95
포고노미르멕스 마그나칸투스 82, 279~280
포고노미르멕스 바디우스 → 수확개미 참조
포고노미르멕스 칼리포르니쿠스 279
포르미카 돌로사
둥지 내 분포 76
둥지 주물 255~257, 273, 275
사용 가능한 공간 77~78
-의 둥지 디스크 표면 87
일개미당 부피 103
포르미카 아르치볼디 275
포르미카 자포니카 20, 210
포르미카 팔리데풀바 273, 275
포르티, 루이스 50, 252
표시-재포획 216~219
가정 216
일개미의 수명 추정 222, 228
희석의 원리 218
프레놀레피스 임파리스 210, 273, 290~291
플로리다수확개미 → 수확개미 참조

하워드, 데니스 15~16, 45
학문 분야 선택 9~10
해안 평야 숲 19, 23, 30, 82, 85, 186, 290
핵미사일, GPS를 이용한 조준 112
핸리, 니콜라스 15, 112, 165, 188, 233~234
행동 프로그램의 수정 282
헤이트, 케빈 15, 44
흡인기 57, 70, 90, 92
희생 아연 양극 39~40
히스, 샌디 15, 44

GPS 기지국으로 보정 111
GPS를 통한 군락 지도 112